教育部人文社会科学研究青年基金项目（20YJC840039）
国家自然科学基金青年项目（51508359）
教育部人文社会科学重点研究基地苏州大学中国特色城镇化研究中心资助项目

当代乡村营建中的设计介入

叶　露　黄一如/著

·上海·

图书在版编目（CIP）数据

当代乡村营建中的设计介入 / 叶露，黄一如著. --
上海：同济大学出版社，2022. 11
ISBN 978-7-5765-0475-0

Ⅰ. ①当… Ⅱ. ①叶…②黄… Ⅲ. ①农村住宅－建
筑设计－研究 Ⅳ. ①TU241. 4

中国版本图书馆 CIP 数据核字（2022）第 214430 号

当代乡村营建中的设计介入
叶　露　黄一如　**著**

责任编辑　翁　晗
责任校对　徐春莲
封面设计　王　翔

出版发行　同济大学出版社
地　　址　上海市四平路 1239 号
电　　话　021-65985622
邮　　编　200092
网　　址　www. tongjipress. com. cn
经　　销　全国各地新华书店
印　　刷　常熟市华顺印刷有限公司
开　　本　710mm×1000mm　1/16
印　　张　23. 75
字　　数　475 000
版　　次　2022 年 11 月第 1 版
印　　次　2022 年 11 月第 1 次印刷
书　　号　ISBN 978-7-5765-0475-0
定　　价　128. 00 元

本书若有印装质量问题，请向本社发行部调换　　版权所有　侵权必究

前　言

新型城镇化背景下，乡村价值被重新评估，由此引发了规划与建筑界“上山下乡”的营建热潮，乡村营建成为社会关注的焦点。这一现象引起了广泛的担忧与质疑。我国乡村营建的实践结果表明，不恰当的设计介入会对乡村物理环境和人文环境造成破坏。因此将当代乡村营建的历史脉络进行系统梳理，科学认知设计主体在乡村营建中的定位与作用，改进设计介入的模式与方法，已成为当前规划与建筑界亟待破解的现实命题。

乡村营建行为并非简单的物质建造，而是复杂的社会实践，营建主体（包括设计主体）的演化与乡村社会组织治理的变迁存在关联。本书跨越设计建造的技术范畴，将乡村营建这一社会实践形态置于乡村治理的整体视阈下，提出并建立起“治理-营建-设计”的三级圈层分析框架；从治理演变的社会视角和设计介入的技术视角，梳理当代乡村营建的演化脉络及内在规律；运用场域理论的关系主义范式，以“场域-资本”为解释模型，剖析不同时期设计主体在营建场域中的位置构型及其与资本的关系，解释乡村营建的场域逻辑，进而揭示设计介入乡村营建的动力机制，为深刻认识我国乡村营建的本质规律，改进当前设计主体在乡村营建中的立场和工作方法提供参考。

本书分为上中下三个部分。上篇从历史视角概述中华人民共和国成立前乡村的组织治理与物理建造的关系，揭示乡村精英变迁与乡村治理和空间营建的内在关联，并以 1949 年至今为时间跨度，以政策及制度变迁为背景，梳理当代乡村精英的演变历程。中篇重点分析当代乡村物质营建的演化历程以及作为社会实践的设计介入，将乡村营建历程概括为四个阶段，并在此基础上将不同历史时期的设计介入归纳为四次“设计下乡”——集体化时期的“运动组织式”（1958—1966 年）、改革开放初期的“技术扶助式”（1978—1992 年）、新农村建设时期的“规划先导式”（2005—2013 年）以及新乡村建设时期的“多元复合式”（2013 年—），并重点从社会动因、营建历程、营建内容及特征、产生的影响等方面进行分析，研究不同时期设计介入乡建的组织模式、内容以及对主客体产生的影响。下篇借助场域理论剖析乡村场域中不同营建主体之间的相互关系及其对建造实践产生的影响。研究发现，设计作为一项发生在乡村的社会实践，不仅直接作用于物理环境，更对乡土社会环境产生影响。场域解释超越了建筑学科本体论的技术范畴，而将乡村设计引向了多元主体协同下的社会实践。本书以建筑师的视角将设计主体置于营建场域中作为考察对象，既是对当前设计下乡实践行为的谨慎审视，也是对建筑学学科边界的拓展和延伸。

本书受教育部人文社科基金以及国家自然科学基金资助，在笔者博士论文的基础上完善而成。由于水平所限，对设计下乡行为的历史梳理难免出现纰漏，对营建场域的分析或许存在争议，不足之处恳请广大读者予以雅正。

叶　露

2022 年 8 月于独墅湖畔

目 录

第 1 章
绪　论

1.1　时代背景

中国曾是一个幅员辽阔且有着悠久历史的农耕国家，多样化的自然条件创造了多元化的农耕社会，也孕育了璀璨的华夏文明。传统农业社会以土地供奉为基础，以血缘和地缘为纽带，乡村精英在国家与乡村之间担当起中介和治理者的角色，在皇权干预和乡村自治之间智慧地实现微妙的平衡，延续着中国传统乡土社会的文化基因。

随着近代西方工业文明的崛起和中国封建社会的衰落，传承千年的农耕文明遭遇了外来文化的强烈冲击，精英阶层的退化和迁移导致了乡村社会组织的结构性瓦解，外敌入侵和内部长期战乱使广大乡村地区的物态环境和人文环境都遭受了毁灭性打击，乡村建设和发展基本处于停滞和倒退。

中华人民共和国成立后，土地制度变革和集体经济形态催生出全新的乡村社会组织结构，“人民公社”① 成为国家权力直接干预乡村的现实产物，农业生产力水平的提高受到制约，乡村社会的生产生活水平并未得到明显改善

① 1958 年 8 月中共中央在北戴河召开的政治局扩大会议上，通过了《关于在农村建立人民公社问题的决议》，决定在全国农村普遍建立政社合一的人民公社。

和提升。改革开放后家庭联产承包责任制在广大乡村地区推行，农业生产力得到释放，但同时伴随着乡村社会组织结构的再次瓦解及自发性房屋建造的无序蔓延。自 1990 年代起，城市化的高速发展开始强势攫取乡村地区的土地资源和人力资源，快速崛起的城市文明对乡村劳动力产生强大吸力，而乡村社会传统组织结构的瓦解和变革中的治理模式使乡村劳动力对乡土社会的认同感减弱，在外部吸力和内部推力的双向作用下，大量农业人口流向城市，乡村则走向“空废化”① 的衰落和凋敝。

经历了改革开放后的快速经济增长，中国基本解决温饱问题，城市化的原始积累也已基本完成，而此时的城乡差距和“三农”问题②日益突出，国家政策开始向乡村地区倾斜。2002 年中央提出城乡统筹发展，力图改变城乡二元对立的社会结构，2005 年，中央拟定了“建设社会主义新农村”的国家战略，标志着“工业反哺农业，城市支持农村”时代的开始。2013 年中央更是明确要求“留住乡愁”，在这一系列宏观政策的导向下，在对高速城市化带来的城市问题的反思后，乡村地区的土地价值、环境价值以及人文价值被重新评估。中国的乡村在当下迎来了历史上经济社会发展和人居环境提升的最佳时期。当代乡村的建设已成为目前中国炙手可热的社会性议题，也构成了本书研究的时代背景。

自 2005 年“社会主义新农村建设”开展以来，越来越多的规划、建筑专业人员参与大量以乡村人居环境营建为主要内容的设计实践活动，这些建设主要由政府或企业主导，呈现自上而下的模式。2013 年后，更有大批的规划师、建筑师、艺术家“上山下乡”，积极地介入乡村营建。“乡建”一度成为

① 乡村“空废化”（empty-disusing）是指“空间环境空废现象演变过程，包括各种宅院空废现象，空心村现象，聚落废弃式整体迁移现象，城市化引发的偏僻聚落预空废必然趋势，共建用地的空废和空废式开发现象，农业生产设施用地的空废现象……传统民居废弃式发展现象等”，比空心村的概念范围更加扩展，不仅仅指乡村客体，而是针对空间空废问题的动态过程。雷振东. 整合与重构——关中乡村聚落转型研究［D］. 西安：西安建筑科技大学，2005.

② “三农”问题是农村、农民、农业问题的总称，2000 年 3 月，民间农村问题研究者李昌平用“农民真苦、农村真穷、农业真危险”描述农村的境遇，引发社会各界对“三农”问题的极大关注。

全社会高度关注的热词，堪称“火热无比”（欧宁，2015），乡建不仅是物理空间的营造，也包括乡村社会重建的过程。乡建热潮现象主要表现在以下四方面。

（1）政策制定的力度

自 2013 年以来，国家层面频繁出台了多项法规条例，明确了当前乡村营建的设计、实施及监管要求。2014 年，为积极推进乡村规划编制和管理，满足新农村建设需要，《国务院办公厅关于改善农村人居环境的指导意见》中明确了关于“规划先行，分类指导农村人居环境治理”的要求。2014 年住房和城乡建设部印发了《乡村建设规划许可实施意见》，进一步明确和细化了乡村建设规划管理实施方案。2015 年，住房和城乡建设部下发《关于改革创新、全面有效推进乡村规划工作的指导意见》，旨在全面有效推进乡村规划工作。各项政策在此不一一列举。从国家层面指导乡村营建的宏观政策制定的频率之高，力度之大，在乡村发展历史上少有。

（2）学术研讨的热度

2014 年 9 月，第一届全国村镇规划理论与实践研讨会在银川召开，很多与会学者都认为这次会议标志着新时期乡村设计的春天已到来。自此以后，规划及建筑学界频繁在全国范围内举行各类有关乡村主题的设计与学术研讨。有关乡村营建的会议举办的频次之高、参与受众面之广、产生的影响之深，也是历史上少有的。

（3）设计主体的跨度

在浩荡的乡建设计大军中，设计主体几乎涵盖了所有当前行业中存在的类别。其中既有以王澍、张雷等为代表的高校建筑师，又有“阿科米星”“佚人营造”这类个人建筑师事务所；既有以谢英俊为代表的赤脚建筑师，也有“联创国际”这类大型民营设计集团；既有体制内的传统型设计院，也有中国乡建院这样的新兴民间机构；既有注册建筑师、注册规划师，也有艺术家、策展人等。不同的设计个人或团体怀揣不同的立场和态度介入乡村营建，这一现象自20世纪20年代建筑师在中国职业化以来也是首次出现，可以说“上山下乡”成为目前建筑和规划设计行业的乡村实践行为的真实写照。

（4）媒介传播的广度

不仅各种设计主体广泛介入乡村营建，媒介的宣传和推广速度也在信息时代得以充分体现。传统媒体和新媒体将持续升温的“设计下乡”实践活动迅速传播，并在持续发酵中催生出新一轮热度更高的乡建行为。而作为新媒介的微信推送中，有关乡建主题的订阅号更是不胜枚举，各种乡建思想、理念和实践案例正呈现出信息爆炸的态势，有关乡村营建信息传播的广度、深度和力度，已然不亚于当下任何一个行业。

然而，当设计作为一种稳定和成熟的职业化行为在短期内快速演化成一场行业运动时，则需要引起警觉和反思。国内的一批知名学者和从业人员也逐渐意识到这一点，并开始以各种形式发声。马清运（2014）认为，当前的“设计下乡”非常危险，甚至直言“我就觉得刚刚把城市毁掉的人又开始毁农村了”。清华大学周榕（2015）以“乡建‘三’题”为标题，提出了对当下建筑师下乡建设热潮的质疑和反思；农民艺术家孙君（2014）则认为，近十年的新农村建设是近百年对乡村更彻底更强大的破坏。评论人吴必虎（2015）发表《关于乡村规划全覆盖，五问住建部》，对乡村规划全覆盖表达了强烈的质疑和担忧；乡村营造社的郝琳等（2015）则提出了“为什么乡村需要设计？乡村需要什么样的设计?”的疑问；同济大学王伟强（2015）则认为，近年来的乡建实践“偏向个体”，与宏观意义上的乡建仍有差距；“三农”专家温铁军（2015）则担心乡村会继城市之后变成又一建筑垃圾的污染地；王竹（2015）则在总结华润希望小镇的建设实践后开始反思运动式乡建的缺陷，转向小微项目的渐进式开展，推进乡村环境的有机更新。

当代乡村在工业文明的冲击下已然脆弱不堪，乡村营建本应三思而行，但在政策导向和行业发展的双重牵引下，设计大军早已大踏步地“介入”乡村，这便是目前乡村营建令人担忧的现实境遇。设计是否真的需要下乡？设计能为乡村带来什么？设计应当怎么介入乡建？在跨越理性的城市化“大跃进”时期，设计行业一片欣欣向荣，最终也导致了千城一面和生态环境的破坏。现如今的“设计下乡”会不会导致“千村一面”的场景再现？城市建设产生的环境梦魇会不会给原本已经脆弱的乡村带来又一场生态灾难？当代中国的乡村需要的究竟是物态空间的改良还是社会本体的重塑？现有的建筑学科知识以及人才培养方式能否适应乡村营建的真实诉求？对上述问题的思考构成了本书研究的出发点和立足点。

1.2 研究边界

1.2.1 时间界定

乡村营建是一个动态更新的过程，单纯从营建行为本身分析，很难寻找到断代的时间边界，然而，本书的研究将当代乡村营建置于乡村社会发展的宏观背景下，剖析营建中的设计介入问题，则有必要从历史学的角度对乡村社会的发展进行时间界定。历史上中国一直延续着传统的农耕文明，乡村社会结构也相对稳定。中华人民共和国成立后，乡村社会在政治背景、组织结构、土地制度、生产方式等方面与传统时期相比均发生了突变，因此“1949年”这一社会突变的时间点也构成了本书研究的时间边界。

“当代”是一个时间概念，不同学科领域对于“当代”的表述不尽相同。国内史学界将原始社会至鸦片战争（1840 年）界定为古代，鸦片战争至中华人民共和国成立（1949 年）界定为近代，而将中华人民共和国成立至今统称为“当代”，也称“现代”。文学界则将五四运动至中华人民共和国成立划为现代，而将中华人民共和国成立至今定义为“当代”。而在科技界，“当代”应该以第三次世界科技革命为标志进行划分，即 20 世纪 40 年代至今。艺术界则将“当代”的时间界定为20世纪90年代至今。建筑界对“当代”一词并无明确的界定，潘谷西在《中国建筑史》（第七版，2015）中将1949年之后划定为“现代”，与史学界的“当代”时间及意义相同。由于“现代”多与“传统”相对应，而将历史悠久的乡土社会作为研究背景，“现代”一词的表述容易引起歧义和误读，因而本书以“当代”代替“现代”一词，对研究的时间边界进行界定。本书的“当代”是指1949年中华人民共和国成立至今。

对于当代乡村的发展阶段，不同的学者根据研究的侧重点大致分为2～3个阶段。有的把1978年以前作为“以粮为纲阶段”，1978—2005年称为“市场化阶段”，2005年之后是“新时期发展阶段”（李建桥，2009）；还有分为1978年改革开放之前和之后两个阶段（任庆国，2007）。就本书中乡村营建的发展阶段而言，几个重要的时间节点与乡村组织治理基本吻合，分别为1949年中华人民共和国成立、1978年改革开放、2005年社会主义新农村建设和2013年新型城镇化。因此当代乡村营建的发展阶段可分为集体化时期（1949—1978年）、家庭联产承包制时期（1978—2005年）、社会主义新农村建设时期（2005—2013年）以及当下所处新型城镇化背景下的新乡村建设时期（2013年至今）（图1.1）。

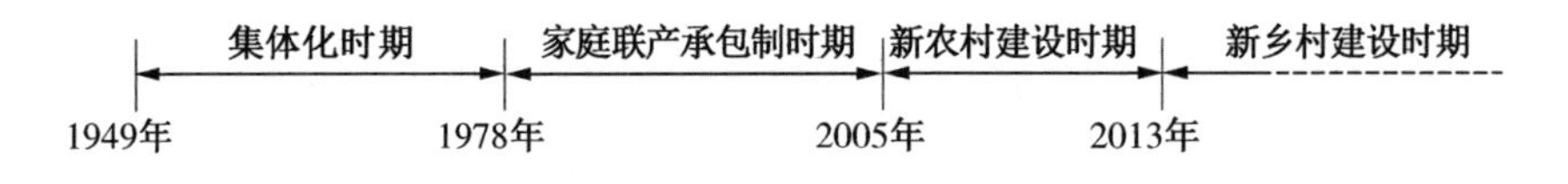

图1.1 当代中国乡村的社会发展阶段

1.2.2 空间界定

我国幅员辽阔，地域差异性极大，也造就了多样的乡村空间形态和社会形态。对于乡村的研究，许多领域常用的方法是界定研究的空间范围，因此空间界定几乎成为研究乡村问题的基本步骤。然而本书探讨的是当代乡村营建的演化脉络及“设计介入”的机制问题，尽管我国乡村地域特征千差万别，但由于设计是一种以技术输出为表现形态的社会实践行为，不同地域的设计主体身份、工作模式以及工作内容却具有相似性。

此外，中华人民共和国成立后，有关乡村地区的基本政策，例如宅基地制度、户籍制度、人民公社制度、家庭联产承包制度等，在全国范围内都具有一致性，因此，在国家权力制约和设计行为特征都趋同的前提下，对当代乡村营建脉络及“设计介入”机制进行研究，可以有效避免关于地域差异的争辩，跨越空间界定的鸿沟，而使研究成果具有普适性。因此本书在梳理乡村营建的演化脉络中，从设计的技术视角摒弃对乡村地理空间的界定，但在具体案例的分析上选择了较有代表性的地区。

1.2.3 对象界定

本书探讨当代乡村的设计问题，“设计”在本书中特指：以协调人、环境和社会三者关系为目标，有预先周密计划的，对乡村聚落的人居环境进行整体系统性营造，通过图式、文字等方式予以呈现，并试图通过空间环境的营造引导和创造一种生活方式的创造性人工心智活动。内容主要包括规划与建筑设计等。此外，当代乡村营建的发展是一个动态的过程，不同阶段营建的主旨和内容不同，对应的设计内容也不尽相同。

“主体”（subject）是多义词，原指事物的主要部分，后来被广泛应用于哲学、法学、计算机、摄影等领域。在哲学范畴，主体与客体对应，是争议最多的概念之一。对于主体的定义有：“主体是认识活动和实践活动的承担者，而客体则是认识和实践的对象”；“主体是自我确认、自我认识、自我决定、自我实现的存在”；“主体是赋予一切存在以存在，并充当一切存在的尺度和准绳的存在者”。从以上定义中，主体都是以人为背景，对人的定义的一种说明，从未与“人”的概念相分离。主体是独立于客体的独立的存在，有着主宰的意识和能力（潘志恒，2015）。根据实践中人与人之间的社会关系的性质，主体可分为个体主体、群体主体和人类主体三种形式[①]。本书探讨的“设计主体”，特指从事乡村营建设计实践活动的人的群体。在乡村营建行为中，参与设计的主体类型并非单一化，尤其是近年来，随着乡村营建行为所覆盖的范围和内容越来越广，设计主体的类型也日渐多元。但是从学科分类的角度，总体上可将影响乡村营建的学科分为城乡规划和建筑学两大类[②]，因而本书所表述的设计主体主要是规划师和建筑师两类特定群体。

“介入”是一种动作和行为，通常理解为插入事件中进行干预，而作为医学术语则指在医学影像设备的引导下将特殊的导管和器械插入器官或血管，进行疾病诊断和治疗的方法。“介入”的动词词性决定了行为本身有明确的内外之分和由外至内的含义。本书在“当代乡村营建”背景下提出“设计介入”具有明确的研究立场，即：传统意义上的乡村营建是乡村社会内部的自发性行为，其设计行为属于“内生型”，而当代乡村营建行为始终受到外部力量的干预，设计介入正是外部力量进入乡村内部的干预行为之一，因此当代乡村营建中的设计属于“介入型”。

1.3 研究意义

本书以历史学方法系统梳理中华人民共和国成立后乡村营建的演化脉络及营建中的设计介入机制，将该研究的时间跨度分解成若干阶段，并深入剖析每一阶段乡村营建的动因、内容及影响，以期客观、完整地呈现乡村营建的演化历程，发现乡村营建的演化规律。并通过研究不同时期乡村营建中的

---

① 个人主体是指任何个人在社会中都有自己的相对独立性，自己独特的利益、需要和追求，他们可以在社会中以独立个人的方式从事一定的活动，称为实践的个人主体；群体主体是指在社会关系中，一定数量、一定范围的个人形成一定的共同利益、共同需要和目标，为了目标的实现，会按一定的方式进行一定的活动的实践主体；人类主体是指随着人的全面发展，人类将摆脱人对物的依赖关系，转变为“自由人的综合体”，此时社会实践的主体变成真正意义的人类主体。

② 城市规划孕育于建筑学而发展成一门综合性的边缘学科，联合国教科文组织 1974 年编制的学科分类目录中将城市规划正式列为 29 个独立学科之一。

设计介入，梳理设计行为发展演化的规律及其特征，揭示设计介入乡村营建的内生机制，进而反思在乡村设计上的不足，并提出相应策略。

中国的近代化也是城市现代化的进程，因此自近代建筑师职业出现以来，学科框架下的设计实践始终围绕城市开展，设计介入下的乡村营建图谱呈现出不连续的碎片化，而本书将这些碎片化的历史脉络及其中的演化规律系统呈现出来，是对已有的历史性研究成果的丰富和充实，为乡村营建的深入研究奠定基础。

对于乡建运动的解读和评判，目前主流论点基本建立在定性的思辨之上，本书将设计主体置于乡村营建场域的关系构型中，借助场域理论解释“设计下乡”这一社会现象的内在机制，从社会学视角来反思当前乡村营建中的设计问题。因此，本书在关系主义认知范式的基础上，跨越设计的技术范畴，在城乡规划和建筑学视野下思考乡村营建的社会属性，在社会学视野下考察当代乡村营建中的设计行为，从而在设计和社会学之间建立起双向逻辑关系，为城乡规划及建筑学的社会性研究提供了新的思路，同时也为完善既有学科构架提供论据。

1.4 研究思路

研究当代中国的乡村设计问题，首先，应建立起研究的整体观，将营建行为置于乡村社会空间而非仅仅是物理空间中，分析乡村社会治理的变迁以及社会空间的构成，在此基础上建立乡村社会变迁的整体观，进而研究设计介入乡村营建的机制问题。其次，研究乡村和城市的关系，尤其是设计对城市和乡村这一组性质截然不同的空间对象，在比较中建立空间的整体观。

对历史演化过程的认知通常是基于对已有历史文献资料的梳理，本书研究中华人民共和国成立至今的乡村营建中设计行为及其演变，首先要对已有专著、地方志及相关文献进行整理。中华人民共和国成立后至改革开放之前的这段时期，由于历史原因，国内建筑设计方面的权威文献较少，而那个时期正式出版的专业期刊是其中典型且连续的核心刊物，在本书的研究中将其作为审视整个历史阶段演化的重要资料来源。改革开放之后的现存文献及设计资料虽然有限，但通过收集大量 20 世纪 80 年代的乡村设计资料，为本书研究奠定了基础。进入 21 世纪，随着互联网与信息时代的到来，相关文献记录也更加全面和丰富，尤其是近年来移动互联网的出现，大量乡村营建的理论及实践研究成果得以在第一时间传播，也为本书的研究提供了大量新素材。

建筑学本质上是探讨建造与环境的相关问题，是工程技术和人文艺术相结合的科学，因此从建筑学内涵出发探讨设计问题，已有研究主要集中在设计方法和建造技术两方面，均可视为实体主义的研究范畴。而将设计介入当代乡村的营建行为视为一种社会现象，则首先应将设计主体的“人”视为重要的要素，纳入整体性研究对象构成中。建筑师、规划师不仅是自然的人，更是社会的人，设计群体在营建行为中与各类乡村营建的参与者共同构成了复杂的多元主体，多元主体之间的关系网络又构成了乡村营建的特定场域，因此本文研究的重要内容之一便是通过对乡村营建场域的研究，分析设计主体介入乡村营建的内生机制，从而揭示“设计下乡”之后引发的现实问题的内在原因。本书建立在社会学中关系主义认知方法的基础上，分析乡村营建场域中的关系构型，探讨设计行为的社会属性，因此本书的基本立场是关系论，而非技术论。

上　篇

探讨当下某一社会现象背后的逻辑和动因，首先应该回到历史中寻求答案。中国曾是一个有着悠久历史的农耕国家，深厚的文化沉淀映射了农耕社会内在的智慧，乡村社会的治理形态也因此成为审视耕读文明的重要视角。

第2章
历史视阈
——1949年前的乡村治理与乡村营建

自古以来，农业在中国社会发展中一直占据重要地位，乡村社会的变迁是中国社会变迁的缩影。乡村社会的治理结构是各历史时期政治、经济、文化的综合反映，也是历史与时代的辩证统一。所谓乡村治理，是指性质不同的各种组织通过一定的制度机制共同管理乡村的公共事务，内涵不仅限定了地域，而且明确了治理主体的构成及其特征①，其组织治理的核心是乡村精英。首先，本章运用"国家—乡村精英—村民"构建乡村治理模型，以乡村精英变迁为主线，分析不同时期乡村治理结构的特征。其次，将乡村营建的社会实践行为置于乡村社会治理的整体视阈下进行考察，不仅能梳理出历史变迁中乡村营建的本质特征，且能为解读当代乡村营建提供整体客观的研究基础。正如布迪厄（Pierre Bourdieu）在场域法则中所表述的"对场的历史分析无疑本身就是本质分析的唯一合法形式"。

---

① "乡村组织治理的制度"是一种制度化的治理结构，其基本要素包括：一是权力在乡与村两个层级的纵向与横向配置，即乡村权力结构；二是制度规范；三是政策和制度的结合情况，即治理的动态过程，是政策通过一定的制度框架或制度平台得以实施的过程。

2.1 古代乡村的组织治理与乡村营建

2.1.1 古代乡村社会的组织结构

原始社会是人类的第一个共同体，也是人类社会发展的第一阶段。原始社会的聚居以亲族关系为基础，依靠传统和家长来维系对社会的控制，组织形式相对简单。原始社会经历了原始群、母系氏族组织、父系氏族组织的发展历程。氏族组织以血缘关系为基础形成，也是自治管理组织。在长期的生产生活中，氏族内部形成了通过氏族习惯来维持生产生活秩序的方式。原始社会初期并无聚落，随着原始农业的诞生，在母系氏族社会出现了按血缘关系定居的“聚”，这是自然经济生产生活相结合的背景下社会组织的基本单位。聚落通常在靠近水源的台地上，既有利于农业，又能避免水患。进入中石器时代后，聚居形态逐渐出现内向心围合趋势，既能形成一定的私密空间，又有利于族人间相互保护和组织公共事务，成为古代乡村聚落的雏形（图 2.1）。

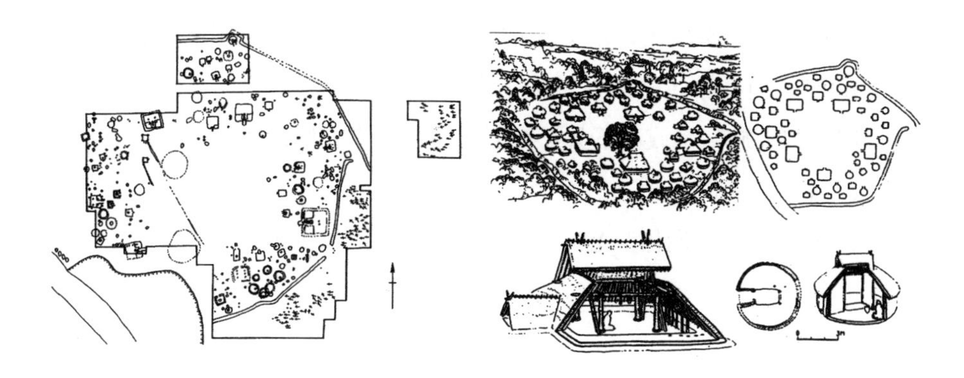

图 2.1　陕西临潼姜寨聚落布局与空间形态

劳动生产力的提高促进了私有制的产生，私有制产生了剥削阶级和被剥削阶级，奴隶社会形成。中国的奴隶社会经历了夏、商、周等朝代，出于阶级统治管理的需要而萌生了乡里制度。《周礼》记载了当时划分细密的乡里区划，即“六乡六遂”①，通过不同等级职位的设定强化对劳动阶层的治理。当时“乡、党、邻、里”是四种最基本的组织形式，更多体现的是一种户籍编制和军事编制交杂的管理形式，而“乡”也成为一直沿用的行政区划形式。春秋时期乡里制度保留，并出现了新的聚落形式——邑②。郡县制的推行使乡、里以上的行政组织逐渐规范化，乡成为基层组织的单位。自此开始，“县下有乡，乡下有里”便成为定制，乡里制度初步形成。

自秦建立中央集权之后，中国才真正地进入封建皇权统治时期，其中大部分时期是中央集权国家，但封建国家的集权建构不同于西方。中国的封建政权以县级机关作为最基层，县以下没有正式的国家权力机构，乡村则成为社会的基本组织单元。目前学界对传统封建时期乡村组织治理结构的认知分为以下两种基本认知范式（paradigm）。

第一种是“大共同体”范式。这种观点认为传统中国乡村社会不是和谐而自治的内聚型小共同体，而是大共同体本位的社会。“国家政权”在县以下的活动和控制十分突出，基层权力结构发达，中央集权控制下的乡村社会“编户齐民”，而血缘共同体提供不了有效的乡村自治资源，更无法抗衡皇权，“国权归大族，宗族不下县，县下唯编户，户失则国危”是对这种范式的概括（秦晖，2003）。

第二种是“小共同体”范式。这种范式的观点认为地缘性官制秩序以皇权为中心，自上而下形成等级分明的梯形结构，血缘性宗族共同体以家族为

① 六乡分别设置比长、闾胥、族师、党正、州长、乡大夫等职位，六遂则设有邻长、里宰、酂长、鄙师、县正、遂大夫等职位。“六乡六遂制”是西周和春秋初期的基层行政管理制度，当时周王和诸侯国都及城邑为“国”，分设六乡；王城及四郊以外地区设“野”，分设六遂。

② “邑”字是由口（表示城）和巴（表示人的居住）组成的象形文字，指有城郭的聚落。

中心，聚族而居形成自然村落，每个家族和村落是一个天然的“自治体”，结合形成“蜂窝状结构”（honeycomb structure）（Vivienne Shue，1998）。因此，传统乡村社会是散漫和谐的自然社会，而皇权置于乡村是松弛和微弱的，连接两种秩序的是乡绅阶层。但乡绅会偏向乡村本体一方，因为他们的利益主要在地方上。温铁军（2003）将其概括为“国权不下县”，秦晖（2003）进一步概括为“国权不下县，县下唯宗族，宗族皆自治，自治靠伦理，伦理造乡绅”。与“国权不下县”对应的是乡村自治理论，马克斯·韦伯（Max Weber）在《中国的宗教》中论述了中国的乡村自治，他认为中国村庄的自主和凝聚力主要来自两方面：一是宗族势力对村社生活的支配；二是以宗族为基础的自治组织，以村庙为聚集点举行村落的各项公共活动。

很多学者赞同第二种观点，认为传统乡村是自治的内生共同体，遵循自组织发展规律。本书认为这两种范式均是理想模型，是对封建时期中国社会某一阶段或方面的抽象。封建时期的中国疆域广阔、社会结构复杂，很难用一种范式解释，比如有学者认为小共同体范式是从宋朝才开始的“宗族重建”的结果，但事实上这一现象只在长江以南的地区比较常见，而在北方乡村社会却很少见①。

纵观历史，中国的乡村社会从未脱离中央集权国家的专制，除受到集权国家政治、文化、意识形态等“权力的文化网络”影响之外，专制国家“权力的制度网络”也不断向乡村渗透。传统时期国家财政主要依靠农业②，正所谓“理民之道，地著为本”，农业的重要地位使专制国家不会放弃对乡村组织的控制，特别是在社会稳定和赋税方面。因此“国权不下县”的乡村自治并不完全符合乡村社会的真实状况。

① 北方的宗族被战争弱势化，即使有其力量也未必充当乡村秩序的维护者。

② 从秦至清朝前期，历代赋税制度的主要内容包括两个方面：一是农业税制；二是国家“专利”政策。其中农业税制是最重要和最稳定的国家财政来源，尽管两千年间赋税制度不断演变，但内容没有根本性变化。

从"小共同体"范式衍生出的"士绅自治"模式认为乡村由士绅[①]主宰，形成一个自治的士绅社会。最早提出士绅社会的是费正清，他认为，传统中国的政治权力只到县一级，在地方政权与乡村社会之间有很大的权力真空，这正是由地方士绅们填补，形成一个具有自治性质的士绅社会。而实际上，在乡村社会的历史演进中，士绅并没有完全成为乡村社会的主宰角色。他们与国家政权密切互动，一方面成为国家权力在乡村的代言人，另一方面在处理传统乡村社会的内部事务时，士绅还成为联系国家政权和基层村民关系的纽带，为国家权力代言的同时也维护乡村利益、承担公益活动，担当解决纠纷的社会角色，这种乡村内生性的发展模式反过来也强化了士绅的社会和政治地位，这也符合士绅"是同拥有地产和官职的情况相联系的"[②] 这一诊断。此外，士绅的提法也不能涵盖参与乡村社会组织治理的所有群体，胡杨（2009）认为，"乡村精英处于国家与村民之间，发挥着乡村社会治理的功能，而传统社会中士绅是乡村精英结构的核心"。

1. 自闭稳定的乡村双轨结构

传统封建时期的乡村社会总体上呈现出一个自闭稳定的系统。自秦汉至明清两千多年，纵有若干次农民起义，国家依然是集权君主专制，乡村社会依然体现乡土性。正如费孝通（1998）所说，"种地的人却搬不动地，长在土里的庄稼行动不得，侍候庄稼的老农也因之像是半身插入了土里，土气是因为不流动而发生的"，"乡村里的人口似乎是附着在土上，一代一代的下去，不太有变动"。而这个系统中的乡村组织自魏晋南北朝以来便有两种类

---

① 在对乡村的研究中，乡绅、绅士、士绅等名词经常出现。"乡绅"主要指居乡或在任的本籍官员，后来扩大到进士、举人。"绅士"在明代主要还是分指"乡绅"和"士人"，到晚清演变为对所有"绅衿"的尊称和泛称。"士绅"一词出现较晚，但内涵较宽，主要是指在野的并享有一定政治和经济特权的知识群体，它包括科举功名之士和退居乡里的官员。由于其内涵更有宽泛的包容性，因而被更多学者采纳。资料来源：许茂明. 明清以来乡绅、绅士与士绅诸概念辨析. 苏州大学学报. 2003（1）.

② 费正清认为，士绅"只能按经济和政治的双重意义来理解，因为他们是同拥有地产和官职的情况相联系的"。资料来源：费正清. 美国与中国［M］. 张理京，译. 北京：商务印书馆，1987：27.

型：一是地缘性制度，以乡亭里、乡里、保甲等为代表；二是血缘性制度，以作为乡村社会组织的宗族共同体为代表。家族中辈分长、地位高的人成为家族的管理者，也是乡村治理的主体之一①。

利用种植文明形成的宗族结构和以血缘为纽带、以孝为核心的宗法思想，建构出宗族制度和乡里制度，充分利用宗族在乡村的巨大内聚力，将国家权力渗透到乡村社会，将没有正规行政权力的乡村和国家结合起来。“宗族制度”和“乡里制度”是这种方式结合的最基本制度，经过历代承袭，这些制度逐步发展成为一套有效的调控机制。以血缘关系为纽带，以乡村精英为中介，以科举制度为诱饵，将国家政权与乡村社会双轨联系起来。传统乡村社会在国家政权和乡村阶层力量此消彼长的相互作用下，形成“国家—乡村精英—村民”的乡村治理模型（图 2. 2）。

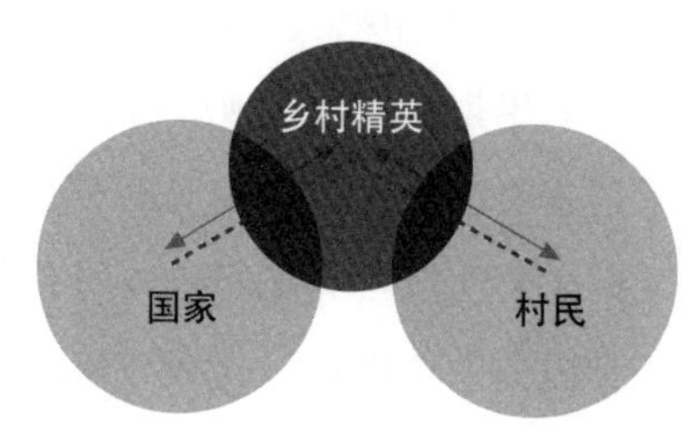

图 2. 2 “国家—乡村精英—村民”乡村治理模型

2. **乡村与国家**

在中国乡村社会研究中，“国家”的存在是研究的核心问题之一。忽略来自国家的影响，便难以看到乡村社会的实质。因此，分析“国家”的政治形态和管理制度是研究传统乡村治理结构的基础。

国家是阶级矛盾不可调和的产物，传统封建社会的国家为巩固其统治，对作为经济基础的农业及农业人口实行了严格的管控。在传统封建社会，农业的重要地位使得乡村组织治理受到国家的极度重视，国家对于乡村的权力和制度干预主要表现在以下几方面。

① 宗法制是传统乡村社会中最基础和最重要的治理制度，这种制度下形成了特殊的管理族权，族权对乡村社会的影响表现出维护乡村秩序的长期有效性特点，即使封建政权瓦解，族权也不会瓦解，这使得乡村社会更像是形成了独立自治的社会，“山高皇帝远，村落犹一国”。宗族问题对乡村组织结构影响的内涵包括了宗族关系、宗族行为以及与其相关的各种习俗、惯例等非正式制度的因素。

（1）户籍制度

在秦汉之后两千余年，皇权统治下的土地和人身关系没有根本的变革，而是发展为缜密的“编户齐民”制度[①]，这构成了皇权国家对亿万国民实施其具体统治权和管辖权的基础。从中国皇权政体下赋税制度的性质中可以反映出国家与乡村及村民之间的紧密关系。

（2）土地制度

公元前216年，秦始皇“使黔首自实田”，让农户如实申报耕地面积，连同各家申报的男子年龄一起，作为政府征赋役的根据。土地登记在个人名下，并要求个人承担相应的赋役义务，这标志着我国土地私有制正式确立。从秦汉至明清，国家的土地所有制关系一直在变化，大致分为两个阶段：第一阶段为中唐以前，历代王朝对土地所有制进行的国家干预极其强烈且频繁，试图将所有权不同的各类官私田土最大限度地纳入国家统一分配的范畴；第二阶段为唐宋之际，国家放弃了从总体结构对土地所有制关系进行干预，私家地主土地膨胀发展。传统社会的土地所有制关系可分为三级结构：各种名目的国家土地所有制；各种不同身份所体现的大土地所有制；以个体自耕农为主体的小土地所有制[②]。在这个结构中，土地所有权是在小农、官府和地主间流动的动态结构。国家权力通过土地制度直接控制和干预小农，利用行政手段强制捆绑农民与土地，并干预小农的家庭形态。而赋役制度则与土地制度紧密关联，历朝历代的赋役制度无论是以“丁”“户”或“地”为征收对象，无论“始傅”的年龄大小和收取的轻重，最后重负几乎全部落

① 秦统一后，为了加强君主专制，在户籍编制方面沿袭了以往的什伍制，而且在组织和施行方面，比以前更加完备和严厉。秦王朝在全国推行户口版籍制，全体人民都必须登记在户口簿上。登记的内容非常详细，有户主姓名、身份、籍贯和年龄，也有户内成员的姓名和健康状况，还详细登记了家户的田地和财产。对不报、虚报和假报户口的或未经官府批准而擅自更籍的，严加惩罚。史载：“令民为什伍，而相收司连坐，不告奸者腰斩，告奸者与斩敌首同赏，匿奸者与降敌同罚。”秦的户口登记制度是传统社会户口制度基础。

② 国家土地所有制从园囿苑池到屯田、营田，大土地所有制从贵族、军功、豪强、门阀、形势、缙绅到平民地主，小土地所有制从黔首、良家子、占田户、均田户、主户到封建后期的自耕农。

在以农业经济为主的农民身上，自耕农将收获物的相当一部分以赋税的名义交给国家，严格的赋役制度满足了中央集权君主专制国家的需要。

（3）乡里制度

乡里制度是中央集权国家政权结构向基层行政单位的延伸。乡里制度中宗法性与行政性的高度整合集中反映其社会结构的特殊性。乡里制度的组织人员并非行政体制中的官僚，其行为更多是为乡里活动服务。其权力的施行受制于基层政权，承载着国家治理的成分，需得到国家认同。民间社会秩序的合法基础建立在国家法的基础之上。因此乡里制度必须以国家的政治、经济、社会制度为基础，其自治程度随国家权力的下沉而弱化。

（4）科举制度

科举制度是中国封建社会教育制度的重要组成部分，同时又是一种选官和文化制度，在培养、选拔和使用人才过程中发挥了重大作用。科举制本质是国家暴力通过非暴力的隐蔽手段，从思想、文化、教育来建立和维持传统社会的稳定。科举制强化了君主专制正统性意识和家国同构的稳定性意识，使传统社会在思想观念上以渐进的、稳定的状态保持与专制国家的一致性，这对于维护国家政治统治、强化专制权威具有重要作用，同时科举制度使乡村子弟入仕成为可能。所以乡村中许多家庭为提升其社会地位而热衷于科举，通过参加科举实现与国家的亲密接触，不仅实现国家对乡村社会思想文化的控制，也完成了精英阶层的循环与转换。

3. 乡村与村民

（1）宗族文化网络

中国封建社会推行维持血缘关系的宗法制。宗族是父系血缘关系世代聚居扩展而成的共同体（图 2. 3）。共同的利益关系使族民对所属的宗族这一血缘共同体产生高度认同，并形成宗族意识。宗族内的宗祠、族田和族规是维系宗族制度的基础。

宗族文化固化了乡村的肌体，使社会呈现稳定状态。英国汉学人类学家

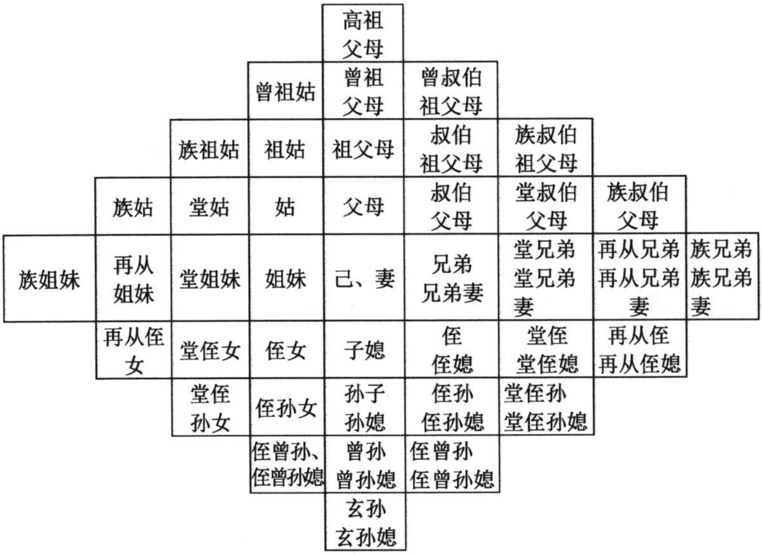

				高祖 父母				
			曾祖姑	曾祖 父母	曾叔伯 祖父母			
		族祖姑	祖姑	祖父母	叔伯 祖父母	族叔伯 祖父母		
	族姑	堂姑	姑	父母	叔伯 父母	堂叔伯 父母	族叔伯 父母	
族姐妹	再从 姐妹	堂姐妹	姐妹	己、妻	兄弟 兄弟妻	堂兄弟 堂兄弟 妻	再从兄弟 再从兄弟 妻	族兄弟 族兄弟 妻
	再从侄 女	堂侄女	侄女	子媳	侄 侄媳	堂侄 堂侄媳	再从侄 再从侄媳	
		堂侄 孙女	侄孙女	孙子 孙媳	侄孙 侄孙媳	堂侄孙 堂侄孙媳		
			侄曾孙、 侄曾孙媳	曾孙 曾孙媳	侄曾孙 侄曾孙媳			
				玄孙 玄孙媳				

图 2.3　中国传统宗族血缘关系图

莫里斯·弗里德曼（Maurice Freedman，2000）认为，宗族分支直接依赖于经济资源①，当富有家庭析分时，一些财产会被作为共有财产保留下来，用以保证族支不断发展。雍正四年（1726 年）以立法形式明确了族权在社会基层管理中的法律地位。

（2）乡约

乡约是由士人提倡，在道德、教化方面，乡民合作裁治乡村社会的制度。道德和教化是中国的传统，通过引导乡民的行为形成公约。最早的以民治为基础的乡约制度产生于宋神宗熙宁九年（1076 年）陕西蓝田的吕氏兄弟（杨开道，2015）。以“德业相劝，过失相规，礼俗相交，患难相恤”为纲领的乡约成为邻里乡党以劝善惩恶为目的，而共同建立并信守的制度（吕大钧，2005）。南宋时，朱熹编写了《增损吕氏乡约》，使《吕氏乡约》声名远

① “没有祠堂和土地或者其他财产予以支持，裂变单位不可能产生而且使自身永恒。”

扬。乡约还传承了各家的学说，“修之于身、其德乃真，修之于家、其德乃余……故以身观身，以家观家，以乡观乡，以国观国，以天下观天下”① 表达出乡约的根本精神，孟子“死徙无出乡，乡田同井，出入相友，守望相助，疾病相扶持，则百姓亲睦”包含了大多数乡约条款。可见，乡约是中国传统文化的产物。

明朝初年由于里甲组织仍发挥着乡村教化作用，因此吕氏乡约虽受士大夫欣赏，却未被制度化推行，后来由于乡村秩序日趋动荡，地方政府推动乡约建设加强社会控制。明朝时期地方政府推行乡约，发挥半官方基层行政组织的作用。这种带有基层行政色彩的乡约在乡村治理方面发挥着重大作用，形成“良民分理于下，有司总理于上”② 的治理体系。

2.1.2 乡村精英的产生：乡土性与政治性的平衡

在“国家—乡村精英—村民”的构架中，自上而下的国家治权与自下而上的乡村社会自治之间通过“乡村精英”实现国家治理与乡村治理间的有效对接，这既是传统国家乡村治理的特色，也是其优势所在。目前“精英”③ 被广泛地应用于乡村问题的研究中，许多学者均对其进行概念界定，但尚未有统一定论。本书认为“乡村精英”是指在乡村社会中的政治、经济和文化等层面具有一定声望和影响力的乡村成员，他们掌握一定的社会资源，在乡村中起着重要的社会整合作用，对乡村政治、经济、文化和社会生活的管理具有重要影响力。

乡村精英具有双重性格：一方面受儒家思想影响，扮演传承君主专制文

---

① 王弼. 老子道德经注［M］. 北京：中华书局，2011.

② 吕坤. 实政录卷五・乡甲约［M］. 续修四库全书本.

③ “精英”是从“精品”转化而来的，19 世纪末 20 世纪初，才开始在社会科学领域使用。马克斯・韦伯将其界定为“那些具有特殊才能，在某一方面或某一活动领域具有杰出才能的社区成员，他们往往是在权力、声望和财富等方面占有较大优势的个体或群体”。我国学者全志辉认为，“在小群体的交往实践中，那些比其他成员能调动更多社会资源、获得更多权威性价值分配如安全、尊重、影响力的人，就可成为精英”。

化的卫道士角色，使皇权得到更大的延伸。另一方面，乡村精英为获得地方活动的权威，具有荫庇乡村社会的主动性①。

1. **宗族精英**

宗族精英主要包括乡村社会宗族势力中的政治精英、经济精英和文化精英等多种类型。宗族精英扮演着乡村社会领导者的角色，主管家族内外事务，行使着家族的各项权力，对乡村社会秩序产生决定性影响，而其影响力的大小则取决于所代表的姓氏在乡村人口总量中的比重。传统乡村社会的这种显著特征，是宗族精英主导乡村社会秩序的主要原因。而宗族组织中的族长就是其利益的重要代表，又称族首、族正、祠长、宗长等。族长由“合族公举”产生，其标准一般是辈分、德能与官爵、功名、财产的结合，其中财产与威望成为决定性因素。族长不仅主持宗族祭祀和掌管族众的日常生活，而且还是族众的法律仲裁者。从制度层面看，族长的地位是对早期父权制和家长制原型演化的延续。由于古代社会血缘等级制度根深蒂固，所以年长者作为家长的地位是既定的，特别是在乡村社会，以族老为中心的结构得到了家族成员的认同。宗族通过族谱、族祠、族规和族产来实现其治理结构②，这种结构在乡村社会被放大，对“孝”文化的推崇正是对族长地位的肯定。

2. **士绅精英**

士绅精英是指乡村社会中在野并享有一定政治和经济特权的群体，它包

---

① 张仲礼的研究表明，士绅大多视家乡的福利增进和利益保护为己任，承担诸如公益活动、排解纠纷、兴修公共工程等事务，有时还组织团练和征税。“大量地方事务的实际管理都在诸士绅手中。地方志记载可表明绅士在修路造桥、开河筑堤和兴修水利等公共工程中，活动极为频繁。”此外，士绅还要履行救灾捐赈、修撰地方志等义务。

② 族谱是联系族群，确定族民亲疏辈分、权利义务及房派组织体系的重要方式。一方面巩固和提高本族的社会地位，另一方面增强家族的内在凝聚力，强化家族意识和家族团结，为家族组织的集体行动奠定基础。族祠，是祭祖的圣地和家族的标志。把后代与去世的祖先连接起来，加强家族团结。族祠不仅是家族成员活动、教育后代的场所，也是管理家族事务和执行家族家法的机构。族规体现为成文和不成分的宗规、族约、族训、族范及家训等规定。族规规定家族组织和活动方式、成员的权利和义务，是宗族组织活动的规范。族产包括族田、祭田和义庄等共同资产，是家族活动的经济基础，通过置族产为家族组织以及兴办宗族事业提供支持，实现“收族”和“睦族”即联系族民和团结的目的。

括科举功名之士和退居乡里的官员以及其他政权体系之外有势力的乡村社会群体。作为一个特殊的乡村精英阶层，士绅成为传统乡村社会国家权力体系与乡村自治之间的沟通媒介。士绅作为中国传统乡村社会的特殊群体，只存在于部分乡村中，但其影响力很大。他们虽已脱离了政权体系，但能利用自己的社会资本，对乡村社会秩序产生重大影响。

3. 乡里组织精英

各朝代对乡里组织精英的标准不同，秦汉重视年高德劭，北魏、五代十国重权势和财力，唐代则重能力。宋代重人丁、物力①。实行保甲法后，“十家为一保，选主户有干力者一人为保长”，“十大保为一都保，选为众所服者为都保正”②。明代重地亩，如粮长，“粮长者，太祖时，令田多者为之，督其乡赋税”③。乡里组织精英处于官与民之间的中间位置，可分为两类：乡官和职役，承担摊派徭役、征收赋税、率民为善、受理诉讼、监督户口年纪等职能。他们是乡里政权的执掌者，又是邻里乡党的长者，影响乡党舆论，政局动荡时能左右人心向背，构成国家最基本的治乡基础。

4. 乡村技能精英

乡村技能精英是指乡村社会中具有一技之长的村民，是一个稳定而具有数量优势的精英群体，以乡村医生、农事经验丰富者、乡村建筑人才、乡村知识分子和乡村中红白喜事从业人员为主。虽然在传统乡村社会的共同体中，社会资本的持续积累所产生的优势使宗族精英、士绅处于乡村治理的核心地位，但乡村技能精英也是影响乡村社会组织的一个组成部分，多扮演乡村社会服务者的角色，往往需要依附乡村社会的其他精英，在乡村治理中对社会秩序的维护起到一定的辅助作用。

---

① 张健. 中国社会历史变迁中的乡村治理研究［D］. 杨凌：西北农林科技大学，2008.

② 宋史卷一九二 · 兵六志［M］. 出版年份不详.

③ 明史卷七八 · 志第五四 · 食货二［M］. 出版年份不详.

2.1.3 乡村治理框架下的物质营建法则

封建时期的乡村是一个稳定封闭的系统，在中央集权国家控制下的“编户齐民”社会，由于隶属不同形式的户籍体系，民众的自发性迁移[①]受到限制，从而保证了传统乡村的人口稳定性。国家充分利用宗族在乡村的巨大内聚力，将国家权力渗透到乡村社会，将没有正规行政权力的乡村和国家结合起来。因此乡村社会呈现出两面性，一方面是国家权力对制度网络和文化网络的控制，另一方面是乡村社会内生机制的自我调节和治理。乡村营建作为社会治理的组成部分，依附于乡村社会组织的宗法和等级制度，以乡村精英为主体地位，以非制度化的灵活有机的营建机制为特征，是乡村社会物质空间的生产和再生产过程。

1. 顺应自然、因地制宜

传统乡村空间受到自然环境制约，传统自然观中顺应自然、因地制宜的思想可归纳为选址、理水和理景三方面。在与自然环境的共生意识上，乡村的选址和布局符合隐含着自然规律的传统风水学。在选址之初，风水学对其环境做了理想化的布局要求，以满足族人对宗族繁盛、财运和文运的期盼。风水理论要求聚落选址具备“以山为依托，背山面水”的特征（图 2.4）。背山可“藏风聚气”，面水可使气“界水而止”。作为在长期实践中总结出的朴素自然观，风水理论已成为文化的重要组成部分，在聚落选址中起着重要作用。“它的普遍运用为乡村聚落空间的产生和发展罩上了一层整体性的外衣，聚落内部的空间组合亦随之被赋予了某种潜在的结构性和秩序感”（李立，2007）。

---

① 自发性迁移指民众非经官方招募、组织，也非因灾荒、战乱而不得不背井离乡，他们完全根据自己的生存状态做出迁移选择。在这一时期人口的自发性迁移实际上是对户籍所在地赋役的逃避，所以编户之民不得自由迁移是大多数王朝的基本政策。摘自：王跃生. 制度与人口——以中国历史和现实为基础的分析（下卷）[M]. 北京：中国社会科学出版社，2015：616.

水是重要元素，不仅是生产生活的命脉，在传统文化中亦被看成“财源”的象征。“水口”作为乡村聚落空间的重要元素，在选址时被纳入环境要求：“凡一乡一村，必有一源水，水去处若有高峰大山，交牙关锁，重叠周密，不见水去……必有大贵之地。”[①] 其次对自然景观的空间引入也是营建中所重视的，这一点在江南乡村的营建中尤其突出，景点多以聚落周围的自然景色为主，以山水衬景，极富诗情画意，是江南文化特征在乡村营建中的体现。同时，自然土地和水源只能保障一定数量村民的生活需求，因而决定了地理空间中乡村聚落的人口和用地规模上限，这也是自然条件和耕作半径对聚落的门槛限定。

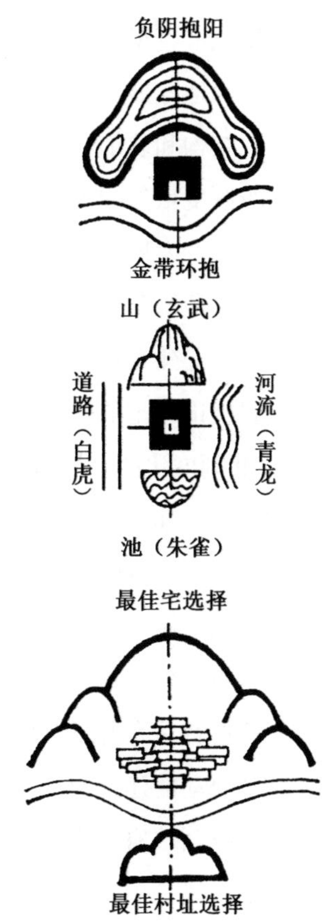

图2.4　风水理论最佳选址图示

2. **依附乡土社会，遵循宗法制度**

传统乡村是随农业生产而逐渐形成的定居聚落。乡村营建与传统乡村农耕社会的生产活动和社会生活秩序相辅相成，所以传统时期的乡村营建更多情况下是依附于乡村组织的活动，是乡村事务中的一部分，它遵循了乡村治理的运作逻辑，是伴随着乡村聚落的选址定居、生长的全生命周期的缓慢建设过程。主要内容包括乡村选址，总体布局，祠堂、宗族第宅等重要建筑及普通住宅的营造，其中礼制的等级和宗法制度的影响颇为深远。

封建社会虽经历多个王朝更替，但政权的根本性质基本未变，以儒学为

① ［清］汪志伊. 地学简明，转引自：刘沛林. 风水——中国人的环境观［M］. 上海：上海三联书店，1995：181.

主的制度也一直得以延续，由礼制所控制的建筑体制和等级制度也基本延续并更为全面地发展，这在官定营缮制度中有明确反映①：规定了各等级房屋的规模、结构和装饰。虽然在乡村营建中没有官式建筑的严格制度，但礼制下的等级制度依然成为营建中的隐性法则。不过与官式建筑相比，它源于生活，随着生产发展与民间习俗结合，代表更多的地方传统，相对于官式建筑体系的“大传统”而言，也被称为“小传统”。宗法制度对村镇布局、祠堂、宗学、住宅等建筑形制规模有重要影响。以宗族聚居、立族长、建宗祠、修宗谱、置族田为主的宗族活动盛行于乡村社会，直接影响乡村的空间布局。

3. 非制度化的有机营建

在传统时期，已存在“城”与“村”两种类型的营建，形成官方和民间两套营建法则。城的营建由官定的营建制度控制，而官定的营建制度又是在礼制的控制下制定。

与城市的营建机制不同，乡村的营建在漫长的发展进程中不断变化累加，其建造背后有着复杂的社会和文化因素，更多的是在传统自然观基础上的一种“松动的建造机制”，即非制度式的因地制宜的营建法则。对于乡村营建，一方面政府对住宅等级及工程做法做出严格的限制，使营建行为不能僭越。如洪武二十六年（1393）规定，庶民的房屋“定制不过三间五架，不许用斗拱饰彩色”，“三十年复申禁饰不许造九五间数，房屋虽至一二十所，随其物力，但不许过三间”，“正统十二年令稍变通之，庶民房屋架多而间少者，不在禁限”②。另一方面，这些制度对底层农民的约束力有限，因此逐渐形成从单元到整体的有机建造机制。乡村的形成开始于个体空间的建造，从以家为单位，到组团空间的组织，进而逐渐形成聚落，乡村是从个体单元逐级

---

① 现存较完整的关于建筑等级制度的史料是唐代的《营缮令》，它规定了哪些建筑形式只能限于宫殿使用，哪一等级的官吏可以建什么规模的房屋、使用什么样的结构和装饰，也规定了庶民居宅的上限。唐以后只有北宋、明、清三朝有官定的建筑制度文献保存下来，大体是在唐令基础上发展。建筑中的等级制度延续至 1911 年辛亥革命为止。

② 刘致平. 中国居住建筑简史［M］. 北京：中国建筑工业出版社，1990：53.

累加建构起来的。以家为日常生活和生产的单元是乡村整体性的构成要素，而场地的自然特征在单元组合的逻辑上得到体现，所以乡村营建是一个从个体到单元，从单元到聚落的有机过程。由此形成独具特色的营建机制，建立了融合风水、规划、建筑、园林等方面为一体的乡村营建体系；在技术上建立了灵活的以木结构为主的建造体系；在艺术方面，创造了非物质的传统文化及艺术意境；在实践中形成了以匠人、画师和堪舆师等为主的民间专业技术队伍。

2.1.4 内生型设计模式

1. 传统封建时期的乡村营建内容

传统乡村营建过程可分为两个主要阶段：一是乡村的初始形成阶段，表现为人的聚居，可能是一个或多个宗族的群体定居，也可能是独立的个体间发生的关系，相互之间或多或少都存在着某种相似性特征；二是人口增长与相应的扩建阶段，一种是因为家族内部的血脉延续，以分家分地的方式向外扩张，一种是外来人口的定居，以点为单位向外扩张，都促进乡村整体边界的进一步拓展。对应营建内容，第一阶段包括了村落选址、整体布局、重要核心节点空间和重要建筑物的建造，例如祠堂、宗族第宅等；第二阶段则以村落的空间布局规划和一般性村民住宅的建造为主。

（1）村落选址及布局规划：匠人营造、因地制宜、师法自然

传统村落是在自给自足的小农经济基础上形成的，这些聚落点看似自然形成，但大多都蕴含选址布局的思想。传统村落在营建之初就需要对居住环境进行选址，一般由堪舆师负责，受风水理论①影响最大。主要表现在“卜居、形局、水龙、水口、构景、风水补救措施”六方面。审视自然环境通过

---

① 风水，又称堪舆，是一门关于天、地、人的学问，其核心思想是人们对居住环境进行选择和处理。民间称之为一种择吉避凶的术数，也是传统民俗和文化的反映。目前风水理论中已经有许多内容得到了科学的解释，其合理部分已有地球物理学、水文地理学、宇宙星体学、气象学、环境景观学、建筑学、生态学以及人体生命信息学等多种学科的因素。

相天法地，结合地形、气候特征、安全防御、生活方便等因素，确定村落的位置和轮廓范围。理想模式的布局设计为："背靠主龙脉生气的祖山、少祖山、主山，左右是左辅右弼的砂山——青龙白虎，前有屈曲生情的水流绕过，或是带有吉象的弯月形水塘，对景案山，远处朝山。"通过对比安徽黟县宏村的家谱中的选址记录图与理想模式格局更可以发现宏村大致就是这样选择基址（图 2.5）。"背山面水，负阴抱阳"是风水学说关于选址的基本原则之一，对村落外部环境的要求是"枕山、环水、面屏"，即坐北朝南，背依山丘，前有对景，水流环抱（图 2.6）。

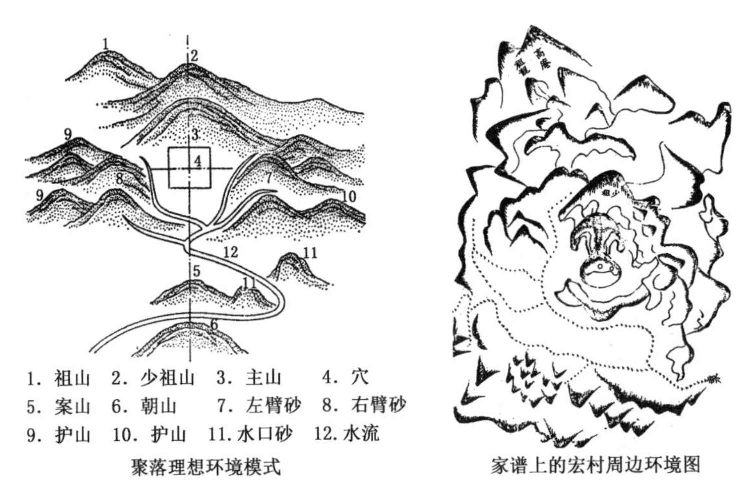

图 2.5 理想风水格局与家谱上宏村选址对比图

(2) 核心节点空间及重要建筑物

传统村落的核心节点是指在乡村空间结构上的重要交汇点，是乡村重要的公共活动或功能空间。一般包括村口、举行重要祭祀或节庆活动的礼制性公共空间及一些象征地域文化特殊意义的功能空间，也包括一些放大的街道交汇点、水井等村民日常生活的公共空间。重要建筑物指祠堂、庙宇、书院、宗族第宅等礼制建筑和戏台等举行节庆时的功能建筑，其选址大多集中在村落中心、交通便利以及风水方位较好的区域。明确了核心空间和重要建

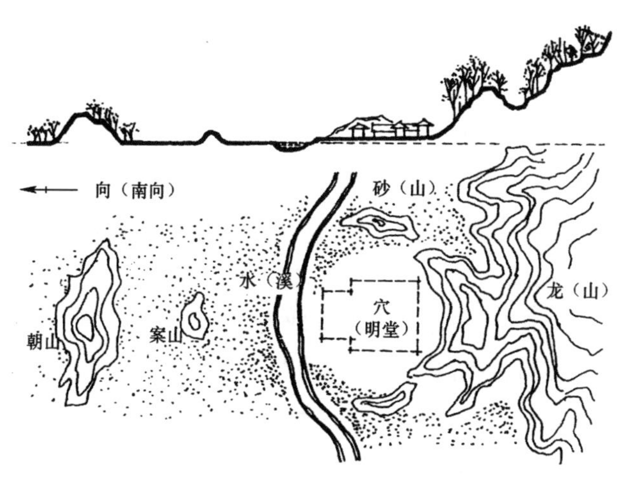

图 2.6 风水观下的典型村落布局

筑物的位置，赋予群体组合潜在的结构骨骼和秩序，村落其他建筑在此基础上“生长”，并以重要建筑物的形制作为原型，共同形成地域性特征。

乡村聚落中微观层面的重要建筑物由传统的堪舆师、工匠等技术精英和乡民共同建造。它同样受到自然、社会及文化因素的影响，以传统的自然观、礼制观念为基础，反映了当地风俗文化及地域特点。

(3) 普通乡村住宅

农村建房的主要形式是在传统建造方式的基础上，房主视经济条件提出布局设想，工匠凭借经验提出建设意见供房主决定。一般农房工匠在施工现场的地面或纸张上勾画大样，但通常不绘制正式图案，而殷实富户在建大宅时往往会请木工或能画之人绘制简图（标明尺寸与放样打线）。匠人在长期实践中总结了一整套木建筑的构造和施工方法①，并在儒家礼制约束下，达到

① 传统封建时期建筑主要以木材与砖的应用为依据制定建筑标准。其实早在唐宋时期，营造技艺已有细致分工，如石、大木、小木、彩画、砖、瓦、窑、泥、雕、旋、锯、竹等作。传统营建体系和传授模式延续了上千年，到明清技艺更加细分，明清宫廷建筑的设计施工和预算由专业的“样房”和“算房”来负责出具图样、估料和预算等具体工作，根据材料种类，其构造法各不相同，因而形式也会发生变化。

了规范化、等级化、标准化与模数化。营建时房主按自己的社会等级、经济实力提出要求，工匠就可以通过建造本身的工作满足这些要求。基于模数制的中国古代独特的规划和建筑设计方法，有利于反映等级差异并保持建筑体系的稳定和延续。而乡村住宅更是直接受到地形地貌、气候等自然因素的影响，体现了与环境融合的设计及建造过程，从而形成了中国丰富的民居建筑体系。

2. 设计组织模式

（1）以乡村精英为主体：乡村的选址规划及重要建筑的建造

传统时期的乡村营建以“乡规民约”为基本规则，“乡规民约”在指导村庄建设方面具备较高的权威性。乡村营建主要由乡村精英行使治理权，只有在民间调解机制失效时，国家权力才会介入。国家、乡村精英和乡民之间有着双向互动过程，国家与乡村社会互相合作、相互依靠，这意味着皇权与乡村精英治权的结合。所以在乡村的选址规划及重要建筑的建造过程中更多体现的是乡村精英这一双重代表性角色的治理结果。乡村精英在乡村营建中发挥重要作用，决定乡村营建的运作程序、形式逻辑和建造过程等方面内容。

· 士绅精英

历史上乡村建设大都依赖于传统的“士绅制度”与“农耕文化”。这类士绅或处于已有数代功名的世家，或为财势雄厚的地主、商人子弟，或有乡里、宗族的背景，或兼有数项。这些条件使得他们在乡里具有相当影响力，且多数有政治后援，同时士绅所享受的政治和社会的特权也由国家明令规定，所以士绅成为统治者管理乡村的媒介，也是乡村营建中的重要主体，担负起乡村公共事务的管理责任。由于缺乏公共财政积累，乡村公共服务多由士绅精英出资承担，如村庄规划、建设和管理，农田水利和公共建筑兴建，公共设施建设等。也正是由于士绅的存在，传统乡村建设呈现出相对有序、稳定的状态，具有明显的士绅阶层“自组织”特征，形成一种典型的“士绅”式的乡村营建模式。

· 宗族精英

在传统乡村社会，宗族精英对乡村秩序的影响力取决于宗族精英所代表的姓氏在乡村社会人口总量中的比重，以及对乡村社会秩序产生的影响（图 2.7）。祠堂、宗族第宅等宗族礼制建筑是村落空间布局的重点，影响着乡村整体空间的布局及建筑形制，因此宗族祠堂、村口等重要节点成为营建中重要的空间组成部分。例如浙江新叶村的核心是宗祠，最早的住宅建在其两侧，后来的住宅也是建在陆续修建的分祠、支祠等宗族礼制建筑周围，形成多层级的组团（图 2.8），村落的空间结构与其宗族结构同构，"宗族关系决定了村落内部结构"①。在不同的文化地域中，作为族人祭祀的场所，宗祠中开展的祭祀活动需要按《朱文公家礼》程序进行，所以宗祠在布局形制上形成了一些既定的程式。

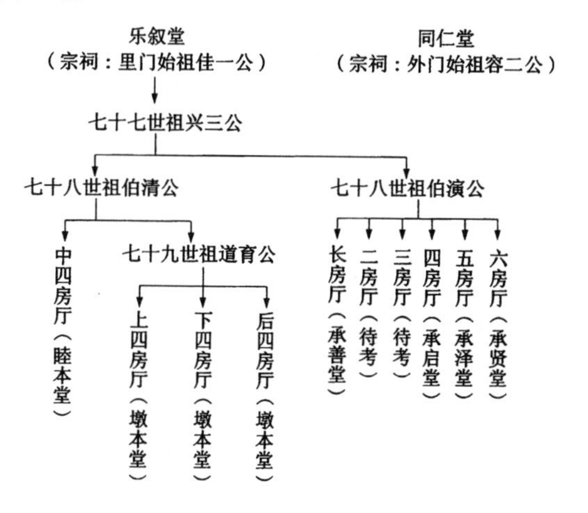

图 2.7　宏村祠堂与宗族体系

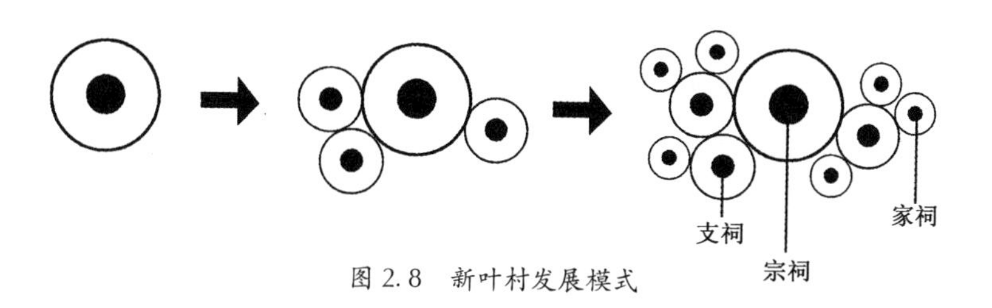

图 2.8　新叶村发展模式

① 陈志华，楼庆西，李秋香. 新叶村［M］. 石家庄：河北教育出版社，2003：30.

· 乡村技能精英

乡村技能精英掌握的营建技术可以通过建筑材料和施工技术直接影响空间的尺度、肌理和构成方式。中国古代历史上没有现代意义的建筑师，承担房屋设计和建造等工作的是被称为“匠人”或“梓人”的民间手工业者，技艺传承主要通过“师徒相授”方式进行。在营造过程中主要以木作作头为主，瓦作作头为辅。乡村技能精英作为整个施工的组织和管理者，控制工程的进度和各工种的配合，各工种的师傅和工匠各司其职，发展出一套成熟的施工系统和流程，具有典型的集体传承形式。

(2) 以村民为主体：民宅的建造

一般村民住宅的营建基本按照自主营建模式。从设计与建造的角度，民居可以说是没有设计师的建筑，是村民投资并参与或在村民、亲戚及工匠的帮助下完成的。如有工匠参与直接建造，主要还以房主的建造意志为指导原则。但在传统的乡村社会中，由于士绅在治理上的核心地位，其行为都具有示范性，宅院更是成为普通村民模仿的“原型”，普通村民的住宅一般是在“原型”上的复制或简化变异，根据宅基地的地形条件、功能要求和经济实力等因素表现出统一中的变化。

2.1.5 影响及意义：作为乡村治理场域的组成部分

传统时期的乡村营建并不是一个独立事件，而是从属于乡村治理场域的组成部分，营建的体系与乡村社会的组织和治理有着契合关系，通过村落的布局、空间结构得以体现，因此对传统时期乡村营建的分析必须置于乡村社会的背景下。乡村营建依附于乡村社会治理中的宗法和乡约制度，以乡村精英为主体决定乡村的选址规划及公共建筑的建造，建构乡村的空间骨架。营建遵循顺应自然、因地制宜的思想，依附于乡村社会长期缓慢而稳定的发展过程，是社会的物质空间生产和再生产过程。因此在传统封建时期稳定封闭的乡村治理场域中，乡村营建的设计行为是内生型的。

传统时期的乡村营建以区别于严格的城市营建制度的有机营建机制为表现特征。民间建筑与官式建筑相互促进，不断发展。官式建筑发展大体上随朝代更替而具有一定的阶段性，而民间地方建筑传统则不断向前发展。中国古代城市建设属于政府控制的行政行为，故大多轮廓规整、布置有序。而乡村建设则表现为观法自然的有机营建，故而大多布局自由，顺应自然与环境因素，呈现丰富的形式，反映出一种朴素的设计观。

在传统中国的营建活动中并没有出现与现代意义的“建筑师”相匹配的人群，张钦楠在《中国古代建筑师》中列举了古代他认为称得上建筑师的五十余人，入选的先贤可分成七类①，如果要严格区分“建筑师”和“工匠”，只有第五类“专职技术官员”称得上建筑师②。而中国工官的历史从肇始至清政府将其并入商部为止，有两个重要节点：一是隋代始建三省六部的中央官制，其中工部负责营造事项，管理工程、工匠等，从事营建工作的工官集聚于工部，“样房”“算房”承担具体的设计工作，留下大量图样、烫样，重点在建筑群体而非单体建筑；二是明代工匠地位提高，匠籍制度逐渐瓦解，有些工匠成为工部官员。传统时期乡村营建由乡村精英主导，具体承担建造的技术依赖民间工匠这类技术精英，技术精英完成乡村的具体空间营建及施工的全过程，技艺的传承通过师徒相授的方式延续千年，建筑工匠与文人士夫泾渭分明。这种“形而上者谓之道，形而下者谓之器”的道器观念使得中国的传统工匠未能完成西方文艺复兴之后工匠与专业建筑师、设计与施工、建筑与结构的明确分化，其社会地位得不到承认。

---

① 入选建筑师五十余人名单的先贤，大致可以分成七类：①传说人物：有巢氏；②业主或业主代表：周公、秦始皇、蒙恬、萧何、刘彻、曹操、拓跋宏、穆亮、李冲、王维、白居易、苏舜钦、梁孝仁、王禹偁、苏轼、朱熹、张浩、贺承珍、刘秉忠、郭守敬、张留孙、阿老丁、朱棣；③宗教建筑师：三罗喇嘛、班丹藏布、郭瑾；④曾发表有影响建筑评论的文人：刘伶、陶渊明、李渔；⑤专职技术官员：弥牟、阳城延、綦母怀文、郭安兴、宇文恺、阎立德、李诫、也黑迭儿、蒯祥、吴中、阮安、样式雷；⑥工匠：鲁班、喻皓、阿尼哥、卢溶、计成、张涟、梁九、戈裕良、姚承祖、黎巨川；⑦建筑画家：张择端。

② 主要区别是建筑师负责策划设计和监理，工具是笔、纸和嘴；工匠动手参与施工，工具是斧凿锯刨等。

2.2 近代乡村的组织治理与乡村营建

作为历史上强大的帝国，清王朝却在其晚期遭遇前所未有的危机[①]，西方的殖民掠夺、晚清帝国的没落、清末新政与民族救亡运动、民主革命和民族复兴运动的兴起，都冲击着传统封建帝制。鸦片战争以后，西方以武力打开中国大门，中国被迫进入半殖民地半封建社会，被动地卷入了资本主义现代化进程，标志着中国近代史开端。晚清国家政权的衰败，直接导致近代中国乡村社会组织治理结构的崩塌。

2.2.1 乡村组织结构瓦解

1. 晚清时期乡村社会的生存危机

晚清时期的社会矛盾越来越激烈，使乡村面临全面生存危机。第一，长期存在的人地关系紧张以及清政府的苛征暴敛，使农村发展几乎停滞[②]。而清政府给西方各国的战争赔款，通过各种途径转移到民众身上，农民则是严重的受害者。第二，近代化进程加速了乡村社会的衰败和农民的生存危机。鸦片战争后的对外开埠通商，使得农产品成为工业化资本积累的牺牲品。巨大的田赋压力加速乡村经济的退化和农民贫困，从而又严重摧残了农业。第三，西方的经济侵略改变了乡村社会的经济结构，乡村手工业纷纷破产，激化了乡村社会矛盾，使生存危机日益加剧。1905 年清政府废除了科举制度，科举制度的废除切断了士绅晋级的唯一渠道。国家对乡村社会的“非暴力”思想和文化控制被彻底解除，也意味着乡村精英的循环与再生机制遭到了彻

① 费正清认为腐败造成国力下降，“19 世纪中期清朝官场沆瀣一气的贪污腐败耗尽了国帑民财”。其表现是“负责收税的官员不但巧立名目，横征暴敛，而且挖空心思通过收税作弊来中饱私囊，其手法堪称厚颜无耻”。从而导致“苛捐杂税和库耗往往高达原来赋税的 10 倍之多”。

② 自康熙实行盛世滋生“人丁永不加赋”起，中国人口迅速增长，人地关系日益紧张，加上农业生产落后，是造成乡村社会动荡不安的重要因素。

底破坏，国家的意识形态对乡村社会的影响发生本质变化。

2. 民国时期的乡村自治与结构崩塌

清末政府的无能激发了知识分子追求民族独立、国家统一的决心，推动了封建国家向民主国家的转变。民国时期，历经南京临时政府、北洋军阀政府和蒋介石国民党政权，这些政权在基层社会推行地方自治，试图通过乡村社会的整合来实现社会的稳定、政权的合法化，以化解乡村危机，并实现政权获得资源的目的。

民国时期，国家一方面尽可能将权力延伸到乡村，并依赖土豪劣绅加强对乡村社会的控制，另一方面又无从对这一群体的治权进行有效监管，造成国家治权与乡村的脱域，使乡民遭受到政府和乡村劣绅的双重剥削，国家政权的合理性与合法性受到了普遍质疑，乡村与国家的关系处在紧张状态。完整的村落共同体在土豪劣绅和国家权力渗入的双重压力下瓦解崩溃。因此，民国年间各种政权自上而下推行的国家治权与乡村自治运动，非但未树立国家在底层民众中的权威，反而造成了新的困扰，出现历史学家杜赞奇（Prasenjit Duara，2003）所说“国家政权‘内卷化’”[①] 现象，中国乡村社会已走向崩溃的边缘。

---

① “内卷化”概念来自格尔茨（Clifford Geertz）的“农业内卷化”，是指在土地面积有限的情况下，增长的劳动力不断进入农业生产的过程。参见 Geertz，Clifford. Agricultural Involution：The Process of Ecological Change in Indonesia. Berkeley，CA：University of California Press，1963：80. 黄宗智用“过密型增长”理论（involution ）分析了明清时期江南（长江三角洲）农村经济发生重大变化的根本原因或者推动农村经济的原动力。在其中文版中曾译为“内卷化”增长，是劳动的边际收益递减，或者可以理解为在劳动生产率下降情况下的经济增长（参见黄宗智. 华北小农经济与社会变迁［M］. 北京：中华书局，1986. 长江三角洲小农家庭与乡村发展（1368—1988）［M］. 北京：中华书局，1992. ）。这两位学者将“内卷化”概念运用于分析农业或农村经济，杜赞奇借用格尔茨“内卷化”概念，用“国家政权的内卷化”说明 20 世纪前半期中国国家政权的扩张及其现代化过程。杜赞奇的“国家政权的内卷化”是指国家机构不是靠提高旧有或新增（此处指人际或其他行政资源）机构的效益，而是靠复制或扩大旧有的国家与社会关系来扩张其行政职能。当内卷化的国家政权无能力建立有效的官僚机构后，国家政权失去了对官僚收入的监督，官僚们越来越看中公务中的额外收入，渐渐半经纪化而忘却了国家利益，进一步阻碍了国家机构的合理化，国家政权的内卷化达到了极点。国家权力的延伸只能意味着社会的进一步被压榨和破产，导致了与社会关系的恶性循环。

2.2.2 乡村精英的变迁：从良治到劣治的转向

1. 宗族精英的衰败与变异

鸦片战争后，随着西方国家的入侵，西方洋教随之输入中国乡村社会，在近代西学东渐背景下形成“中体西用”的基本模式。城乡二元结构冲击着传统的乡村价值观念和信仰，传统文化的稳定性受到了严重冲击，加之乡村经济的萧条及人口的频繁流动，以家族制度为核心的“宗法制度”的权力基础在国家政权和西方国家对乡村社会的强力渗入中逐渐失去影响力，宗族精英在乡村的地位受到动摇。

民国临时政府的成立，打破了专制国家在基层社会的权力运行模式，国家政权下沉，力图通过在基层社会建立国家正式组织取代宗族组织，以此动员更多的乡村社会资源满足国家现代化的需要。而宗族精英伴随社会动乱和经济危机，逐渐丧失其治理乡村社会的能力。民国后期大部分乡村已很难组织公众活动，传统的庙会等乡村宗族活动逐渐消失①，宗族的衰落和变异是社会变化的必然结果。

2. 士绅的劣变

科举制度的废除切断了士绅晋级的唯一渠道，士绅势力渐趋式微，直到辛亥革命成功后，绅权逐渐消失。一部分士绅寄居于城，凭借其在乡村积蓄的财富生存；另一部分士绅仍居住在乡村，但除去以教学为谋生手段的年迈士绅外，许多士绅转为乡村社会剥夺者——“劣绅”，也就是杜赞奇（2003）所称的“营利型经纪”。士绅的劣变与民国时期国家政权内卷化有关，由于国家对乡村治理缺乏有效措施，又要从乡村获取国家所需的经费，只能任凭乡村中的劣绅以暴力征取费用，这些劣绅在为国家征取费用的同时为自己谋

① 根据资料，在经济较好的江南乡村，宗族活动也出现沉寂之势，例如吴江盛泽的双杨会自 1924 年后无人发起而告终，还有盛泽的中元赛会、开弦弓村的戏曲演出、同里灯会、周庄十月朝庙会也是如此。

利，从而加重了农民负担和乡村困境。

3. 保甲组织精英的劣质化

晚清时期，保甲组织已成为乡村社会控制最重要的手段之一。在发展过程中，保甲组织一直保持着“官治”的形式，地方政府想通过保甲制度把官僚统治延伸到乡村之中，加强对民众的监督和控制。而其他精英也希望尽可能利用保甲组织达到增强支配能力、保持乡村稳定和财产安全的目的。

民国时期，蒋介石不遗余力地推行保甲制度。不同于行政与自治互济的保甲制，保甲制度成为保甲名义下的准行政组织①，因此保长“虽然地位低微，却职责繁重，是执行国家意志的万能工具，所以若非想利用职位榨取民财，别有所图者，一般人是不愿意担任保长的”（吴毅，2002）。民国的保甲制度主要依靠乡村中劣质化精英推行，国家权力的延伸意味着乡村社会进一步被压榨。

4. 乡村技能精英的流失

清末由于乡村社会危机日益加剧，大量乡村人口被动迁移，其中很多乡村技能精英难以在乡村谋生而选择外出。技能精英的流失进一步加剧了乡村社会的败落，也使得许多传统技能随之失传。以工匠为例，随着城市的逐渐崛起和建造业的兴旺，乡村中有营造技艺的技能精英向城市流动。民国初年，城市中的一些传统作坊发展成为早期的营造厂，雇用来自各地的技能之士，包括乡村工匠群体。他们开始与乡村的农业分离，在城市中寻找立足的机会。工匠群体还形成了一定的行会组织，例如溧水县的瓦木工匠建立的“鲁班会”。据南京特别市政府工务局统计，1939 年已有 300 多家营造厂，政府称之为建筑店铺，并规定水木作、石作、泥水作需要登记领照，按甲、乙、丙的三个等级承接不同规模的工程。随着西式建筑的进入，这些本土工匠在工程中逐步学习新的方法和技术，完成了向现代技师的转型，有一部分

① 保甲长拿政府薪酬，为政府监督乡村中为“匪”、通“匪”、窝“匪”等情况。《保甲条例》中赋予保甲长以军队的军官之于士兵一样的权力，在督率壮丁队的时候，有生杀予夺之权。

还成为开业建筑师和建筑学者①。

2.2.3 城市崛起与乡村衰败

传统封建时期的城市对乡村的依赖性较强，长期处于城乡融合时期。在近代工业化的影响下，城市在新的产业支撑下开始从乡村中分离出来，走向现代化进程。城市的规模和结构均发生变化，出现了上海、天津、武汉等特大城市。城市与乡村在社会、经济、文化等各方面的分化和差距日益扩大，形成了现代与传统的二元结构，传统文化的稳定受到冲击。城市中出现了医院等社会性生活服务设施，物质建设也得到了迅猛发展，1929—1936 年，国民政府在南京大规模修建了 40 多条马路，全长 110 公里，各街道遍设下水管道，雨水管污水管分设，这是处于世界先进水平的排水系统②。同时近代城市已成为政治和商业中心，其经济地位的提高增强了对乡村的支配。

同一时期，社会动荡和战争导致乡村社会生存危机日益加剧，在封建社会末期出现三次大的移民潮：闯关东③、走西口④、下南洋。而民国时期城市的崛起给农民的生存提供了另一条出路，长期以来的安土重迁观念开始变化，乡村人口涌入大中城市。而面对乡村社会的危机，国家权力逐渐丧失了对乡村进行保护与控制的力量。1912 年中华民国规定“人民有居住迁移之自

---

① 以浙江籍木工陈烈明为例，1897 年到南京工作，后创办了陈明记营造厂，创业初期承建了美国教会建筑，如马林诊所、明德女中、金陵大学等，后来营造厂由其子陈裕华、陈裕康接任总经理、建筑师。之后陈裕华执教于中央大学建筑工程系，成为开业建筑师和建筑学者。陈家的两代人完成了从传统工匠到建筑师和学者的转变。季秋. 中国早期现代建筑师群体：职业建筑师的出现和现代性的表现 1842—1949——以南京为例［D］. 南京：东南大学，2014：47.

② 王嵬，叶南客. 南京对外文化交流简史［M］. 北京：五洲传播出版社，2011：176.

③ 闯关东，关指山海关，具体指吉林、辽宁、黑龙江三省，清初民族矛盾尖锐，清朝统治者采取残酷的镇压手段。将“造反”者遣送边陲“烟瘴”之地，山东触犯刑律者多发配“极边寒苦”的关东，山东人是“安土重迁”的典型。人口压力、天灾人祸、清政府的政策导向等构成了山东人闯关东的外因。

④ 从明中期到民国初年，很多山西人、河北人背井离乡，打通了中原腹地与蒙古草原的经济和文化通道，带动了北部地区的繁荣和发展。

由”，之后的历次宪法沿袭这一制度，直到 1933 年《户籍法》[①] 的制定完全实现相对自由迁移。

乡村精英的劣化或缺位使乡村无法延续传统脉络，呈现阶段性的断裂和停滞。面对乡村的衰败，忧国忧民的知识精英发起了一场“乡村建设运动”，试图振兴乡村。所谓“乡村建设运动”，“是在一定范围的乡村内，按照理想的预定计划，用最完善的技术方法训练农民，促使农民生活的改进”（郑大华，2000）。根据当时南京民国政府事业部的调查，全国从事乡村建设工作的团体与机构最多时达到 600 余个，先后建立各种实验区 1 000 多处，学界将其统称为“乡村建设派”。其中最早的是河北定县的米迪刚、米鉴三[②]，之后以一批受西方教育和社会思潮影响的知识分子为主体展开救济乡村的社会改良运动，逐渐形成了乡建研究的高潮，其中“实业民生——乡村生活改造派”、“平民教育——乡村科学化”和“文化复兴——乡村学校化”为典型代表。

（1）乡村生活改造派：以陶行知和卢作孚为代表。1927 年，陶行知与中华教育改进会创办南京乡村建设学校（晓庄模式），以学校为中心，寓教于生活，实行“教、学、做合一”。1932 年，陶行知又组织了乡村改造社，通过组织民众接受生产、科学、识字、民教、生育、军事六大训练改造乡村。卢作孚创办民生实业股份有限公司，在重庆市北碚从事乡村建设实验。

（2）平民教育派：以主持中华平民教育促进会，在定县从事乡村建设实验的晏阳初为代表。他认为中国村民的根本问题是文化失调，唯有提高农民

---

① 《户籍法》是比较规范的户籍及其变更制度建立的开端。依照该户籍法，迁入者向入籍地户籍吏呈报时，不需携带迁出地所出具的手续，从规则看，它没有设置任何明显的限制性条件，所要求提供的信息对移籍者来说并不费力，不用求助他人或某个机构，所以说具有自由迁移的精神。资料来源：王跃生. 制度与人口——以中国历史和现实为基础的分析（下卷）[M]. 北京：中国社会科学出版社，2015：648.

② 1904 年米鉴三留日回国后，在家乡定县翟城村成立“爱国宣讲会”，通过活动“灌输村人知识，养成优美乡风”。米氏的试验虽引起了关注，但由于对其思想偏向复古的争论，翟城村的试验并没有完成。

的文化才能帮助乡村改造。1926—1936年，晏阳初与中华平民教育促进会在河北定县、湖南衡山和四川新都进行实验（定县模式）。他试行文艺、生计、生产和卫生四大教育，以增进农民的知识力、生产力、健康力和团结力，却忽视了农民的温饱问题。

（3）乡村建设派：以联合河南村治学院、山东乡村建设研究院在山东邹平县从事乡村建设实验的梁漱溟为代表。他提出“中国为乡村国家，应以乡村为根基，以乡村为主体，以乡村为本，以农业引发工业，而繁荣城市”。1929—1937年，梁漱溟与山东乡村建设研究院开展乡村建设运动试验（邹平模式）：以乡农学校为中心，组织乡村社会。他认为：“救济乡村便是乡村建设的第一层意义，至于创造新文化，那便是乡村建设的真意义所在。”而解决乡村问题的方法，“是建设一个新的社会组织构造——即建设新的礼俗”，具体组织在于“乡约之补充改造”，建设“乡农学校”。

除以上三大类，还有很多小团体也一直研究乡村问题，如宛西自治、徐公桥模式、无锡模式，以及伯格理等在贵州威宁县石门坎进行的“宗教和科教”乡村建设试验等，这些乡村建设试验在抗战全面爆发后也并未停止。

在近代“国家政权内卷化”背景下，乡村建设派并没有获得政府资源，很少与官方发生直接联系，加上当时的独裁政府没有能力及意愿解决乡村问题，但离开了国家的支持，实质上也不可能有良好的发展①。这时期的乡村建设源于救济乡村运动，是在维护国家现存制度和秩序的条件下，对如何实现乡村从传统农业社会向现代社会转型的一种社会改良实验与探索。围绕乡村建设运动，涌现出大量出版物：《乡土杂志》《乡村问题周刊》《乡村建设》《乡村建设月刊》《乡村建设季刊》《乡村建设通讯》等。该时期的乡村建设实

① 梁漱溟“很想用教育的力量提倡一种风气，从事实上去组织乡村，眼前不与政府的法令抵触，末后冀得政府的承认”，且认为“乡村问题的解决，一定要靠乡村里的人；如果乡村里的人自己不动，等待人家来替他解决，是没这回事情的”。引自：梁漱溟. 乡村建设理论［M］. 上海：上海人民出版社，2006.

验仍具有传统士绅的精神特征，并引导乡村的现代化转型，属于广义上的乡村建设，其本质仍是一场乡村社会的改良运动。

2.2.4 营建的停滞与传统建筑行业的转型

传统时期中国建筑以木结构体系为主，1840 年鸦片战争后，西方近代建筑业逐渐进入通商口岸城市，开始对中国产生巨大影响，新型建筑营造机构也进入中国，在功能、样式、结构以及施工方法上均不同于传统营造，给传统营建技艺带来巨大危机，引发一次行业变革，引导中国传统营建行业向现代建筑体系的转型，同时促发中国近代职业建筑师角色的形成。

20 世纪 20—40 年代是民国城市建设的高潮期。传统的砖木、石木结构被钢筋混凝土框架结构、高层钢结构、大跨度结构等新型结构体系取代，随着建筑层数的增加，从全木结构形式，发展到钢筋混凝土楼层圈梁的应用，再到完全采用钢筋混凝土框架结构。这些新结构中使用的新型建筑材料早期以进口为主，后期由民主人士创办的国有建材工业提供，例如水泥业、钢铁业、砖瓦业、玻璃制造等，均有助于近代新结构体系的发展。此外，在建筑工艺和设备方面也有了新发展，如建筑防水材料及防潮技术、保温隔热与温控技术、建筑声学及水、电、暖通、空调设备的应用。

国民政府为解决社会房荒问题，颁布了有关民房建筑推行通用标准图的政策。1946 年 1 月，江苏省政府附发《县乡镇营建实施纲要》，规定“私有建筑之改善，县政府及乡镇公所应依私有建筑标准图案广为宣传督促改进”。1948 年 1 月，江苏省建设厅训令各县政府抄发《鼓励人民兴建房屋实施方案》，包括印制若干种适于居住又能节约材料合乎卫生消防条件的建筑图案，供给准备建筑房屋的人民，以减少一般绘图设计的困难。但这些规定对于战争之后的农民而言，实际是一纸空文，难以实施。在与城市繁荣的对比下，这一时期的乡村营建归于停滞。

2.2.5 职业建筑师群体的出现

“建筑师”一词是近代从英文转译而来。在中国，从古代的工官、工匠，到近代初期的技师，再到 20 世纪 20 年代才得到“建筑师”之名。近代开埠城市的早期建设市场主要是由西方近代新型建筑营造机构和建筑师所掌控①，1920 年后，从西方学成归国的留学生和长期参与现代建造的传统工匠逐渐开始与西方建筑师共同参与建筑实践活动，开启了本土建筑师的职业生涯，同时为中国执业建筑师制度和近代建筑教育奠定了基础。

1. 组织模式

中国古代没有与现代“建筑师”相对应的群体，如果从介于建造的客户与建造者之间协调者的工作内容来类比，“工官”是与之最接近的，可视为古代建筑师的主要群体。在这个体制中，工部设尚书，其下有侍郎、员外郎、将作大匠、将作监、将作少监、都料匠等分级官员管理工匠。直到明代，工匠地位的提升才使得匠籍制度瓦解。清代民间出现了包工制度②，工匠开始脱离农业，独立为专门手工艺人。在清末民国初，打断工官制度延续的是太平天国的诸匠营和百工衙制度，其组织方式是依照军制，以指挥统领，管理百工技艺。其中很多从事营建的人是非专业的，这种状况一直持续到 1840 年的租界建设③。19 世纪下半叶，外国职业建筑师开始进入中国并占领建筑市场，直到 20 世纪 20 年代本土建筑师的出现。

近代上海是外国建筑师最早的聚集地。上海公租界工部局对建筑的管理是通过制定建筑规则，审查图纸和监督施工进行，并没有对建筑师进行资格

---

① 至 19 世纪末，上海的英国建筑师学会成员已经超过 6 人，20 世纪以后，美国、法国、俄国、匈牙利等国建筑师都在上海承揽业务。1901 年 1 月，52 位外国建筑专业人士成立了上海工程师和建筑师学会。

② 业主将工程作价包给一个工匠，由承包人独自施工或找人合作的制度。

③ 最早的西式建筑是由西方业主与上海传统建筑工匠共同完成，这两者都是非专业的，业主是西方外交官、侨民或传教士，房屋虽形式简单，用的也是本地材料，但其承重墙结构与中国传统的木构架不同，本地工匠对此很陌生。王浩娱. 中国早期现代建筑师职业状况研究 [D]. 南京：东南大学，2002：7.

审查（赖德霖，1992）。1929 年，南京国民政府颁布《技师登记法》，由实业部核发技师证书，有证者可在全国登记申请开业。1932 年公布的开业规则中，已出现以资质高低来区分承接工程的范围。国民政府时期，建筑设计之主管机关在中央为内政部，在省为建设厅，在市为工务部，未设工务局者为市政府，在县为县政府。当时大型或重要的建筑工程设计须经公开招标选择设计单位。例如 1925 年南京中山陵工程设计方案由吕彦直在招标中取得，但陵园管委会对建筑仍具有行政控制权，这阶段设计的自由度仍是有限的。

民国时期，工程管理法规中已制定了对设计的管理规定，即完成专业经历后，成为建筑师必须满足获得技师证书和完成开业登记两个条件，并对开业证书进行严格规定①。同年由内政部公布的《建筑师管理规则》对建筑师开业的证书等级、各等级证书的执业范围及管理做出具体规定②。建筑师的行业规则日益完善、管理愈加规范。这些现代意义的专业工程技术人员主要以开业建筑师和机关建筑专业人员这两类为主。到后期，大学教师队伍中的建筑师也加入了开业建筑师之列。这时期建筑师的职业流动不仅出现在内部或事务所之间，还出现在职业模式的变化上，例如在政府公务员、大学教师、政府机关技术人员和技师之间的转变，甚至可以同时兼任，这说明建筑师作为自由职业的地位得到稳定，同时完成了中国建筑设计的职业化组织模式。

2. 中国职业建筑师群体的出现

在中国，“形而上者谓之道，形而下者谓之器”的道器观念使得中国的

---

① 1944 年 9 月 21 日修正公布的《建筑法》第四条规定：“建筑物之设计人称建筑师以依法登记开业之建筑科或土木科工业技师或称技副为限，但公有建筑之设计人员得由起造机关内依法登记之建筑科或土木科技师或技副任之”。

② “建筑师开业证书分为两级，凡具有技师资格者给予甲等开业证书，凡具有技副资格者给予乙等开业证书；建筑师具有甲等开业证书者可承办一切大小建筑工程的设计，领有乙等开业证书者可承办造价 30 万元以下的建筑工程设计。开业证书由建筑师所在地主管机关核转省主管机关审查、登记、核给，院辖市审查给证由公务局办理”。引自：江苏省地方志编纂委员会. 江苏省志—城乡建设志（中）[M]. 南京：江苏人民出版社，2008：1452.

传统工匠未能完成西方文艺复兴之后工匠建筑师与专业建筑师、设计与施工、建筑与结构的明确分化，如孙中山所说："夫人类能造屋宇以安居，不知几何时代，而后始有建筑之学。中国则至今未有其学，故中国之屋宇多不本于建筑学以造成，是行而不知者也。而外国今日之屋宇，则无不本于建筑学，先绘图设计，而后从事于建筑，是知而后行者也。"

在近代城市化进程中，由于西方建筑体系在中国传统建造行业中引发的变革，引领整个建筑业向现代建筑体系转变。1920 年后从西方学成归国的留学生与长期参与现代建造的传统工匠们逐渐开始与西方建筑师合作，共同参与实践，在西风东渐中开启了本土建筑师的职业生涯，也为执业制度和中国近代建筑教育体制的建立奠定了基础，催生了建筑师这一新职业类别。

早期建筑师群体的教育背景以海外留学为主，国内培养为辅，源于 20 年代已较成熟的中央及各省政府的公费留学和自费留学体系。根据《选派留学外国学生规程》，1917—1925 年间每年考试录取约 20～40 人[①]，同时还支持自费留学。1933 年，国民政府颁布《国外留学章程》，对留学生的资格、考试、管理和回国等情况进行全面详尽的规定。1914 年中国有了第一个建筑学专业科班出身的建筑师庄俊，是最早官费留学于美国伊利诺尹大学建筑工程系的留学生。国内最早的建筑科则是 1923 年设立于苏州工业专门学校，之后随着行业的发展，建筑师体系从工业技师里脱离出来，成为现代意义上的职业建筑师[②]。到 1930 年，建筑师的职业活动范围主要在建筑师事务所、

① 季秋. 中国早期现代建筑师群体：职业建筑师的出现和现代性的表现 1842—1949——以南京为例[D]. 南京：东南大学，2014：67.

② 在西方出现过独立于工匠的领袖人物，直到文艺复兴时期的意大利，作为建筑师的阿尔伯蒂在建筑师和工匠之间制造了差别，他把建筑整个看作社会行为，认为建筑是高贵的科学，而体力工作只是一种工具。尽管如此，文艺复兴早期的建筑师直接参与建造，与工匠的关系极其密切。直到 1560 年的意大利，建筑师已获得了全部职业地位，为其实践的所有内容负责，这是在意大利最早的职业建筑师，在欧洲各国的情况均不一样。在法国和西班牙，对房屋设计和建设负责的仍是工会组织的头领。在英国更晚时期，建筑师与检测员和工程师的职业定义都有漫长的混沌期，二者的决裂直到 1930 年代才清晰。19 世纪的美国与英国一样面临着建筑师从绘图员和工程师区分的问题，直到建筑师执照法和注册制度的出现才从制度上确保了建筑师的职业资格。

建筑院校、国立的设计和研究机构及营造厂①。

早期的建筑师个体由于共同的职业、相同的文化背景及专业知识而逐渐形成认同感。在近代由传统官僚体系转变的民族国家和西方教会的复合体背景下，这些建筑师受到的传统教育与西化专业教育使其思考自身的处世之道，并选择对政治和宗教的避让，从而保持自由和独立思考，这是影响建筑师现代性的重要因素。建筑师群体的思想来自士人传统，立足传统知识分子立场。大部分留学归来的建筑师来自富裕家庭，与传统工匠并无关联。他们的生活习惯已或多或少被西化，家庭结构已不同于传统乡村社会。加之建筑师群体是留学生中较晚出现的专业人员，传统的教育启蒙加上正规化的西方教育模式淡化了传统文化认同感，加大了开放意识，实现了向现代转型。而这一时期建筑师群体在实践中竭力创造的民族建筑形式的概念源头就来自西方②，也是其思想根源的现代性表现。

2.3 本章小结

封建社会的乡村发展依托内生动力和递进程序，城乡关系具有一致性和一元性特征。乡村社会依靠地缘和血缘关系，形成乡里制度和宗法制度并行的治理体系，其中乡村精英是乡村组织治理的核心，把国家权力和乡村社会

---

① 目前最早的中国建筑师事务所出现在20世纪初的上海，如1915年周惠南创办的“周惠南打样间”，1921年关颂声成立的“基泰工程司”。20世纪初到40年代赴美学习建筑的留学生回国后，大多选择开设建筑事务所开始职业工作，其次从事最多的工作就是在建筑院校担任教职。这是因为近代中国建筑教育处于初步发展阶段，师资力量比较缺乏，留学海外归国又有一定实践经历的建筑师成为建筑院校的理想选择，致力中国本土的职业建筑师培养。

② 从南京早期现代建筑师创造的民族形式可以看到从概念的源头就出现的荒诞性。如果以汉民族建筑为创造的来源，就不该在大量的建筑物上运用清官式做法，而不参考其他朝代汉人的建筑物。如果将中国的民族宗族化，那么所有地区的民居和官式建筑物都应该成为没有权重差异的建筑样式的参考来源。只能说南京早期现代建筑师对历史样式的掌握从北京故宫起步，同时紧随当时历史研究成果是受到限制的。在一开始，他们并不了解真正的国家范围内的中国建筑的情况。而这场中国建筑在南京的风行是由外国人墨菲发起的，这说明了中国建筑起初就是一个模糊概念。

结合起来。

这一时期的乡村营建并非简单的技术建造，而是从属乡村治理范畴下的社会生活的组成部分。营建体系与乡村社会的组织治理存在契合对应关系，因此对传统时期乡村营建的分析必须置于乡村社会治理的整体视阈下，整体性是乡村营建研究的前提和基础。乡村营建在乡村社会长期缓慢而稳定的发展过程中，实现乡村社会物质空间的生产和再生产。传统封建时期乡村营建的设计主体来自乡村社会内部，其设计行为也属于内生型。

近代国家权力受外部力量干预，乡土社会结构和自然演进的秩序遭到破坏，不仅造成城乡发展的差距，也给乡村发展带来深重的危机，乡村营建基本处于停滞状态。民国时期的乡村建设派发起的乡村建设运动的本质是乡村社会的改良，并未有实质性的空间营建行为。城市在近代整体发展趋势下走向现代化，而乡村则在近代化进程中走向凋敝。与此同时，中国近代建筑业的发展历程为建筑师的产生提供了土壤。早期职业建筑师的生活和工作地点绝大部分都在城市，建筑师的设计作品和其所处的时代与城市背景紧密相连，因此其实践与乡村并无交集。民国时期职业建筑师群体对中国建筑业的现代转型起到重要作用，在建筑设计领域逐渐形成了区别于传统建造行业的“职业自主性”，职业建筑师场域在这一时期逐渐形成。

第3章 精英变迁
——当代乡村治理结构的演化

中华人民共和国成立后，政权组织分为五个治理层级：中央、省（直辖市）、市（地区）、县和乡镇。随着政权的稳固，乡镇政权成为国家在乡村设立的基层组织，但其设置一直处于变动中，反映了乡村基层治理结构的不断变化[①]，这些变化重构了乡村社会与国家、国家与村民、乡村精英与村民间的阶层与权力关系。我国乡村治理在经历了集体化时期、家庭联产承包制时期、社会主义市场经济体制时期和社会主义新农村建设时期后，进入了新型城镇化的新阶段。

3.1 集体化时期的乡村组织治理（1949—1978年）

1949—1978年，中国乡村历经多次变革，乡村的政权组织结构、精英的构成及属性、农民的意识形态以及乡村的社会秩序和经济方式均发生了前所未有的变化。这个时期被称为“有计划的社会变迁”“从自然村落到集体共

① 乡村组织治理结构是乡村治理的重要内容，是基层乡镇政权组织、村庄自治组织以及其他社会组织对乡村社会政治、经济、文化等方面进行治理的组织架构及相互关系的总称，包括乡镇政府的组织结构、村民自治组织结构、村基层党委组织结构、乡镇政府与村自治组织和基层党组织之间的关系，乡镇政权、村两委与其他社会组织及村民之间的关系。杨嵘均. 现阶段我国乡村治理结构系统的改革研究［D］. 南京：南京师范大学，2009：38.

同体社会”（吴毅，2002），也是中国乡村组织治理迈向“集权统一”的单轨治理阶段。乡村社会成为高度行政化、组织化和政治化的社会单元。以政社合一为基础的人民公社取代了传统乡村的宗族组织模式，公社干部在乡村社会扮演着国家权力的代理人，建立了新的组织结构，也是国家权力下沉到乡村社会的过程，以此完成国家工业化所需的原始积累。

3.1.1 从“村社合一”到“政社合一”

在集体化时代，自上而下的国家权力渗透到乡村社会，乡村社会成为高度行政化、组织化和政治化的社会单元。以乡村社会生产关系为主线，集体化可分为土地改革、互助合作和人民公社三个阶段。

1. **土地改革时期**（1949—1953 年）

土地改革始于 20 世纪 20 年代，是共产党早期在根据地开展的改革。土改前农村的地权分配处于一个极不平衡的状态，总人口不到 5%的地主占有了近 40%的耕地。从 1947 年《中国土地法大纲》制定到 1950 年《中华人民共和国土地改革法》，标志着中华人民共和国历史上第一个农地制度的建立，解决了农民与土地的生产关系问题，乡村进入全面恢复期。但这次的土改并没有取消农村土地的私有制，而是通过平均地权实现耕者有其田的小农经济。土改可视为新政权对乡村基层农民进行的政治训练，这一时期国家建立了“乡-村”政权并存的组织结构。1950 年年底，政务院颁布《乡（行政村）人民代表会议组织通则》和《乡（行政村）人民政府组织通则》，通则规定：“乡与行政村并存，同为农村基层行政区划，其规模由一村或数村构成。乡（行政村）的政权组织形式为人民代表会议和人民政府委员会。”其职权是执行上级政府的决议和命令，领导和检查乡政府各部门工作。到 1952 年年底，全国共建立了 28 万个乡（镇）、行政村人民政府组织[1]。

---

① 刁田丁. 中国地方国家机构概要［M］. 北京：法律出版社，1982.

2. 互助合作时期(1953—1957年)

1954年9月，中华人民共和国第一部宪法的颁布标志着行政村体制的结束，确定了乡建制的法律地位，乡成为县以下唯一的基层政权组织，撤销了村级行政建制。乡政权以下的治理单位是自然村。乡村治理的公共权力主要由村党支部和上级下派的工作组行使。这种治理结构是“乡-村”政权共治结构的发展。国家随即在农村推行互助组和初级农业生产合作社，开始实现对农民和农村的社会主义改造，人为消除贫富差距，并形成了一种新的国家-乡村关系。

在互助组阶段，农民在生产过程中打破家庭的界限，在各个生产环节上实行互助，但土地没有整合，是一种不改变生产资料归属的生产协作。在初级合作社中，农民土地入股，合作社统一经营，成果也由社里统一分配，只保留入股土地的分红来体现土地所有者的权益。从分配效益上看，初级合作社尽管保留了农户土地私有权，但农户实际上已经失去对土地的直接控制权，这是一个重大变化。至1956年4月，全国已建立初级合作社1 008 000个，入社农户占全国农户的90%。随后初级合作社向高级合作社升级，到1956年年底达到540 000个，参加高级社的农户占全国农户的87.8%。此时总计入社农户已占全国农户的96.3%①，合作社取代了互助组，已建立起集体所有制的基础。这种以生产资料的统一经营、共同劳动、统一分配为特征的高级社农业经营制度的建立成为我国改革前的基本制度。农民被融合在政权的体制之中，国家权力强制嵌入乡村社会，颠覆了传统乡村社会的组织治理模式，使乡村形成了“村社合一”的政治结构。

3. 人民公社时期(1958—1978年)

作为国民经济计划的第一个五年计划（1953—1957），主要针对工业化建设和经济领域的社会主义改造。1958年8月中共中央会议通过《关于在农

---

① 邱家洪. 中国乡村建设的历史变迁与新农村建设的前景展望［J］. 农业经济，2006（12）：3.

村建立人民公社问题的决议》，各地纷纷开始并社组建人民公社的社会运动。毛主席这样定义人民公社："我们的方向应该逐步地有次序地把工、农、商、学、兵组成一个公社，从而构成我国社会的基本单位。"其本质是把集体所有制的农业社过渡为全民所有制的人民公社。到 1958 年 11 月初，已在全国范围内基本实现人民公社化（表 3. 1）。

表 3. 1　中国农村的集体化运动（1951—1958 年）

分类		1951	1952	1953	1954	1955	1956	1957	1958
互助组	组数（个）	4 675 000	8 026 000	7 450 000	9 931 000	7 147 000	850 000		
	每组农户数（户）	4. 5	5. 7	6. 1	6. 9	8. 4	12. 2		
初级社	社数（个）	300	40 000	15 000	114 000	633 000	216 000	36 000	
	每社农户数（户）	12. 3	15. 7	18. 1	20. 0	26. 7	48. 2	44. 5	
高级社	社数（个）	1	10	150	200	500	540 000	753 000	
	每社农户数（户）	30	184. 0	137. 3	58. 6	75. 8	198. 9	158. 6	
人民公社	社数（个）								26 500
	每社农户数（户）								5 000

"人民公社的建立，将国家行政权力体制与乡村社会的经济组织结合在一起，真正实现了政社合一。"（于建嵘，2001）以政社合一为基础的人民公社取代了传统乡村的组织模式，并扮演着国家权力代理人的角色。乡村社会形成"公社—生产大队—生产队"的基层格局，以完成自上而下地对乡村的组织改造。

3. 1. 2　乡村生活集体化

经过对乡村互助组、初级社、高级社、人民公社的社会主义改造以及各种群众运动后，乡村社会进入了集体化阶段，目标是基层政权组织强力介入乡村社会，村民也进入集体化生活阶段。

1. 生产集体化

农业合作化运动使土地私有权转变成集体所有制。人民公社时期，土地等主要农业生产资料由公社所有制转变为公社、生产大队、生产队三级所有，生产队作为人民公社的基础，掌握着所辖范围内的土地所有权，因而能够组织生产、交换和分配，成为一个基本核算单位。至此，土地村社集体所有制确定，乡村完成了土地所有权和经营权的高度统一。

2. 生活集体化

农民的生活集体化反映在公共福利的集体供给制度上，例如公共食堂、托儿所、敬老院、学校等。1958 年的公共食堂是“大跃进”和人民公社运动的产物，历时 4 年，终因难以维系而解散，却增加了村民的集体意识。虽然经济仍很困难，但文化下乡的活动仍得到发展，成为村民日常文化生活的组成部分，包括乡村电影、出版物、有线广播站以及乡村喇叭等形式①。

3. 村民对组织的依附性

人民公社制度既是乡村的基层政权单位，又是经济单位，管理着公社内的一切事宜。公社由若干个大队组成，大队是拥有自己财产、收入、行政人员的一个组织单位，大队下面又设有生产队，而农民的生产、生活以及政治活动都是在生产队中展开。生产队是分配的基本单位，按照社员劳动力的等级和劳动时间支付成果。在人民公社时期的严格二分法的户籍制度下，村民与公社组织之间形成了高度的依附性。

3.1.3 政治精英一元化

1. 传统乡村精英的湮灭

集体化时期国家对乡村进行了革命性改造，国家权力逐步下沉，对乡村社会进行了强有力的动员、渗透和控制，瓦解了传统乡村的组织结构，从根本上

---

① 数据来源：张健. 中国社会历史变迁中的乡村治理研究［D］. 杨凌：西北农林科技大学，2008：99.

摧毁了传统乡村内生性地方权威的社会基础及传统乡村精英[①]。该时期的乡村宗族精英和士绅精英失去了对乡村社会治理的影响，让位于新的乡村政治精英，即类似传统时期的乡里组织精英，但性质已发生很大变化。乡村技能精英群体对乡村治理的影响力在强大的政治力控制下也明显下降。乡村社会的传统精英阶层在国家政权下逐渐湮灭，新政权国家下的乡村政治精英成为乡村组织的绝对主导者，从而实现了国家对乡村社会的单轨治理模式。

2. **乡村精英的政治一元化**

土地改革后，传统乡村精英被原来处于秩序最底层的贫下中农阶级取而代之。国家通过这些新兴的阶级精英对农村实行了改造，农民成为均质个体。国家任命的乡村干部成为全能而唯一的精英群体。国家对乡村干部的录用标准为"根正苗红"[②]，包括贫穷、忠诚和敢干三个向度的评价标准。国家权力赋予干部权力，使其成为乡村行政化的保证（表 3. 2）。

表 3. 2　五省农业生产合作社领导层的构成调查　　（单位：%）

成分 层级	贫农	新下中农	老下中农	新上中农	老上中农	其他劳动者	剥削者
支委	42. 80	28. 60	13. 30	9. 40	5. 50	0. 40	0. 08
社管委	43. 30	24. 40	17. 00	7. 70	7. 00	0. 40	0. 01
生产队长	43. 70	24. 40	16. 30	8. 10	7. 20	0. 20	0. 10
社会计	35. 10	21. 00	22. 00	8. 40	10. 30	1. 40	1. 30

① 1927 年毛泽东在《湖南农民运动考察报告》中分析中国社会的性质时指出，中国社会存在着四种权力支配系统：一是由国、省、县、乡的政权构成的"国家系统"，二是由宗祠、支祠以及家长的族权构成的"家族系统"，三是由阎罗天子、城隍庙王以及土地菩萨以及玉皇大帝和各种神怪的神权构成的"阴间系统"和"鬼神系统"，四是支配女子的夫权系统。这四种权力代表了全部封建宗法思想和制度，是束缚中国人民特别是农民的四条极大的绳索，消灭族权，打击宗族势力是建设乡村政权的重要步骤。引自毛泽东选集 [M]. 第 1－4 卷. 北京：人民出版社，1991.

② 毛泽东在为《长沙县高山乡武塘农业生产合作社是怎样从中农占优势转变为贫农占优势的》所加的按语中强调"合作社的领导机关必须建立现有贫农和新下中农在领导机关中的优势，而以老下中农和新老两部分上中农作为辅助力量"，而且要选择"他们中间觉悟程度较高、组织能力较强的若干人，加以训练，组成合作社的领导骨干，特别注意从现有贫农和新中农里面选择这种骨干分子"。

3.2 家庭联产承包制时期的乡村组织治理（1978—1992 年）

1978 年，中国社会进入了改革开放的发展时期。乡村社会实行以“包产到户”为特征的“家庭联产承包制”① 的新制度，揭开了我国农村基层组织的改革序幕。这一时期，国家经历了从“计划经济”到“计划经济为主、市场调节为辅”（1978—1984），以及“有计划的商品经济”（1984—1992）这两个阶段。乡村经济的快速发展推动了经济体制的改革。

3.2.1 “乡政村治”的产生

十一届三中全会的召开把注意力转移到经济建设上。20 世纪 80 年代初只有少量较早实行家庭联产承包制的地区开始进行政社分离的试点②，1985 年人民公社全部解体，取代的是全国 91 590 个乡镇以及 948 628 个村民委员会③。1982 年 12 月，第五届全国人大通过的《中华人民共和国宪法》规

---

① 1978 年家庭联产承包制改革将土地产权分为所有权和经营权。所有权归集体所有，经营权由集体经济组织按户分包给农户自主经营，集体经济组织负责承包合同履行的监督，公共设施的统一安排、使用和调度，土地调整和分配，从而形成一套有统有分、统分结合的双层经营体制。

② 1978 年 12 月，在安徽凤阳县小岗村，18 户农民以最原始方式签下协议，包产到户启动。但之后几年间，对承包责任制的争论异常激烈。1978 年 12 月，《中国共产党第十一届中央委员会第三次全体会议公报》强调指出：“人民公社要坚决实行三级所有、队为基础的制度，稳定不变”。全会通过的《农村人民公社工作条例（试行草案）》做出“不许包产到户的规定”。1979 年 4 月，中共中央批准国家农委党组报送的《关于农村工作问题座谈会纪要》明确指出：“不准包产到户”。十一届四中全会通过《中共中央关于加快农业发展若干问题的决定》重申：“除某些副业生产的特殊需要和边远山区、交通不便的单家独户外，也不要包产到户。”而对于安徽省贫困地区农民率先的包产到户并没有正式文件支持。直到 1980 年 9 月，中共中央根据邓小平肯定“包产到户和包干到户”的精神制定《关于进一步加强和完善农业生产责任制的几个问题》，顺乎民意的包产到户、包干到户迅速地全国蔓延。1983 年 1 月，中共中央印发 1982 年 12 月 31 日由中共中央政治局通过的《当前农村经济政策若干问题》，把农村实行家庭承包责任制同马克思经典作家的合作制理论统一起来，对包产到户、包干到户的性质和地位给予精辟概括和高度评价，至此国家已经彻底改变以往对农业生产包干到户、家庭承包的错误认识，澄清了新中国成立以来党对农业家庭承包制性质上的是非之争。

③ 国家统计局. 中国统计年鉴（1997）[M]. 北京：中国统计出版社，1998.

定："乡、民族乡、镇是我国最基层的行政区域，设立人民代表大会和人民政府。农村按居住地设立的村民委员会是基层群众性自治组织。"国家把以人民公社为基础的农村基层政权组织改建为乡镇，将生产大队改建为以村民自治为核心的村民委员会①。集体化时期的公社、大队、生产队的三级行政体系被新的乡镇、行政村和村民小组取代。从此国家政权收缩回乡镇这一级别，意味着单轨组织模式的结束。国家建立起以乡镇政府为基础的农村基层政权，与由村民自行选举村干部组成的村民委员会②共同管理乡村社会，即"乡镇政权+村委会制③"，形成一种新的乡村组织结构——"乡政村治"④（表 3. 3），"乡政村治"体现了行政权和自治权的分离。乡镇政府作为基层政权依法行政，村委会作为村民自治组织依法自治，其自治权在 1982 年宪法中被确认法律地位。从其中的政策层面解读，乡镇政府与乡村不是行政上下级关系，而是指导关系。

表 3. 3　明清至今的乡村基层行政单位的变迁

明清	民国	1949—1955 年	1956—1957 年	1958—1983 年	1983 年—
县	县	县	县	县	县
里/保	乡、镇	乡	高级合作社	人民公社	乡镇
	保甲	行政村	初级合作社	生产大队	行政村
				生产小队	村民小组

① 20 世纪 80 年代乡村治理结构的改革，归纳起来大致有三种形式：1. 一社一乡制，即把原来的一个公社改变成一个乡建制，设立乡政权，采用这种形式的乡政权占全国建乡总数的 55. 33%；2. 大区中乡制，即把一些较大规模的公社撤分为 2～3 个乡，然后在县乡之间设立若干个区公所，这种形式占 13. 84%；3. 大区小乡制，即把以前的公社改为区，大队改为乡。区设区政府和区公所，采用这种方式的占 32. 83%。数据源于《新时期村镇规划建设管理理论、实践与立法研究》：217.

② 1982 年《宪法》第 111 条明确把"村民委员会"界定为"基层群众性自治组织"。1987 年，为了规范农村自治组织的选举，国家颁布《村民委员会组织法》，规定村委会由 18 岁以上的全体村民"直选"产生。

③ 村委会的活动经费和报酬由村集体经济收入供给。

④ "乡政村治"的特征：一是乡（镇）为国家一级政权机关，其组织设置与县级组织相一致，采取上下对口、条块结合的组织原则。二是乡镇以下的村庄，国家不设政权组织，而是依法设立"村委会"，由村民直选村委会组成人员。

3.2.2 村民生活自主化

1. 日常生活的去行政化

村民的自主性增强，经济活动受到的行政约束逐渐减弱，改变了改革开放前社会政治化的形态，反映在村民日常生活的阶级意识淡出和政治性减弱。村民的闲暇时间不需再适应国家意识的公式化框架，村民开始重新以血缘和地缘来编织乡村社会的人伦秩序。

2. 经济活动的自主化

改革开放后，土地承包制解放了生产力，使农民温饱问题得到解决，还使农民摆脱了对土地的依附性。家庭联产承包制是一种“均分制＋定租额”的分配关系变革，激发了生产者积极性。1985年中央一号文件提出的农产品派购改革把市场机制引入农村，至此中国农村最终确立家庭承包制度，农民成为相对独立的经营主体，解放了农业的各种生产要素，这是当代乡村的历史变革。

土地分户经营后，农民经济活动自主性增强。农民把农忙季节外的时间用于副业生产，或去乡镇企业、村办企业工作，促进了乡村工业、手工业、商业等新型经济活动的发展。国家政权为解决农村剩余劳动力的问题，提倡乡镇企业和农民自主灵活的经济活动方式。国家政策允许农民流动，使剩余劳动力离开土地涌入城市成为经济活动自主化的必然结果。

3. 公共生活的缺失及价值观的转变

乡政村治体制建立后，乡镇政府虽是基层的国家政权，但缺乏财政权，所以乡镇政府既没有能力也缺少意愿为乡村提供公共品。尽管乡村选举了村民委员会，但选举对推动经济发展作用不明显。而经历了集体化时期的村民认为公共品供给应由政府承担，对公共事务表现淡漠。

农民经济活动自主性增强，获得财富的方式也多样化。这一时期村民因收入水平、社会地位差距拉大，其内部分化加剧。对普通农户而言，家庭中出外打工人数的多寡与收入高低直接影响家庭收入水平，而不再仅依靠农业生产。商品经济逐步改变了农民的生存方式和生存观念，个人自我利益的实现成为农民的目标，乡村社会的人情关系也逐渐被商品化。因此，农民公益性活动和公共生活的个体意愿性供给变得非常微弱①。

3.2.3 经济精英崛起

该时期乡村精英从单一政治精英向多元化精英的结构转变。政治精英因国家权力的回缩，失去了对乡村资源的控制权，同时受到来自经济精英的挑战，因而对乡村组织治理的控制力下降。在这一时期，虽然不同类型乡村精英的身份存在兼任或转化的情况，但与传统时期的乡村精英相比，这时期乡村精英群体并不成熟，未能在乡村与国家之间形成稳定的三分结构。

1. 多元乡村精英的结构

人民公社制度的终结，标志着国家全能主义政治精英在乡村治理的权力回缩。而新时期的“乡政村治”对行政权和自治权的分离使乡村的自治空间得到一定程度的保证，乡村社会的新权力结构逐渐形成。乡村精英也在这一时期发生转型，包括政治精英、社会精英和经济精英三种类型②。

政治精英：政治精英是以村干部为主的积极参与乡村政治的能人。在改革开放初期，乡村干部基本延续政治精英的角色，与乡村关系密切。但根据政策及社会变化，其作用从改革前国家权力强势代理人转化为国家和乡村利

---

① 个体志愿供给理论认为，个体志愿供给的价值实现形式包括两种情况：一是个人主动为其他社会成员或社会公共事业捐赠钱物，一般被理解为慈善行为；二是仅指个体自愿地在不为任何物质报酬的情况下，为其他社会成员或社会公共事业提供劳务，原因在于责任或义务、自利、利他等。

② 对于乡村精英的界定和分类，在学界仍没有统一标准，在每个时期有自身特征。最早提出“社会精英”概念的是王汉生，他认为改革开放后，某些社区成员由于在人品、能力、经验和知识方面具有相对优势而成为社会精英。罗红光进一步研究乡村社会精英产生的机制问题。他认为，由于乡村社会生活是在人际交流和互动中实现的，社区成员在社会活动时相互交流、相互评价，通过这种广泛的评价而使某些成员在人品、能力、知识、经验和背景等方面表现出优劣差别，从而使这些人成为乡村的社会精英。罗红光. 陕西米脂县杨家沟村阶层的报告［C］//李培林. 中国新时期阶级形成报告. 沈阳：辽宁人民出版社，1995.

益的双重代理人。一方面追求个人政治前途，一方面作为村民利益共同体的代表，因此乡村干部作为政治精英处于乡镇和村民之间，既要代表乡镇政府，又要代表本村村民群众。

社会精英：乡村社会精英是指在知识、品德、经验、能力、背景等方面有优势的成员。这一时期的社会精英主要包括宗族精英和从传统时期的士绅精英、技术精英转化而来的在某一方面的能力上有优势的精英。改革开放后，出于对传统家庭模式的依赖，村民开始重新以血缘和地缘来编织乡村社会的人伦秩序，客观上推动了宗族和士绅的复兴。在改革开放背景下，也急需内生力量来与国家从制度层面上对乡村进行的改革相配合。在东南地区，宗族更为发达，宗族精英开始重新参与乡村治理，甚至还出现了宗教精英的复兴。

经济精英：经济精英是这个时期乡村出现的新类型，使精英的结构发生了根本变化，这与乡村的经济体制改革有密切关系。这批精英大多是经济组织的主体，包括专业户、私营企业家、乡村企业管理者等经济能人，有人称之为“经济乡绅”，认为其是乡村社会的经济权威。随着乡村经济的不断发展，经济精英的作用越来越明显，成为这一时期乡村社会的主流精英。

2. 乡村经济精英的崛起

改革开放后，以经济为导向的改革使乡镇企业异军突起，崛起了一批经济能人，成为新兴的乡村“经济精英”。还有一部分外出打工的村民，通过在城市积累一定的经济基础或知识技能后返回乡村，兴办工厂或科技种植厂等私营企业，逐渐成长为经济能人，由于他们对城市的市场竞争较了解，能为乡村经济的发展提供对策，也容易得到村民们的支持和信任，其示范效应加速了普通村民对乡村精英的信赖和学习，促进了乡村经济的发展。

在政府治理变革要求和市场经济、城市化等各种现代化力量的交叉压力下，乡村经济精英开始产生明显分化，主要表现在：从职业上看，经济精英中的很大一部分开始脱离单纯的农业生产劳动，转向了社会的其他非农职业，职业分化加剧；从角色上看，他们在乡村社区中扮演的角色不再单一，有更多的对自身经济利益和政治利益的追求；从地域流向来看，他们不断地从农村流向城市。所以家庭联产承包制时期的新兴经济精英尽管迅速崛起，但在乡村的地位并不稳定。

3.3 社会主义市场经济体制时期的乡村组织治理（1992—2005 年）

进入 20 世纪 90 年代，随着市场经济的发展和经济体制改革的深入，城镇化速度逐年加快，我国的经济社会发展进入城市快速发展阶段①。工农差别的城乡二元对立矛盾不断加剧，乡村社会在市场经济的冲击下发生了极大的变化，乡村经济发展减缓，“三农”问题成为社会突出矛盾。

3.3.1 “三农”危机的产生

1992 年，乡村体制变革进入深化阶段，在利益的分配与再分配、农村流通体制及社会管理体制方面进行了改革。例如“分税制”② 改革改变了乡村与上级政府之间的财政关系，推动村民自治，改革生产资料流通体制和农村税费体制，以及农民、集体与国家之间的分配关系（图 3.1）。

“乡政村治”的治理模式在理想与现实间背离了初衷。从国家制度的设计看，以“村民自治”为核心的“乡政村治”的格局是对农民政治参与权利的尊重，“改变了新中国成立以来乡村组织化的进程，标志着国家行政权与

---

① 以党的十四大确立社会主义市场经济体制改革目标为标志，改革开放进入新体制基本框架的建构阶段。

② 1994 年分税制以后，税种分中央税、地方税和中央、地方共享税，乡镇必须同时完成中央税和共享税中的上交部分。分税制以后乡镇必须自己筹资养活乡镇干部、教师，兴办公共工程和公益事业，自筹发展资金。

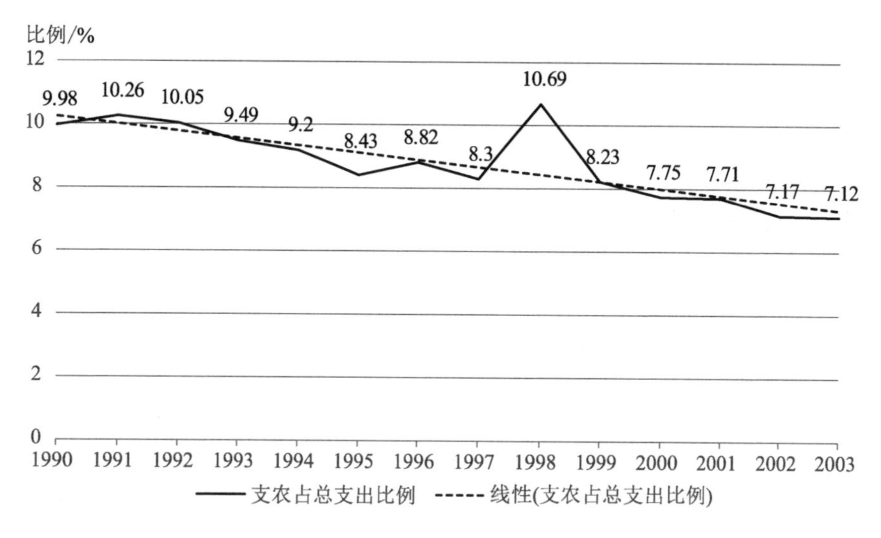

图 3.1 国家财政支农比例变化趋势（1990—2003 年）

乡村自治权的相对分离”（于建嵘，2001），然而国家政权与农民自治的分离并未使乡村社会走向善治，反而出现巨大分离。以乡镇政府为基础的农村基层政权在市场经济条件下，通过政治身份直接从事经营活动，从国家和农民的关系协调者变成离间者，“村治”与“乡政”合二为一，基层政权组织蜕变成“谋利型政权经营者”（杨善华、苏红，2002），引发乡村新的治理危机。这一时期乡村社会处于无序状态，是“农民真苦，农村真穷，农业真危险”[①] 的“三农”问题最严重的时期，引起中央的关注。

3.3.2 乡村精英的缺位与角色冲突

1. 乡村精英的缺位

20 世纪 90 年代后期，乡村精英阶层出现了分化，新的精英阶层逐渐独

① 原湖北监利县棋盘乡党委书记李昌平在 2000 年致信朱镕基总理时对当前农村真实状况的描述和概括。

立，对乡村的依附性减少。部分精英为追求自身利益，脱离农业劳动，打破了原有乡村社会结构；还有的为逃离当下乡村混乱状况而流向了城市，寻求自我发展的契机。这一流动客观上加剧了乡村社会的原子化和空壳化趋向，留在乡村的精英越来越少，加之市场经济的引入削弱了乡村社会的内聚力和价值取向，造成了这一时期乡村精英数量和质量的衰减。

2. 乡村政治精英的角色冲突

少量留守的精英在村委会中当选干部，一方面贯彻执行乡镇政府的行政目标，如税款收缴、计划生育、征兵工作和户籍管理等；另一方面他们由村民选举产生，需要为农民办事、公正地协调村民间的纠纷，来获取村民的投票。所以以村委会干部为代表的政治精英的行动受到了很大限制，而与此同时他们还需为自身创造财富，适应市场经济下的生存考验。正是由于多重角色需求的冲突，大多数政治精英陷入矛盾中。此外，留在乡村的不同角色精英间的矛盾冲突也成为影响乡村自治的因素。

3.3.3 治理模式及特征

从 20 世纪 90 年代中期开始的“三农”问题可看出，乡村社会组织的实际运作模式是按“压力型体制”开展，通过政府确定的任务层层分解，从县到乡镇、再到乡村及村民。由于政治考核体制的“一票否决制”，形成了县—乡镇—村支书的“连坐”。20 世纪 80 年代开始实行的“分灶吃饭”和“层层包干”财税体制逐渐滋养了乡村政权的自利性。1994 年实行的“分税制”改革又进一步强化了地方财政，使乡村政权最终完成了向“国家经纪人”角色的转换，给乡村发展带来了深重影响。乡村社会的衰败直接影响国家的基层统治，财力上收的政策还使乡村社会事业的发展出现了中华人民共和国成立后的严重倒退。乡村社会亟须一场新的改革来应对这场“三农”危机。

3.4 新农村建设时期的乡村组织治理（2005—2013年）

国家在进入现代化进程中必须要城市化，由此带动工业化。早期欧美工业化国家是从海外殖民地实现工业化积累和转嫁矛盾，而中国在特定的制度和国情下，不得不通过国家集权的自我剥削，完成工业化必需的原始积累，而此积累就来自农业。人地关系高度紧张的乡村在此过程中一直承担着高昂的经济和制度成本，大量农业剩余财产的提取造成了第一次乡村危机，之后依托低成本的“高度集体化”治理取得了乡村社会的稳定。90年代后期乡村的第二次危机使长时间积累的“三农”问题成为关注的焦点。减轻农民负担、调和乡村社会农民和基层政权的关系，解决乡村治理危机成为紧要任务。

2005年10月，十六届五中全会通过《“十一五”规划纲要建议》提出建设“社会主义新农村”的战略，试图把乡村社会重新整合到国家治理的良性轨道中。2008年十七届三中全会通过《关于推进农村改革发展若干重大问题决定》，成为中国乡村工作的纲领性文件，表明在现代化进入中期阶段后，国家采用“工业反哺农业、城市支持农村”的战略，改变城乡二元对立结构。“新农村运动”概念最早是1999年林毅夫提出的。他试图通过农村地区与生活消费相关的基础设施建设激活农村潜在的消费需求，增加农民收入的同时促进宏观经济的良性增长。“新农村建设”战略的提出，一是国家为了缓解“三农”危机，稳定乡村社会；二是作为国家的宏观经济调整策略，通过拉动内需促进经济增长，调节经济结构失衡，从而具有全局范畴的国家战略意义。对于新农村建设的概念，国家在文件政策中未给以明确界定，一些学者根据对新农村建设目标和内涵的概括①，给出了基于不同视角的认识。

---

① “十一五”规划用“生产发展、生活富裕、乡风文明、村容整洁、管理民主”的要求推进新农村建设。

综合起来，新农村建设是一项复杂的系统工程，是对经济、政治、文化、生态建设的协调推进和发展，具有长期性和全局性的特征。

3.4.1 后税费时代的“乡政村治”

在国家层面，2006 年结束长达 2 600 多年的“皇粮国税”，改变了国家与农业的赋税关系。但随着农业税的取消和新农村建设的深入，乡村与国家的关系愈渐复杂，反映在乡村与中央、地方和基层各级政府之间的关系都存在博弈。

1. 乡村与中央政府

在党的十六大提出的城乡统筹发展战略的指导下，建设社会主义新农村的实质是促进城乡的协调发展。因此，这一时期乡村与国家的关系，从 90 年代后期“三农”危机的离间关系转向紧密联系。尤其是资源配置中的高效资金在中央政策下的回流乡村，从经济上改善了乡村与中央的关系。中央财政对“三农”的投入从 2002 年的 1 900 多亿元增加到 2012 年的 12 286. 6 亿元，年均增幅超过了 20%（图 3. 2）。

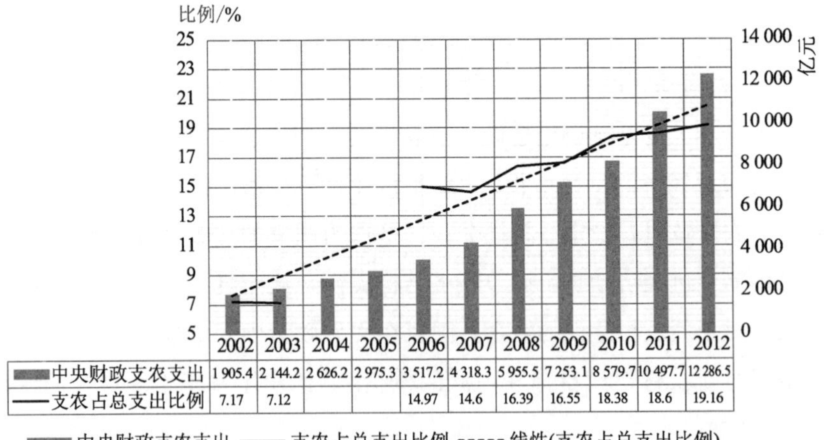

	2002	2003	2004	2005	2006	2007	2008	2009	2010	2011	2012
中央财政支农支出	1 905.4	2 144.2	2 626.2	2 975.3	3 517.2	4 318.3	5 955.5	7 253.1	8 579.7	10 497.7	12 286.5
支农占总支出比例	7.17	7.12			14.97	14.6	16.39	16.55	18.38	18.6	19.16

图 3. 2　2002—2012 年中央财政“三农”支出情况

2. 乡村与地方政府

在中央政策号召下，各地方政府积极响应，把新农村建设作为一项重要的政府工作。主要包括：如何合理引导政策和利用资本达到地方的城乡统筹发展；如何制定因地制宜的新农村建设的政策指引和实施步骤。在统一国策下，各地区具体实施政策是新农村建设的保证，利益结构的多元化造成了不同地区新农村建设的深层治理矛盾。地方政府为了基础设施资源配置的高效和节省财政开支，2004—2006年开始撤乡并镇，针对事业单位采用跨乡镇设置机构或将部分乡镇机构改为县派出机构。而基层政府的撤并也直接影响辖区内乡村的存亡和迁并。

2008年6月，国土资源局下发的《城乡建设用地增减挂钩试点管理办法》中的"挂钩"政策将村庄整理出的土地由资源变成资产，地方政府可以从城乡土地的差值获得收益，并将部分收益专项用于农村基础设施建设、村民拆迁补偿和建设用地整理，可见地方政府和乡村在土地资源上有巨大关联，这对乡村发展产生巨大的外力干预作用①。

3. 乡村与基层政府

农业税的取消在本质上免除了基层政府部门凭借国家权力对农民剩余价值的占有，而改由上级政府通过财政转移支付来保障。税改之前的乡镇政府与村委会的经济共同体利益结构被打破，改变了近三十年的乡镇政府的运作模式，乡镇行政体制改革的核心是转变乡镇政府职能②，"乡政村治"进入新

---

① 挂钩政策内涵："依据土地利用总体规划，将若干拟复垦为耕地的农村建设用地地块（拆旧地块）和拟用于城镇建设的地块（建新地块）共同组成建新拆旧项目区，通过建新拆旧和土地整理复垦等措施，在保证项目区内各类土地面积平衡基础上，最终实现增加耕地有效面积，提高耕地质量，节约集约利用建设用地，城乡用地布局更合理的目标"。

② 乡镇政府职能主要包括：①引导发展农村经济；在农业税取消后适时地调整经济策略和措施，发展农村经济。②培育乡村市场；③承担基础设施建设；④提供科技服务；⑤引导农村发展生产；⑥承担公共事业管理；负责对教育、文化、卫生及社会福利、环境保护等公共事业的管理服务职能。从乡镇政府职能的转变可以看出其对乡村的资源汲取的功能减弱和对乡村的社会职能的增强，特别是在基础设施、合作医疗制度和新农村建设等方面都起到决定性作用，继续并持续地干预乡村社会。

阶段。

税费改革在初期改善了乡镇政府与乡村间的经济关系，使“三农”问题得到一定程度的缓解，但也使乡政村治的治理模式呈现供给失灵的状态。一是取消税费后，基层政府日常的开支只能靠上级财政转移支付，乡镇政府进入财政危机①，致使部分正常工作无法开展。二是对于乡村的部分社会职能无法执行。农村基础设施和水利建设等农村公共品供给仍由乡村负责，税费改革后，只是将原来强制性征收的费用变成了“一事一议”筹集经费②，乡村公共品供给不足的问题并没有从根本上得到改变。三是农村教育，税费改革后以县为主负责教育，并没有把乡村从农村义务教育中解脱出来。四是政府财力难以满足应急职能。可见，乡镇政府作为国家政权在乡村基层的代理者，其主要任务是完成国家必要管理职责和解决乡村社会公共问题，为广大农村提供所需的公共产品和公共服务。但从实践情况看，乡镇政府的角色与实际情况相去甚远，在权力寻租的社会全局性治理危机的复杂环境下，渐渐从代理型向谋利型蜕变，并与地方政府或外来资本形成联盟，致使乡村资源大量外流。

3.4.2 乡村阶层分化

1. 村民自治机制失效

村委会是《村民委员会组织法》确定的村民自我管理、自我教育、自

---

① 财政资源是政府治理的基础和要素，一定意义上对政府治理能力与服务水平起着关键的作用。我国乡镇政府财政资源总体匮乏，免除农业税后，乡镇财政存在的问题越发突出。“据有关报道，中国乡镇政府债务每年以 200 多亿元的速度递增，预计当前的乡镇基层债务额超过 5 000 亿元”“全国现在 38 290 个乡镇中，大约 2/3 的乡镇财政债务负担沉重，平均每个乡镇财政的负债 400 万元左右。有的乡镇债务负担已经相当本年财政收入的 70%左右。”

② “一事一议”的筹资方式缺乏强制性和约束力，难以解决与分散农户之间交易成本极高的问题；另一方面，取消“两工”后，单靠农民集资进行基础设施建设，往往存在巨大资金缺口。一项对苏北五市 50 个村庄的“一事一议”制度运行效率的实证研究发现，参加议事的户数达到要求、商议并有决定、资金能筹集到账的村不到 50%。见温铁军. 中国新农村建设报告 [M]. 福州：福建人民出版社，2010：90.

我服务的基层群众性自治组织。而村党支部作为党在农村的基层组织，具有领导和推动村级民主选举、民主决策、民主管理和监督的职责，使其与村委会之间成为领导与被领导的关系。村委会的自治权与村党支部的政治领导核心地位之间的关系，构成了乡村治理场域第二层权力关系的主体。从实质上看，两者之间的矛盾主要体现在对于乡村领导权之争，村支书和村主任都想成为村里的“一把手”。在新农村阶段，相当一部分乡村的事务仍由村党支部拍板，所以村委会治理的独立空间很小，村民也很难通过村委会组织参与到村内事务的管理，造成了村民自治的失效。

2. 村民社会阶层分化

已有学者从不同的视角对我国农民的阶层分化做了初步分析，按经济地位和职业形态的标准，我国农民已被分为农业劳动者、私营企业者、农民工、乡镇企业管理者、个体工商业者、乡村管理者、乡村知识分子等阶层。中国乡村的社会阶层结构已发生了阶层分化，这对新时期乡村的组织结构有重要影响。村民的分化使得国家权力和资本在下乡时，精英群体可以通过自身资源的优势，与权力和资本进行联合，分享来自其他村民的剩余价值。

3.4.3 乡村精英再生

1. 乡村精英的多元结构

随着社会主义新农村建设的“后税费时代”到来，乡村社会也迎来了“后精英时代”。这一时期的乡村精英延续了改革开放初期的形式，主要包括以村干部为代表的政治精英、以乡镇企业管理者及私营企业主为代表的经济精英和民间非政府社会组织的领袖、一部分复兴的宗族精英组成的社会精英。而对于这一时期究竟是否存在一个独立的文化生活领域，并没有达成共识。有学者认为新农村时期乡村的文化领域并不能独立出来，对乡村治理产生作用，因此文化精英还没有形成。其实在新农村时期，乡村的价值逐渐被认识到，成为城市化过程的重要部分，所以笔者认为，乡村文化精英已经形成，这一时期呈现出乡村“后精英时代”的多元格局趋势，从而形成在新农村时期复杂权力博弈的关系场域的构型。

陈光金（1997）把这一时期乡村的精英结构分为四种基本形态，即金字塔型、宗派型、联合型和不规则型。在权力金字塔型结构中，只有一个权力中心，且只有一位核心领袖处于顶端，来控制整个权力网络的运作，这种乡村一般是集体经济占绝对优势，乡村的发展归功于核心人物，各种精英。宗派型结构的乡村一般至少存在两个权力中心，代表着不同的派别或利益，形成势均力敌的格局。其争斗的两种结果，一种是一方占据优势，权力格局演变为不稳定的金字塔型，另一种是产生共享利益，形成一种联合型格局，这种乡村一般会出现在集体经济强大或宗族势力强的村庄。联合型结构形态存在于多权力中心的乡村，只有通过联合成整体才能使各权力的利益最大化。这种情况下，各方的精英之间转化为互相协作与妥协。不规则型结构包括这三种结构类型以外的其他类型，主要指权力高度分散而无中心或经济水平和社会分化程度低下的乡村。

新农村时期各地区的乡村之间差异性显现，且村民社会的阶层分化严重，所以“后精英时代”的精英结构形式也愈加复杂，一是表现在结构的动态型特征，多种精英结构间存在互相转化现象；二是不同结构的精英内部之间还存在占有的不同资本相互转换流动的精英再生现象，实现从一种精英类型转向另一种精英角色，形成了这一时期精英结构的动态变化特征。

2. 乡村“精英再生”现象凸显

这一时期，不同精英拥有的资本出现流动，精英之间发生着双向互动，即“精英再生”现象。虽然精英总是以经营其角色所需的基本资本形式发展而来的，但这一时期，政治精英、经济精英和社会精英之间的转化或兼任，或集各种资本于一体的“总体性精英”现象普遍出现，中国乡村社会精英治理的特征又开始显现。不同的是，乡村精英与一般村民之间存在分层，精英掌握的资本的流动和拓展使得少数精英掌握着绝大多数的生产资料、人际关系和市场信息，这种分层随市场化改革的深入越来越显著。在新农村建设中这些精英凭借自身优势，占据了乡村中金融资本的优势，乡村的内部分配又加剧向少量精英倾斜。新农村建设中国家的各项支农惠农资金投入利用率低，资本下乡后精英被利益俘获的现象普遍发生①，村民丧失了自己利益的代表，乡村的自主性和凝聚力更加弱化；其次，这一时期的乡村精英还表现出明显的流动性，即在城市和乡村之间兼顾的状态，这是城市化给乡村社会带来的变化。虽然新农村时期的乡村精英群体日趋成熟，但在“国家—乡村精英—村民”三元结构中因对其自身利益的更多追求，而未起到国家与村民间承上启下的作用，也是导致乡村的主体地位被客体化的原因之一。

这一时期“乡政村治”的困境，反映了生产关系变革落后于生产力变革，预示着乡村治理效率危机的产生②，而危机就是乡村组织结构改革的动力。新农村建设为国家与乡村合作寻找到了共同受益空间。乡村精英的多元化格局提供了建设的多样性，这些因素都为乡村精英的多元合作共治提供动力和支撑。

3.5　新型城镇化时期的乡村组织治理（2013 年—）

2013 年，城镇人口占总人口比重 53.73%，城镇人口第一次超过乡村常

---

① 资本进入乡村社会后，因为对乡村场域的运行规则并不熟悉，通常会选择乡村精英为切入点，给予乡村精英以经济上的利益，甚至聘用他们作为企业的管理人员，使乡村精英与资本形成统一战线，这就出现了“精英俘获”现象。

② 包括政府在内的任何外部主体进入乡村，要与分散的农民建立契约关系，都面临着交易费用过高的约束。农业产业化战略之中 80%的合同出现违约现象，就是这种外部主体与分散农民之间的高额交易费用造成的小农户与大市场之间的交易难题。

住人口①，这标志着社会进入了新阶段。但快速城镇化也带来了很多问题，对乡村而言，自然村落和文化遗产消亡，乡村空心化现象严重，新农村建设的结果更多是土地空间的城镇化而非人的城镇化，生产关系的落后预示着效率危机的产生。

"新型城镇化"是在"十二五"规划中提出的②，指出推进城镇化是解决"三农"问题的重要途径。城镇化的推动需要从基本国情出发，以人为核心提高城镇化质量。城镇化建设要求的政策性表述引起社会各界的关注和探讨，乡村在"新型城镇化"中的地位得到了重视。乡村热成为当前社会的发展特点与趋势。

2013 年这个时间节点前后的政策导向变化，对乡村影响很大，但乡村的组织结构和管理制度的体系又是延续的，且自新农村时期以来均是以城乡统筹发展为目标，所以把 2013 年至今的这一阶段看作新农村建设的延续和新阶段，称为"美丽乡村建设"③，但对乡村主体的研究而言，2013 年后又呈现出政策发展导向下的巨大变化，因此本书对 2013 年之后的发展进行单独讨论，目的是能更清晰地看到在这一阶段背景下乡村发展的新动态，对乡村的未来有更系统的认识。

3.5.1 从"乡政村治"到"合作共治"的转向

1. 主体角色的多元化

首先表现在村民身份的多元化。新乡村时期，中国将进入城市化和逆城

---

① 数据资料来自国家统计局。

② 2011 年制定的中国"国民经济和社会发展第十二个五年规划纲要"中提出：坚持走中国特色的城镇化道路，科学制定城镇化发展规划，促进城镇化健康发展，新型城镇化开始全面指导全国城乡建设。其后在各省的"国民经济和社会发展第十二个五年规划纲要"中均提出"以新型城镇化"为指导，全面建设小康社会。

③ 2008 年浙江省安吉县第一次提出"美丽乡村"计划，出台《建设"中国美丽乡村"行动纲要》，提出用 10 年左右时间，把安吉县打造成中国最美丽乡村。2013 年中央一号文件明确提出"努力建设美丽乡村"的战略。

市化并存的时期。随着新型城镇化的改革，乡村基础设施和公共服务日益完善，乡村与城市在各方面生活水平的接近使乡村在生态环境等方面的优势愈发凸显，逆城市化的趋势愈发明显，各种功能资源向乡村转移，使乡村的村民从原来单一原住民发展到从城市迁移至此的新村民，这种现象已经在大城市的周边乡村出现。此时乡村主体的角色构成变化对乡村社会的组织治理提出了全新的挑战。

2. 治理模式的多元化

一是乡村主体的角色多元化给乡村治理模式带来了新探索，不同主体之间如何协作共同完成治理是一个全新课题，这也带来了治理模式的多元化探索，其中合作共治[①]将会成为一种可能性。其次，乡政村治中的自治从改革开放至今，新农村时期的自治机制已出现问题，而现有的村民自治制度是在城乡二元分治的框架下制定的，在如今新型城镇化强调城乡一体化发展的目标下，乡村自治的治理模式也需要发生相应变化，其中乡村从村社到社区的转换也是一种可能性。最后，新型城镇化要求中已明确表达对多样化发展的需求：一是各地区城镇化的多样性特征；二是实现途径的多元化。新型城镇化要求的多样化同样也影响着其对乡村治理的多样化要求。

3.5.2 乡村转型与复兴

2012年党的十八大提出“新型城镇化”战略。2013年中央城镇化会议中的“让居民望得见山，看得见水，记得住乡愁”的导向实际上是对多年来中国城镇化的历史经验和教训的总结，反思关于城镇化目标、理念以及路径

---

① 合作共治强调乡村治理主体的多元性，所有利益相关者平等参与乡村公共事务管理并成为治理主体中的一元，而并非由乡镇政府独享公共治权；在治理方式上，与传统的以行政命令为主的治理手段不同，合作共治主张乡镇政府与乡村社会自上而下与自下而上的权力双向互动，各利益主体在民主法治框架内通过对话协商等机制来整合各种治理资源，促进利益均衡发展，实现公共利益的最大化；在治理目标上，合作共治注重乡村社会政治、经济、文化的全面、可持续发展，营造和谐的乡村秩序，而不是传统的单纯追求经济上的增长。

选择的问题，也是对新农村建设的纠偏（马光远，2013）。

1. **乡村制度改革的加速推进**

新型城镇化本质是“人的城镇化”，并将“推进农业转移人口市民化”作为城镇化的首要任务。这意味着要解决的不只是村民变为市民，废除市民和村民的等级身份，也是通过制度的变迁建立市民社会。2014 年 3 月发布的《国家新型城镇化规划（2014—2020 年）》，将江苏、安徽两省和 62 个城镇列为综合试点地区。从户籍、土地、住房、财税、地方投融资等改革开始，为新型城镇化发展提供政策支持。

2. **公共服务资源配置的合理化**

统筹城乡发展是新型城镇化的基本特征。长期以来，乡村的公共服务与城市相比仍较为落后，城乡的公共服务资源仍呈现明显的二元结构特征。新型城镇化的推进，促进了乡村公共服务均等化，逐步缩小城乡差距。在市场导向的经济环境下，城乡之间的资源会得到进一步整合，促进相关产业发展，产业发展产生的新需求可以催生更多的公共资源服务于乡村。

3. **村民个体发展渠道的多元化**

在新型城镇化背景下，为了给乡村带来各种类型的资金、公共服务资源配套以及提供发展所需的技能知识，各种人才开始重返乡村，乡村的发展机遇给村民提供了更多就业机会，一方面可以提高村民的收入，另一方面也减轻了乡村治理的压力，促进了乡村社会的稳定。新乡村时期的新发展给村民的个人发展提供了多元渠道。

新型城镇化背景下，乡村从一个不断追赶城市的单向轨道上转向对当代乡村自身价值的认识，城乡差异被正视，而不再用单一经济值去衡量。在如今全球化、信息化、生态化的环境中，乡村正处在一条“超越线性转型”的“乡村复兴”的路径上。在城乡要素自由配置和市场充分共享的情况下，寻找不同于城市发展路径的“螺旋式上升”（申明锐，张京祥，2015），从而达到与城市的共同发展状态（图 3. 3）。

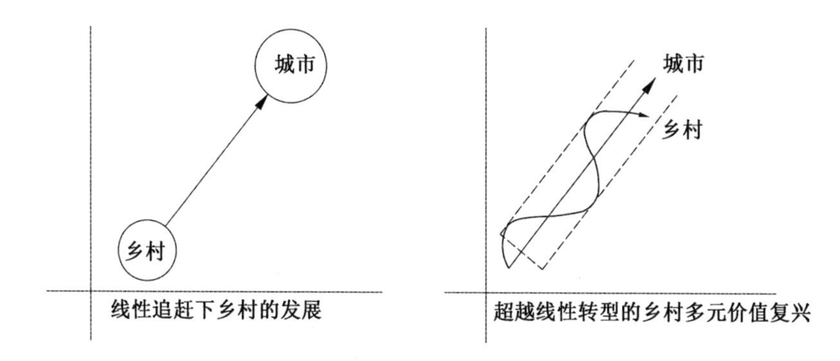

图 3. 3　新时期乡村复兴与传统线性追赶转型的比较

3. 5. 3　“现代共同体”——乡村精英的复兴

1. 乡村精英的循环与再生

新乡村时期，中国乡村进入一个实践活跃且形式多元的发展阶段。多元化的乡村主体都尝试参与并推进乡村发展，此时乡村精英的格局从封闭走向开放，多元的精英格局成为趋势。这一时期的乡村精英不仅包括传统意义乡村内部的精英，还包括了来自乡村外部的精英，出现了跨地域融合。乡村外部精英对乡村在资金、技术上的投入给乡村带来了发展的机遇和多样性可能。乡村精英的循环和再生现象出现动态和复杂的特征，促使了精英体系的变革和发展。

关于精英的研究有两种代表观点：一是认为精英转换通过“精英循环”实现。在新的社会规则下，旧精英体系外的群体通过努力成长为新的精英，从而完成精英循环；二是认为精英是通过再生来实现的，依赖精英体系自身的更新和发展来完成。这两种现象在中国的乡村精英结构中都存在，政治精英、经济精英、社会精英和文化精英之间的资本相互流动，精英之间出现兼任或转化的趋势越来越明显，乡村外来精英群体的加入，也推动了精英之间的流动和协作，不仅使这一时期的精英结构多元化，也推动乡村社会的转型与复兴。

2. **“现代共同体”的复兴**

“共同体”一般被理解为“工业化或非农化以前的传统小农社会的社会聚合关系”。在传统生产力条件下，乡村内部的关系维系着一种“天然或自然”的整合，形成一个能自我调节和平衡的共同体。这种共同体以自然村落为单位，以血缘和地缘为关系网络，具有生产、生活上协助的特征。在历史发展的过程中，共同体聚集乡村社会的资源，使其延续发展，是乡村精英在治理中维系的关系。现代乡村中亟需的“现代共同体”建构，与传统共同体存在传承关系，因而构成面向现代性的乡村社会的聚合体。而形成这样的“现代共同体”需要现代精英的培育，也称为“新乡贤”的培育。

在新型城镇化背景下，国家对乡村社会的全面发展愈加重视，并开启了新一轮改革，土地配置市场化、乡村土地资本化，优化乡村资源配置和产业结构是实现城乡统筹的新路径。很多地方的土地改革试点开始积累经验，例如重庆的地票式交易，成都的土地流转，广东省佛山的股权分红，天津的宅基地换房等。这些改革还会从土地扩展到户籍、金融体制等各领域，将从根本上改变乡村与各级政府的关系，也确保地方政府和基层政府职能由全能型向有限型政府的转变，使乡村治理的自主性变大，给乡村提供更多机会。乡村的发展在寻找不同于城市路径的“螺旋式”回归。基于政府职能的转变，乡村与国家的关系优化使得乡村治理有越来越大的自主性。与此同时，这一时期村民主体角色的多元化促使对乡村治理模式的多元需求。乡村精英的复兴和多元格局正好给乡村组织治理提供了多样性。自治空间的提升和治理模式的多元化是新型城镇化时期乡村社会治理的发展趋势。而目前乡村的组织治理是滞后的，如何完善治理体系，适应新时期乡村组织治理的需求，提升治理效率是一个重要现实问题。

3.6 本章小结

本章以“国家—乡村精英—村民”三元结构为基础、以时间顺序，把新中国成立后乡村组织治理分为集体化、家庭联产承包制、社会主义市场经济体制、社会主义新农村建设以及新型城镇化建设5个时期。每阶段国家及基层政权介入乡村社会的方式和力度均不同且呈现出波动式变化，并影响乡村治理的结构和模式。当代乡村治理经历了“乡政村治—乡政乡治—后乡政村治—合作共治”的演变历程。乡村精英作为国家维护乡村稳定的“代理人”行使着国家赋予的权力，对乡村社会进行实质性治理，并在社会变迁中不断完成自身的循环与再生。传统乡土社会精英代表乡村的利益，是乡村社会发展的内生性力量，村庄一直也是乡村精英存在的社会基础。当代乡村精英经历了由传统时期精英的解体到政治精英的一元，再到经济精英的崛起、缺位以及回归与复兴的曲折历程，精英结构也从单一走向多元。乡村精英在“国家—乡村精英—村民”三元结构中的地位和作用不断发生变化，并同时作用于治理结构，对乡村社会产生了深远影响。

中　篇

1949 年是中国乡村发展历程中极为重要的时点。从这时起，乡村的社会组织形态和空间营建模式都发生了根本性变化，数千年乡村营建的历史中开始出现专业技术人员的身影。时至今日，设计下乡甚至成为一种时尚的设计潮流，因此有必要重新审视半个多世纪以来在乡村发生了什么。

第4章
集体化时期的乡村营建与设计介入

4.1 管控型的乡村营建（1949—1978年）

4.1.1 社会动因

1. 乡村组织治理是实现工业化原始积累的保证

中华人民共和国成立后，通过一系列改造，把乡村社会从村社合一转变为政社合一，实现了对乡村的绝对控制。乡村社会从以小农经济为基础的分散、自立状态进入了以计划经济为基础的集体化阶段，乡村社会成为高度行政化、组织化和政治化的社会单元。这阶段以“政社合一”为基础的人民公社建设取代了传统乡村的组织模式，乡村社会的“高度集体化”组织治理是保证乡村社会稳定，实现早期工业化建设原始积累的低成本保证，并开始了公社集体模式下的新村、宿舍、公共福利设施建设以及社队企业用房的建设，这是新中国成立后第一次乡建热潮产生的根本动因。

2.“人民公社”的物质化实现

在第一个五年计划提前完成的背景下，各地纷纷并社组建人民公社，要求社员做到“组织军事化，行动战斗化，生活集体化”。人民公社的建设在

“大跃进”浮夸风影响下走向高指标、大规模的方向，催生出大量的乡村建设项目，同时要求“快速规划、快速建设”。

3. **实现乡村集体生活的空间保证**

这个时期以政社合一为基础的人民公社成为最主要的组织模式，瓦解了传统乡村治理以及营建的逻辑。一方面，国家通过农业人口和非农业人口的户籍分类管理①，加上附着在户籍制度上的粮油关系，以统购统销制度限制农民的流动②。而这个阶段内的两次人口生育高峰（分别是 1950—1957 年，1962—1973 年），又使乡村人口分别以年净增 1 240 万人和 2 000 万人的速度增长，对居住面积的需求愈加迫切；另一方面，绝大部分农房还处于土坯墙、茅草顶的阶段，河北、河南、吉林和黑龙江等地的农宅 90% 以上是土房，这些农房年久失修，甚至已成危房，亟需进行改造或新建来满足新时期村民的居住需求。

4.1.2 营建历程：一波三折的乡村营建

1. **恢复期（1949—1957 年）**

在中华人民共和国成立后的 8 年恢复期内，乡村营建主要以农民自建房为主，较为多见的是砖墙瓦顶的平房住宅。之后随着农业合作化运动的开展，促进了乡村居民点的建设，部分村庄还建设了相应的公共设施。这一阶段由于合作社里工匠种类较齐全，建房所需砖瓦材料基本可在合作社范围内生产，因此一般只需要 1～2 个月时间就可完成 30～50 户社员规模居住点的修建。但由于当时经济条件的限制，建设量并不大，处于缓慢发展状态。

---

① 1958 年施行的《中华人民共和国户口登记条例》把公民分为农业人口和非农业人口两大类。

② 新中国成立初期的 8 年，计划体制尚未完全建立，公民有居住和迁徙的自由，随着户籍制度的建立，开始改变为控制城市人口规模、限制农民进城的自由迁徙政策，户籍逐渐由自由向不自由转化。1958—1978 年的户籍管理是严格限制农村人口盲目流入城市，压缩城市人口，包括精简职工、知识青年上山下乡、干部下放农村、大量城市人口迁往农村，出现了所谓的逆城市化运动，形成了一系列严格的户籍管理制度。

2. 跃进期（1958—1959 年）

1958 年建设人民公社的决议带来了乡村营建的高潮期，公社取代村庄成为乡村营建的组织单元。这一时期在“鼓足干劲、力争上游、多快好省地建设社会主义”的总路线下发动的“大跃进”运动本是经济上的冒进，却也同时开启了建筑行业最为冒进的阶段，不仅出现了以首都十大建筑为代表的速度惊人的建设运动①，乡村地区更是全面拉开了人民公社建设的大幕，在半年时间内完成了大量人民公社规划。对于公社的建设规模甚至“达到万户或两万户以上的，也不要反对”。公社的各种建设项目不仅类型多，而且要求以“快”字当头。在对全国最早出现的公社之一的河南省遂平县卫星人民公社建设的研究中发现，其要求公社中心的各项公共建筑总面积达到 20 万 m^2，第一大队的各项公共建筑面积达到 16 万 m^2（表 4. 1）。在河北省徐水县遂城人民公社建设中，谢坊村作为中心居民点，布置了礼堂、文化宫、师范学校、报社、红专大学、自来水厂以及公墓，明确要求 1963 年能进入共产主义社会。

表 4. 1　卫星人民公社政治经济文化中心建筑面积定额表

公共建筑类型	计算根据	面积定额	总建筑面积（m^2）	用地面积
一、行政经济系统				
1. 行政办公楼	77 人	8. 9	685. 04	（20%）3 425. 2
2. 银行（信用社）	依 5 000 计	0. 1 m^2/人	500	1 250（40%）
3. 邮局	依 5 000 计	0. 1 m^2/人	500	1 250
4. 招待所	5 床位/ⓐ4 人	2. 5 m^2/ⓐ床	625	3 125（20%）

① 1958 年 9 月 6 日到 1959 年 9 月，为了庆祝新中国成立 10 周年，在一年内，从设计到施工，完成了人民大会堂、中国革命和中国历史博物馆、中国人民革命军事博物馆、北京火车站、北京工人体育馆、全国农业展览馆、迎宾馆、民族文化宫、民族饭店、华侨大厦共十座建筑，称为新中国成立 10 周年的“纪念碑”。

(续表)

公共建筑类型	计算根据	面积定额	总建筑面积（m^2）	用地面积
小　　计				9 150. 2
二、文教系统	（总人口的 8%）	田地：		
1. 小学	400 人	40 m^2/ⓐ人		16 000（15%）
2. 中学	375 人	40 m^2/ⓐ人		15 000
3. 大学	2 000 人	60 m^2/ⓐ人		120 000
4. 电影院	1 000 人	1. 74 m^2/ⓐ人	1 740	4 350（40%）
5. 科学馆、图书馆				5 000
6. 新华书店			300	350
7. 文化宫及展览馆	5 000 人 50 位/人	10 m^2/人		文化宫 2 500 共 10 000
8. 党校	200 人	40 m^2/人		8 000
小　　计				179 100
三、儿童老年人系统				
1. 托儿所	（除大学生外 3 000 人计占总人口 8%）240 人	分两行 ⓐ行 120 人		8 409
2. 幼儿园	占总人口 7% 210 人	分两行 ⓐ行 110 人		11 000
小　　计				19 400
四、医疗系统				
（医院、卫生部、保健、妇产）	综合医院 150 人病床，450 人门诊	24. 33	3 650	24 333. 3 （15%）
小　　计				24 333. 3
五、商业企业系统				
1. 百货公司	以 5 000 人计算	100 m^2/4 人	500	1 667（30%）

(续表)

公共建筑类型	计算根据	面积定额	总建筑面积（m^2）	用地面积
2. 杂货部	与（1）合并			
3. 粮店	100×65.71		65.7×2	657（20%）
4. 采购部	1.27×65.71		83.5×2	557（30%）
小　计				288
六、公共饮食系统				
1. 青壮年食堂	1 200 人	1 m^2/人	1 200	3 000（40%）
2. 营业	占 11 400 的 1.5% 765	1.2	200	500（40%）
小　计				3 500
七、清洁系统	18 000/5 600＝50			
1. 澡堂	1.2×50＝60 人	5	300	500（60%）
2. 营业澡堂	50 人	6	300	500
3. 洗衣理发等				300
小　计				1 300
八、公用设施系统				
1. 汽车库	以 11 400 人计算（包括大队）3 辆/@4 人	用地 100 m^2/辆		3 400
2. 消防队				2 000
3. 社中心仓库	以 500 人计算	60 m^2/4	300	1 500（20%）
4. 拖拉机站				3 000
小　计				9 900
公共建筑总面积				249 564.5
九、其他特殊用地				
1. 体育场 2 个				20 000

（续表）

公共建筑类型	计算根据	面积定额	总建筑面积（m²）	用地面积
2. 苗圃				40 000
3. 公厕				400
4. 重工业用地				
小　计				60 000
总用地面积				309 964. 5
平均每人占建筑面积				49. 91
平均每人占用地面积				61. 99

这种大规模的建设规划是脱离当时实际条件的。可见跃进期的乡村营建的政治性特征明显，“大跃进”的严重“左”倾思想把乡村营建引向高指标、浮夸风。

3. 调整期（1959—1963年）

由于“大跃进”违背客观规律，严重破坏了社会生产力，国民经济随即陷入困境。1959—1961的三年经济困难期，国家的基本建设投资逐年大幅度减少，1962年的基建总投资比1960年减少82. 4%①，乡村原本火热的公社建设也随之停滞。1960年全国计划会议提出“三年不搞城市规划”②，这一决定是在“大跃进”和自然灾害引发社会动荡的背景下提出的，是国家决策层对“大跃进”时期建设进行的反思和纠偏，也是宏观思想认识出现转变的

① 1959年全国开始出现自然灾害，并持续了三年，造成农村严重缺粮，大量人口的非正常死亡，“大跃进”带来的严重后果造成了国家面对自然灾害的无能为力，国家对粮食产量的估算失实、失真，人民公社中的“共产风”把农民的生活资料和少量的个人生产资料全部归公，平均主义带来了更加严重的贫穷，公社的公共食堂制度使得粮食快速消耗，农民抵御灾害的能力降到最低。

② “三年不搞城市规划”属于口头指令，由时任国务院副总理的李富春宣布，且在实际工作中被落实。但在有关正式文件和报道中被略去。“三年不搞城市规划”的提出是在跃进和灾害后这一社会动荡的背景下提出的，思想认识上出现了转变的节点。

节点①。同样“三年不搞城市规划”也可以视为包含了对大跃进中公社建设存在问题的反思。在建筑方面，1963 年中国建筑学会组织了专家学者对农村建设进行专题讨论，针对公社建设中出现的问题，指出在设计中应加强对农村居民点的基础调查工作。人民公社的建设速度和规模也随之减缓，进入了休整和反思阶段。

4. **务实期**（1964—1978 年）

1964 年中央提出“农业学大寨”② 的口号。此后全国乡村广泛推广了昔阳县大寨村的经验，其中也包括新村建设的做法，使得人民公社建设在经历了调整和反思后重新找到了新标杆。由于“文革”的影响，营建活动整体显现出平缓的特征。在 1964 年到 1977 年的 13 年间，大寨大队各方面的建设经验被持续推广，在全国建起一批新村，例如陕西省礼泉县烽火大队，吉林省永吉县阿拉底大队，浙江省绍兴县上旺大队等社队都是按这种做法建成的大队新村。在具体的营建中，贯彻大庆“干打垒”精神③，采用节约造价、勤俭建设的方针，就地取材，就料施工，尽量利用当地劳动力，在满足当时的经济条件下进行营建活动。

回顾这段历程可以发现，集体化时期的乡村营建经历了从恢复到跃进、从停滞调整到反思务实，直至结束的大起大落，是在国家意志的强烈影响下一波三折的过程。

---

① 1960 年 6 月，毛泽东主席在《十年总结》一文中对“大跃进”经验教训进行总结和反思。1961 年的中共八届九中全会上，以国民经济调整为中心议题，强调实事求是、调查研究的方针。

② 大寨是山西省昔阳县大寨人民公社的一个生产大队。1964 年 2 月 10 日，《人民日报》发表《大寨之路》，报道昔阳县大寨村战胜多次灾害和恶劣环境，把一个土地贫瘠的穷山沟变成了“沟沟壑壑种地，坡坡凹凹打粮”的米粮川。大寨村在集体制的基础上走出了一条自力更生的道路，因而被树立为典型在全国宣传推广。两次全国学大寨会议推动了全国各地农业学大寨进入高潮，建立大寨式县成为各地的奋斗目标。

③ “干打垒”是在 1960 石油会战开始，大庆工矿区为先发展生产，简化生活设施的一种建设方针。针对在荒草原上缺乏砖瓦水泥和专业建设队伍，时间紧迫的情况，采用当地农民盖夯土墙“干打垒”式房屋经验，用就地可取的土、草、渣油等作为主要建筑材料，发动群众和家属，在一个冬天建了几十万平方米的住房。

4.1.3 营建内容

在中华人民共和国成立后的最初8年（1949—1957年），乡村营建主要以农民自建房为主。人民公社化运动开始后，农民收入水平增长缓慢，劳动所得主要用于解决吃穿问题，住房建设被长期搁置（图4.1），而且生活集体化要求也并不鼓励自建房。在有限的经济条件和宏大的政治运动号召下，这一时期的乡村营建表现为自上而下主导的人民公社新村集体建设，以及之后下调至生产大队（生产队）为组织单元的大寨新村建设。

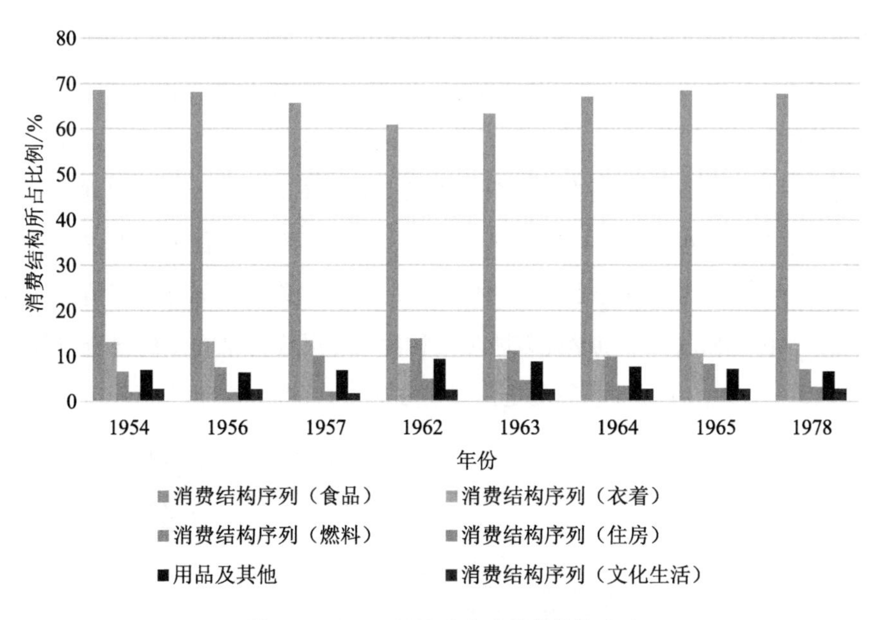

图4.1 1954—1978年农民消费结构序列

1. 人民公社新村

为强调生活集体化、组织军事化的目标，全国撤区并乡、政社合一，在大部分地区形成一社一镇的体制。除公社所在的集镇有一定的发展，大部分集镇趋于衰落。公社建设主要表现为以人民公社新村为主的营建。一方面包括平整土地、整修道路、改善环境等基础设施建设，例如在贵州省黄平县红旗人民公社的建设中，要求建成全公社的公路网，村村通公路，处处通汽车，并在村附近的公路旁建造飞机场，还计划建造铁路；另一方面包括对现有村庄的迁并，根据行政要求及用地条件，由若干乡及农业社合并成6～8个生产大队，按“公社中心—生产大队—生产队”的等级进行集中居民点建设，为集中居住、集约利用土地、缩短农作半径、提高农业生产率提供基础条件。

集中居民点建设分为公社中心居民点、生产大队居民点、生产队居民点三个等级，建设方式有新建、扩建和改建。建设内容主要包括各等级居民点的住宅和公共服务设施建设。住宅建设大致分为3个阶段：1958年春到年底在各地乡村快速新建和改建一批宿舍式住宅，例如成都西城乡友谊农业社的第一个新建居民点跃进村是1958年3月开工，6月建成（图4.2—图4.4）。在年初成立的规划起草委员会测绘的地形图和居民点分布图的基础上制定规划，两年内完成5个居民点的建设，用料尽量利用拆下的旧料，工程劳动力主要是社员义务劳动，技工一部分是社内的几十个瓦木工，还有一部分是雇请的建筑工人，并由他们培养一批学徒兼顾生产和建房，最终每平方米的投资可控制在7.93元，远低于国家预算的定额每平方米26.25元的造价①。

图4.2　西城乡友谊农业社新建住宅外景

① 龙芳崇，唐璞. 成都西城乡友谊农业社新建居住点的介绍［J］. 建筑学报，1958（8）：48-50.

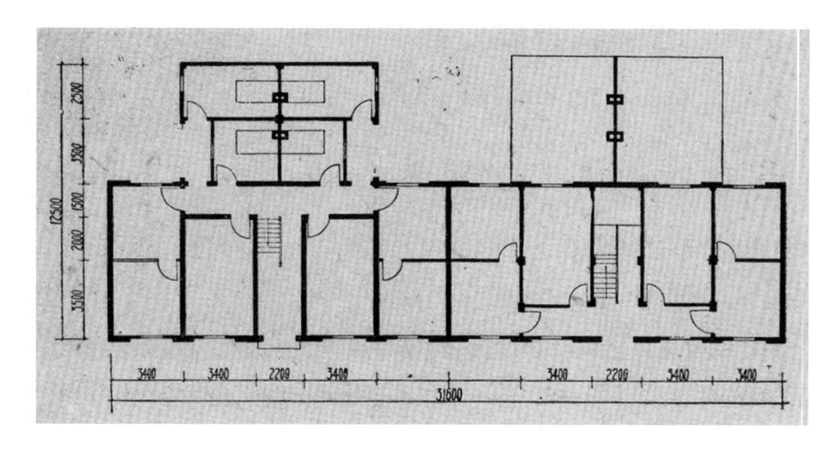

图 4.3　友谊农业社 401 型农舍平面

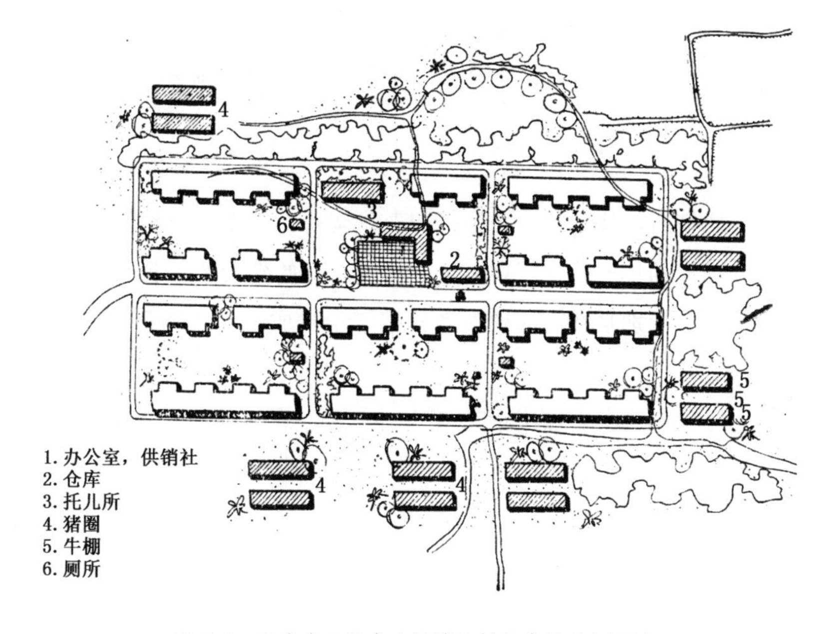

图 4.4　西城乡友谊农业社第六村新建居民点规划

1959年后，中央发布的《关于人民公社若干问题的决议》中，要求在住宅方面注意房屋要适宜于每个家庭男女老幼的团聚，并开展进入住宅建设的新阶段，建造了一批家庭型住宅。江苏淮阴专区丁集人民公社以拆旧翻新的方式，在一个月内建成第一批2000间的居民点，从“顶头屋”的草屋改建为砖墙瓦顶房屋①（图4.5—图4.6）。

图4.5 解放前农民“顶头屋”

图4.6 丁集人民公社第二大队新建农宅

经过反思期后，住宅建设开始强调现状调研，根据现有经济和技术条件进行近期和远期的住宅建设规划。这个阶段已开始建设了一批钢筋混凝土构件体系的住宅，特别是在江苏地区乡村推广中建成5 400余间，建筑面积达到10万 m^2 以上②。

公共服务设施主要包括公共食堂、托儿所、幼儿园、幸福院和学校等。有的公社不仅办中学，还要办大学，例如黑龙江省尚志县长寿人民公社将全公社里的71个村庄合并为5～8个集中居民点，并在公社里建大学。每个公社还设一个卫生院响应毛主席的“把医疗卫生工作的重点放到农村去”号

① 南京工学院建筑系建筑史教研组. 因陋就简，由土到洋，在原有基础上建设新居民点［J］. 建筑学报，1959（1）：7-9.

② 江一麟. 农村住宅降低造价和帮助农民自建问题的探讨［J］. 建筑学报，1964（3）：21-23.

召，卫生院的服务规模一般为2万～3万人口。除集中居民点建设，还建设了社队小型工业企业的生产用房以及一部分农业生产用房。

这一时期的营建是国家权力在消解了传统乡村社会组织结构的基础上，第一次全面和强制性地介入乡村社会，进行全面规划和建设（图4.7），但由于受到"左"倾政治思想的强烈干扰，乡村营建走向了政治性，以公社新村为内容的乡村营建普遍存在以下问题：

（1）建设指标标准过高，规模过大，要求过急，超出了人民公社的财力、物力的限度，这与"大跃进"时期的高指标和浮夸风是相关联的。

（2）在公社建设中，过于强调生活集体化、组织军事化的政治目标，对现有村庄进行迁并，造成了社员生活与生产的不便。

（3）公社建设中缺乏必要的调查研究和科学依据。这时期的乡村营建脱离实际需求，按照公社干部意图进行高指标的建设，以实现共产主义目标。

图4.7　公社新村规划意象宣传画

2. 大队新村

1964 年在全国范围发出“农业学大寨”的号召，昔阳大寨公社大寨大队的模式成为了全国新村建设的样板，在各地乡村推广大寨大队的新村建设经验。在 1964 年到 1977 年的 13 年间，全国按照大寨的做法建起了一批新村，这些新村的建设从公社级别下调到生产大队或生产队，营建规模减小，实施比例也明显高于公社新村规划的理想化图景，标志着公社的建设进入了第二阶段。例如昔阳县大寨新村的建设促进了县城建设，在城南建设了新区，修建了大寨展览馆、招待所和商店，作为“农业学大寨”的中心地，全县 411 个大队，到 1975 年已有 30 个大队新村建设完成，计划到 1980 年全县基本建成新村。

1964 年，江阴县华士公社华西大队制定了“农业学大寨”的十五年规划，开始分期建设新村（图 4.8—图 4.9）。一方面是在学习“先治坡，后治

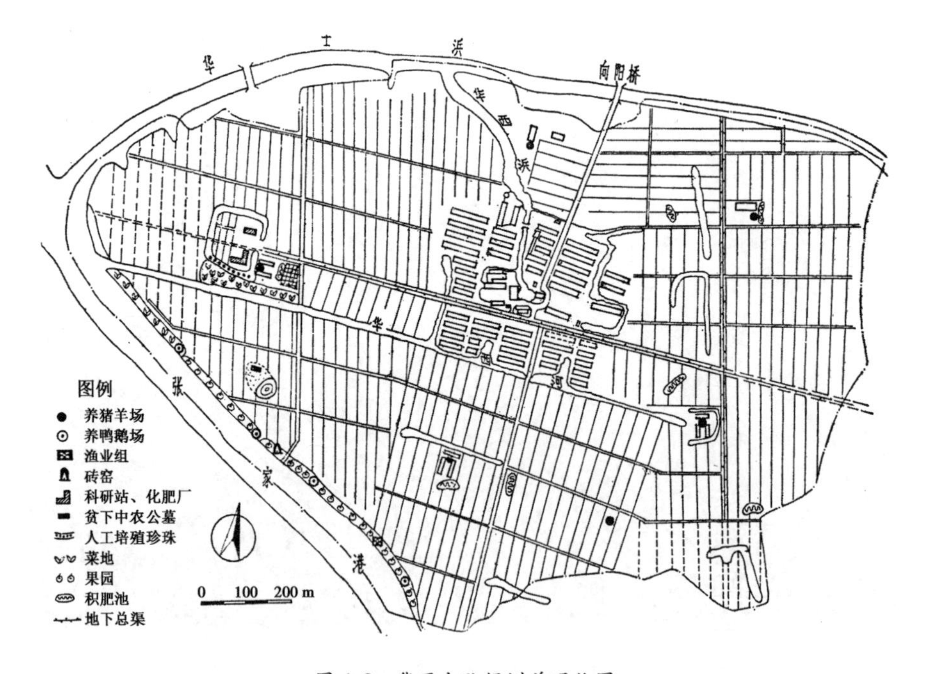

图 4.8 华西大队规划前现状图

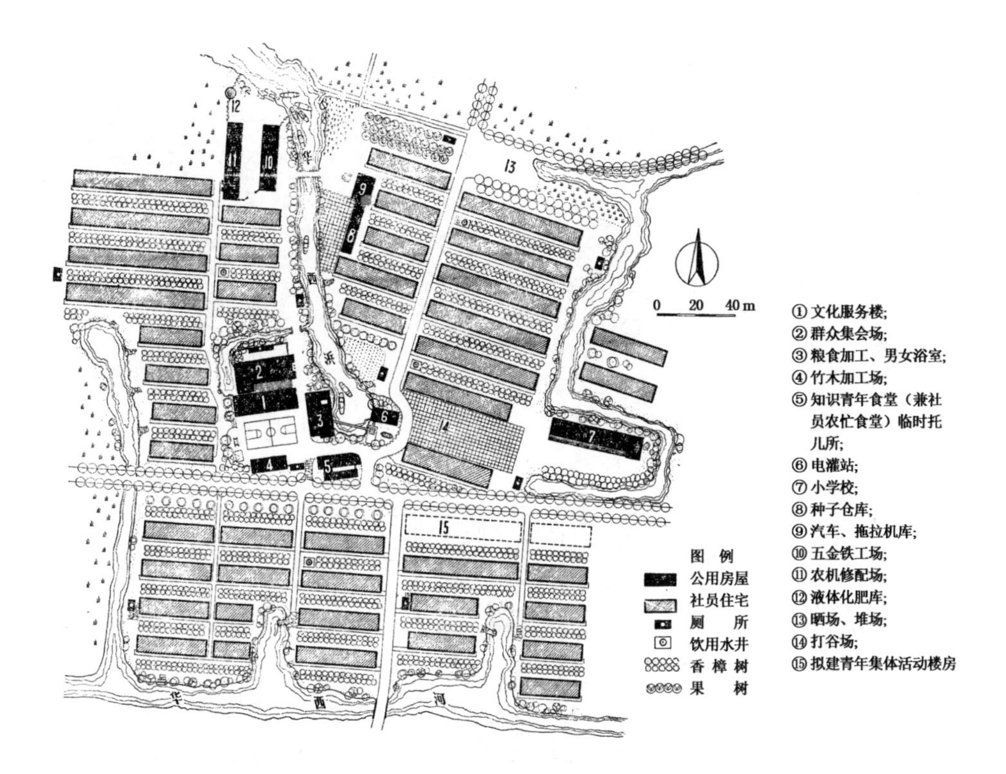

图 4.9 华西大队新村总平面图

窝”经验，填河平岗，平整新村建设用地，修机耕路和地下渠道，规划增加耕地 33 亩；二是新村中心的配套公共服务设施和活动场地建设；三是采取自筹为主，分段建设的方法改造和新建社员住宅（图 4. 10—图 4. 12）。经过 7 年建设，社员平均住房建筑面积由 4. 7 m^2 增加到 18. 4 m^2，分散的 12 个自然村变成一个集中居民点，243 户搬进若干一字形长排的农宅中。社员在建房过程中借的集体资金到 1972 年已全部偿还。通过互助统建的方式把原本一户建房一间（约 20 m^2）的 500～600 元平均造价降为 300 元[①]，成为农业学大寨的先进单位。

---

① 江苏省江阴县革命委员会调查组. 华西大队新村的规划建设 [J]. 建筑学报，1975 (3)：13-17.

图 4.10　村西荷塘旁新建住宅

图 4.11　社员住宅内景

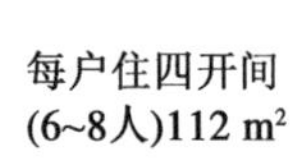

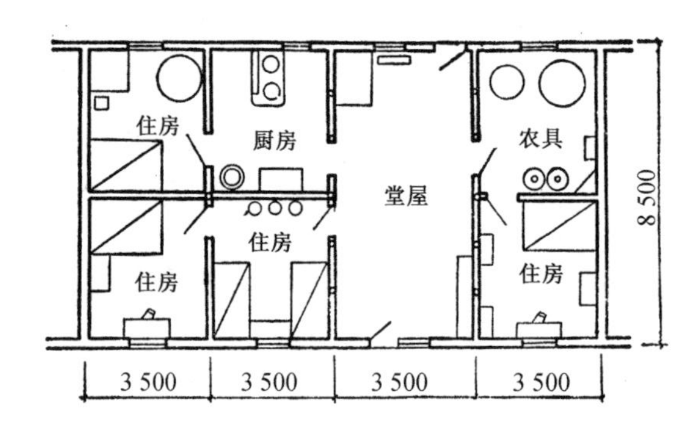

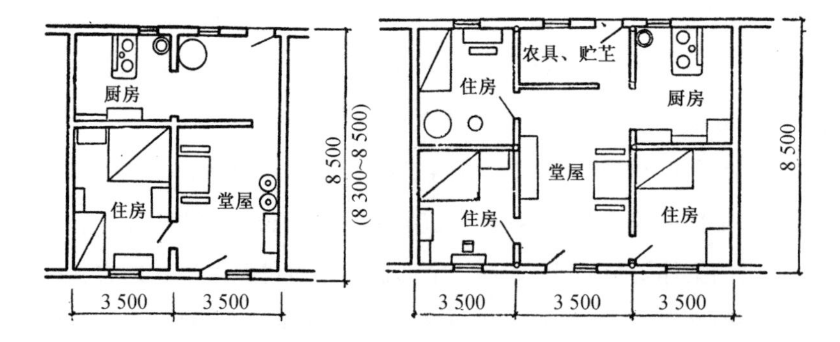

每户住二开间（3~4人）56 m²　　　每户住三开间（4~6人）84 m²

图 4.12　社员住宅平面图（单位：mm）

根据 1975 年全国学大寨会议上统计，全国 2 200 个县中有约 300 个“大寨县”，即把大寨的经验推广到全县，使大寨式社、大寨式队占到大多数的学大寨县。“到 1980 年，要求全国三分之一以上的县建成大寨县，其他的县也要建成更多的大寨式的大队和公社”，“全国每年平均要新建成大寨县至少 100 个”①。大队新村的建设内容是以社员住宅为主，还包括相应的公共服务设施，但其配套指标较之前务实很多，以勤俭节约为指导方针，贯彻大庆“干打垒”精神建设社员住宅。在“文革”期间，模仿大寨新村样板的新村建设在持续，建设量平稳，但其强行推广大寨经验的营建行为更多的是作为一种政治工具的宣传，并逐渐演变成为一个全能化的政治符号，也带来了一定的负面后果。

（1）在全国不同的地区片面推行大寨“先治坡、后治窝”的经验，限制了有一定经济基础的乡村的住房建设，滞后了乡村住房的发展。

（2）片面强调集体建房，住宅产权归集体所有，限制了以家庭为单位改善居住条件的积极性，同时也加重了集体在建设中的经济负担，以至于大部分乡村的居住环境在集体化时期没有得到改善。

（3）大寨大队的新村建设是根据自身条件和环境的一种适宜建造，但在全国推广和机械模仿大寨新村，造成了全国范围内出现兵营式排排房的大寨式新村模式，而忽视各地气候及地理条件的差异。这也促使了 20 世纪 50 年代大部分乡村建筑开启了一个形式简化的阶段，不管以前是草房、石头房甚至几进院落，都被简化的长方形砖瓦房、砖墙、灰瓦、绿门窗取代，类似部队营房的一种延伸，形式单调，千篇一律，抹杀了乡村营建的地域性和文化特色。

4.1.4 营建特征

1. 自上而下的运动式乡建：政治依附性强

这一时期集体化治理方式迫切需要对散落的乡村聚居空间进行重构，以

① 华国锋在 1975 年 10 月 15 日在全国农业学大寨会议上的总结报告。

公社作为乡村营建的组织单元。乡村营建活动是国家权力在消解传统乡村社会组织结构的基础上，第一次全面和强制性地介入乡村社会，展开全面规划和建设，但由于受到“左”的思想的影响和国家政治的强烈干预，呈现出对政治的强烈依附性，是高度行政化、组织化和政治化的结果。

在具体的公社建设中，主要按照县领导和公社干部的意图进行规划。县领导和公社干部成为建设的领导者和决策者，试图以高指标的建设标准紧随中央的政治指导思想，实现以向共产主义过渡的社会主义为核心的建设。有些县还对全县所有公社规划提出具体要求，包括社界的划定、建设的规模和配额标准。例如湖北省随县 1958 年对县属各公社建设的政治要求是：“村庄房屋集体化，平原地区每村 200～1 000 户，丘陵地带每村 200～500 户，山区要消灭独户村，每村 100～200 户”，“各公社大队要通公路，中队小队通马车，有条件的地方可铺设轻便铁轨，争取通火车”，“各公社要建起红专大学、医院、休养所、体育馆、展览馆、图书馆、文化馆、印刷厂、出版社……”① 在成都西城乡友谊农业社的第一个新建居民点的新村建设中，在工地上成立了党、团支部，在普通社员和建筑工人中进行政治思想工作，并在社内成立了建筑领导小组。

上海青浦全县原有 18 个乡，在规划中改为 14 个人民公社，红旗人民公社就是其中之一。在芮光庭对这一时期的红旗人民公社建设的宣传画中，可以看出其强烈政治特征的表达，公共食堂、医院、敬老院、幼儿园等公共设施一应俱全，在庄稼和粮食富足的农业景象中，还有炼钢的土制高炉、烟囱，体现了农业和工业并举的时代特征，以及“大跃进”政治背景下的人民公社新村工、农、商、学、兵“五位一体”的面貌，以求快速达到实现共产主义的建设目标（图 4. 13）。集体化时期的乡村营建表现为政治精英主导的自上而下的运动式乡建。

---

① 袁镜身. 当代中国的乡村建设［M］. 北京：中国社会科学出版社，1987：91.

图 4.13 《人民公社好》(1958年芮光庭作)

2. 以人民公社/生产大队为组织单元的集体营建：统建统分和自建公助

1962年党的八届十中全会通过的《农村人民公社工作条例（修正草案）》中规定，“生产队范围内的土地，都归生产队所有。生产队所有的土地，包括社员的自留地、自留山、宅基地等等，一律不准出租和买卖”。这表明宅基地的产权性质已变成集体所有，由此也奠定了新中国成立后农村集体建设用地的所有制形式①。

虽然分离所有权的农宅仍属于私人所有②，但建立在集权主义政治基础上的人民公社成为乡村社会的政治、经济与社会组织，成为全能主义的治理

① 为实现社会主义公有制改造，在自然乡村范围内，由农民联合，将各自所有的生产资料（土地、农具和耕畜）投入集体所有，由集体组织农业生产经营，农民进行集体劳动，农户自己房屋占地及未成为耕地的部分，包括房屋周边的林盘地、宅基地、荒地等不同叫法的土地，法律上已经为集体所有。

② 草案第四十五条又规定了宅基地上的房屋归农民私有，可自由买卖或出租。可见，农村宅基地由私有变成农村集体所有，农宅由房、地的所有权合一变为所有权分离，形成“一宅两制”。

结构，同样公社也主导着乡村各项工作的领导和管理，包括了乡村建设的物质空间营造，所以集体化时期的乡村营建模式表现为以人民公社为组织单位的集体营建。到 1958 年 10 月底，全国建成 2.6 万多个人民公社，参加公社的农户已占全国总农户的 99%，全国农村基本实现了人民公社化。在政社合一基础上的人民公社新村的建设基本采用统建统分的模式，由人民公社负责统一规划、统一建设和统一分配，产权归公社集体所有。

经历调整期后，1964 年的"农业学大寨"运动中，以公社为单元的乡村营建逐渐下调为以生产大队（生产队）为单位的集体建设。在新村建设方法和产权等方面，主要是采用大寨大队的做法，由大队集体投资、备料，统一规划新建住宅，统一分配管理。建成的住宅产权归集体所有，由大队按照各户人口组成情况分配给社员居住，社员仅缴纳房屋维修费用。吸取了"大跃进"的经验教训后，大寨新村建设变得相对务实，但作为社员集体化管理的空间实现手段却并未改变。由于对大寨新村典型示范效应的推崇，这一时期的大队新村建设响应政治号召，大多机械推行昔阳县大寨公社布局。大寨大队用了 3 年时间依山势修建了 220 孔青石窑洞和 530 间砖瓦房，铺设了水管，装上了电灯，全大队 83 户都住进了新村的新窑新房，并在大寨新村的村口广场竖着"自力更生，奋发图强"的红色标牌，也是这种精神造就了标志性梯田及依山而建的成排成组的窑洞住宅（图 4.14）。

在 1964—1977 年的 13 年间，在全国按照大寨的做法建起了一批新村，造成了全国范围内的大寨式新村。昔阳县全县 411 个大队，已建青石窑洞 10 000余孔，砖瓦房 30 000 余间，到 1975 年已有 30 个大队新村建设完成。大寨公社厚庄大队就是学大寨的先进单位，3 年期间新建石窑洞 257 孔，瓦房 310 间，总建筑面积 11 000 余 m²，1971 年基本建成新村①。全县规划到 1980 年基本建成新村（图 4.15）。

---

① 钟剑. 大寨公社厚庄新村［J］. 建筑学报，1975（4）：2-5.

图 4.14 山西昔阳县大寨新村

吉林省永吉县乌拉街公社阿拉底大队在 1968 年开始以大队为核算单位集体建设新村。由大队筹集资金，准备建筑材料，统一规划和建设社员住宅，建成的住宅产权归集体所有。1975 年已建成 75 栋住宅，150 户入住，居住条件从茅草屋改善为砖墙瓦屋面。此外大队还建设了包括手术室、X 线透视室的卫生所和学校等福利设施（图 4.16）。

在“农业学大寨”时期，也出现了其他类型的新村建设方式，如采用“自建公助”建起的一批新村，这种方式是由大队和社员共同募集资金和建筑材料，由集体统一规划，统一组织施工，建成的住宅产权归社员所有，集体投资的部分，由社员逐步偿还。这种模式既发挥了集体建房的优势，又调动了社员个人的建房积极性，使居住条件能较快地得到改善，例如江苏省江阴县华西大队、上海市嘉定县的泾角生产队、宁夏回族自治区灵武县台子大队第八生产队等，都是用这种方法建设完成。还有社员采用“队建社助”的模式，例如新疆维吾尔自治区吐鲁番县五星公社前进大队在新村建设中统一规划，把分散居住的 5 个自然村合并成一个新村。生产队自制土坯，公社解

图 4.15　山西昔阳县学大寨的新村建设

图 4.16 乌拉街公社阿拉底大队学校

决技工和木材，投资由住户在 5 年内还清，住房产权归社员所有。到 1975 年，新村已建成住房 60 多栋，130 户入住。建筑材料以土为主，采用了吐鲁番民间传统形式的土坯砖墙，冬暖夏凉（图 4.17—图 4.18），逐步形成适合当地情况的营建模式。

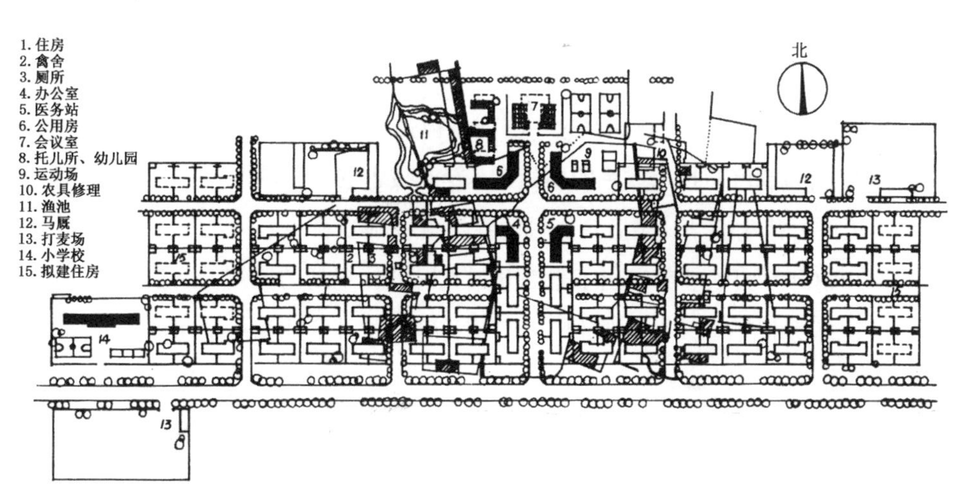

图 4.17 五星公社前进大队新村总平面图

图 4.18　前进大队新村住宅庭院

除了以上两种，各地还出现一些社员自己筹资，按照自己的需求建造的独户住宅，但公社对这些自主建设采取严格的管理制度，对新宅基地的划批采取自上而下的指标发放方式：由县土地局审批到公社土地管理所分配指标，大队掌管指标①，严格限制自建房的指标。此外，多数自建行为还遭到了政治批判，被扣上“资本主义自发倾向”“修建资产阶级安乐窝”等政治帽子，可见，社员群众的自建行为在这一时期是被强力压制的。

3. 营建制度与技术体系的摸索期：专业技术的新领域探索

人民公社化运动开始后，乡村的各类建设项目剧增，为适应这种建设形势，1958 年 9 月农业部发出了全面开展人民公社规划的通知，要求各省、自治区、直辖市在 1958 年年底到 1959 年年初期间对公社进行全面规划。随后建工部也发出公社规划的号召，动员全国各地规划和建筑设计部门的技术人

① 人民公社时期，公社和大队的管理力量强大，对新宅基地的划批采用了相当严格的自上而下的管理办法，申请上采取自下而上的逐级审批的办法，即，家庭申请—群众讨论—大队审批—公社审批—县土地局审批，这些管理办法严格限制了自建房的自由。

员和大专院校建筑系广大师生深入乡村，参与人民公社的规划和建筑设计工作。在政府的组织与推动下，众多专业技术人员进驻乡村提供技术支援，夜以继日地工作，半年时间内完成编制大量的人民公社建设规划，这种模式在中华人民共和国成立前从未出现过。

但专业技术人员从未经历或涉及过该类型的建设模式和内容，可以说没有任何经验可言，如广东省城市建筑设计院的技术人员（1958）在做广东省博罗县公庄人民公社规划时表达的："我们对人民公社规划，可以说毫无经验，这里只不过提出一个还不成熟的意见"。① 天津大学建筑系小站规划组（1958）在做天津市小站人民公社的总体规划时，是根据党组织和领导的意见为主，将除水产区外的占地 20 万亩的公社分为 7 个区，即 3 个稻田区、2 个饲料种植区、1 个菜田区、1 个畜牧区，在公社内还规划了40 m宽的道路，在住宅建设上要"别墅式的住宅"，这些建设标准已大大超出了当时的合理范围。技术人员在最后总结时也提出了建设指标的标准问题，例如"街坊用地每人究竟以多少平方米为宜?"②，还有绿地、公共建筑等一系列指标问题。

北京市昌平区红旗人民公社在 1958 年规划的居住定额是采用北京市的标准，近期 4 m^2，远期 9 m^2，原因是"这个公社是北京市的一部分"，目的是要消灭城乡差别，但在后来的工作中发现，如果采用这个定额，农户在近期得到的居住面积比之前的住宅少，而且规划楼房后，村民没有活动空间，居住条件反而下降，最后在设计中又建议把定额调大，这种现象在其他公社的设计中常出现③。在成都市龙潭人民公社的总体规划中，因为国家没有颁布定额指标，对于公社规划的新课题，规划师提出采用本省有关工矿福利区

① 全军，崔伟，易启恩. 广东博罗县公庄人民公社规划介绍 [J]. 建筑学报，1958（12）：7-9.

② 天津大学建筑系小站规划组. 天津市小站人民公社的初步规划设计 [J]. 建筑学报，1958（10）：14-18.

③ 北京市规划管理局设计院在丰台区卢沟桥东方红人民公社规划中的居住定额标准中依据城市规划中的标准，建造 4～5 层住宅建筑，居住定额近期为 4. 5～5 m^2/人，远期为 9. 0～10 m^2/人，设计目的是消灭城乡之间的差别。数据来源：苏雪芹. 在丰台区卢沟桥东方红人民公社规划设计中的几点体会 [J]. 建筑学报，1958（11）：22-24.

的设计定额拟出主要指标试用[①]（表 4. 2）。

表 4. 2　龙潭人民公社规划定额标准

功能	人民公社设计定额	备注
浴室	10 座/千居民	
理发室	2 座/千居民	
门诊部	1. 3 医务人员/千居民	
办公室	3 干部/千居民	
幼儿园	20 座位/千居民	
小学	80 座位/千居民	
邮局银行	0. 6 职工/千居民	
供销部分	5 职工/千居民	
缝衣修理	2. 4 工人/千居民	
住宅	4 m^2/每居民	居住面积
托儿所	70 座/千居民	2～3 栋住宅设一间
农业中学	20 座/千居民	2～3 耕作区办一所
家禽饲养房	24 只/m^2	
牛舍	4 m^2/只	居住面积
猪圈	1 m^2/只	居住面积

辽宁省建设厅城市规划处针对当时人民公社居民点公共建筑定额的混乱状况发起探讨，提出在确定公社居民点每项公共建筑的规模时，应根据实际需要并加以科学计算。可见，对于规划建设中新村的选址、规模以及公共设施的建设指标等技术问题并没有统一的标准，更没有建立起一个相关技术指标体系和法规体系，大部分技术人员只是就自身已有技术知识对全新的营建内容给出认为合适的答案。但也是这个时期，专业技术知识第一次被运用在

① 徐尚志，吴德富，张汉星，等. 成都市龙潭人民公社总体规划及居民点设计介绍 [J]. 建筑学报，1958 (11)：19-21.

乡村营建上，是专业技术在乡村应用的摸索期。与之相应，相关建设法规和技术准则还没有建立，处于乡村规划管理的初级阶段。

4.1.5 营建结果及影响

从中华人民共和国成立到十一届三中全会召开，乡村营建经历了曲折的历程，在经济恢复的前8年，主要是以改善居住环境为目标的农宅为主的建设，到1957年进入合作化时期后突变成为满足集体生产生活模式的需求而以人民公社为组织单元的新村建设，再经调整期后下调至生产大队（生产队）为组织单位的大队新村建设，都呈现出强烈的政治依附性，是高度行政化、组织化和政治化的结果，给乡村营建带来了一定的负面影响。虽然后期的大队新村建设相比公社新村已走向务实建设，规模也合理化，但由于是在当时国家社会经济背景下受到人民公社与生产大队经济条件的限制，并没能在全国实现大范围大寨式新村建设。至1975年建设期的数据统计为止，全国落实有大寨式建设的大寨县比例只占有不到15%①，但其中每个县也并不是全部实现大寨式公社和大寨式大队的建设，因此真正以大队为单位的新村建设实施比例更小。

在微观层面的农宅建设层面，一是政策上对个体建房的压制，二是在人民公社化后的这段时期，乡村家庭的经济收入普遍低下，消费处于明显的贫困阶段。在这样外在压制、内在窘迫的状况下，农户家庭用于建房的消费被长期推后。据统计，1957年全国农民平均每人农房使用面积11.30 m^2，到1979年却降低为11.03 m^2，这也是造成之后改革开放初期建房井喷式增长现象的原因。所以集体化时期的乡村营建在经济条件的制约下，并没有对乡村造成大范围、大规模的实质性物质空间破坏，而更多的是停留在政治、文化意识形态的影响上。

---

① 根据1975年的全国学大寨会议上中共中央副主席、国务院副总理邓小平同志的总结，根据数据统计，全国2 200个县中有300多个学大寨的先进县，已学习和普及大寨建设新村的建设模式。

4.2 运动组织式“设计下乡”(1958—1966 年)

4.2.1 设计的组织形式及特点

集体化时期的乡建热潮始于人民公社化运动，“大跃进”催生了大量乡村规划及新村建设项目。在求大求快的社会发展基调下，要求在短时间内完成人民公社的全面规划。于是在政治号召和权力干预下，建工部动员和组织各地的规划和建筑设计部门的技术人员和大专院校的师生参与乡村的设计工作，从而催生出第一次“设计下乡”。

1. **运动式组织方式**

集体化时期乡村营建所引发的设计高潮主要出现在人民公社的公社新村和大队新村两个营建阶段。这场原本属于经济建设范畴的冒进，也开启了建筑设计行业最为冒进的历史阶段，乡村地区全面拉开了人民公社新村规划建设的大幕。乡村的集体化治理模式迫切需要对传统散落的乡村聚居形态进行重构，从而催生出了大量乡村建设项目来适应公社管理的要求。

1958 年 9 月农业部发出开展人民公社规划的通知，要求各省、自治区、直辖市在 1958 年年底到 1959 年年初这一期间对公社进行全面规划。在政府的组织与推动下，设计人员组成调查研究队，被分配到各个县及公社大队后，进驻乡村提供技术支援，由各级行政机构负责布置设计任务，制订工作计划。例如成都市龙潭人民公社规划及居民点设计由西南工业建筑设计院完成，甘肃省五威县金羊乡人民公社由甘肃省建筑工程局规划室完成。由于这一时期对设计周期的压缩和限制，为了按时完成分配的工作，有些专业技术部门还专门成立了人民公社设计组、工作队，形成了一种自上而下的运动式设计。例如天津大学建筑系成立了小站规划组完成天津市小站人民公社规划，清华大学建筑系城市规划专业专门组织部分毕业同学成立红旗公社规划组负责北京昌平区红旗公社的规划工作。徐州市建筑设计室的技术人员被分为 3 组，前往下属 4 个县的 11 个生产大队在调研的基础上进行新的农宅设计，编制设计图纸，还组织技术人员下乡协助农户试建①。这种设计组织模式在中华人民共和国成立前从未出现过，也是近代职业建筑师角色出现后的第一次。

2. 快速设计

在“大跃进”时期，“快”是社会发展基调，也是对建筑业的要求。由于“大跃进”的基调和施工生产方式的改进，规章制度、技术规范都被冲破，设计与施工形成了新的关系。在人民公社建设的过程中，对设计工作也提出了明确要求，提倡“快速设计”，强调时间短、速度快。在公社规划中，设计小组被公社及大队干部要求在 1～2 天内就要完成一个村镇规划，而公社的总体规划与单体建筑设计则要求在更短的时间内完成。在“多快好省”的社会主流话语体系下，专业技术人员最终在短短半年时间内完成了大量的人民公社新村的规划设计。例如江苏省震泽县的东山和浦庄两个人民公社分别有 8 300 户和 3 643 户，其调查和规划设计工作是在地委的直接领导下，由南京工学院建筑系建筑史教研组在 3 天内完成②（图 4. 19）。

上海青浦县人民公社规划工作是同济大学城市建设系城市规划教研组和上海第一医院卫生系环境卫生教研组部分教师带领同济大学城市规划三年级学生 30 名、上海第一医院卫生系三年级学生 5 人，在 1958 年 9 月 8 日至 14 日完成的。在一周的时间内，设计团队在青浦县委及叶龙乡党委的领导下，根据当地情况，完成了调查工作以及两套技术方案。技术工作内容包括五部分：青浦全县的规划总图；青浦县城厢镇初步规划；叶龙乡的现状调查工作；红旗人民公社的总体规划和人民公社的一个居民点的规划③（图 4. 20）。

---

① 徐州市建筑设计室. 徐州地区农村住宅的设计 [J]. 建筑设计，1964（6）：5-8.

② 南京工学院建筑系建筑史教研组. 东山与浦庄人民公社自然村调查与居民点规划 [J]. 建筑学报，1958（11）：25-29.

③ 李德华，董鉴泓，臧庆生，等. 青浦县及红旗人民公社规划 [J]. 建筑学报，1958（10）：1-6.

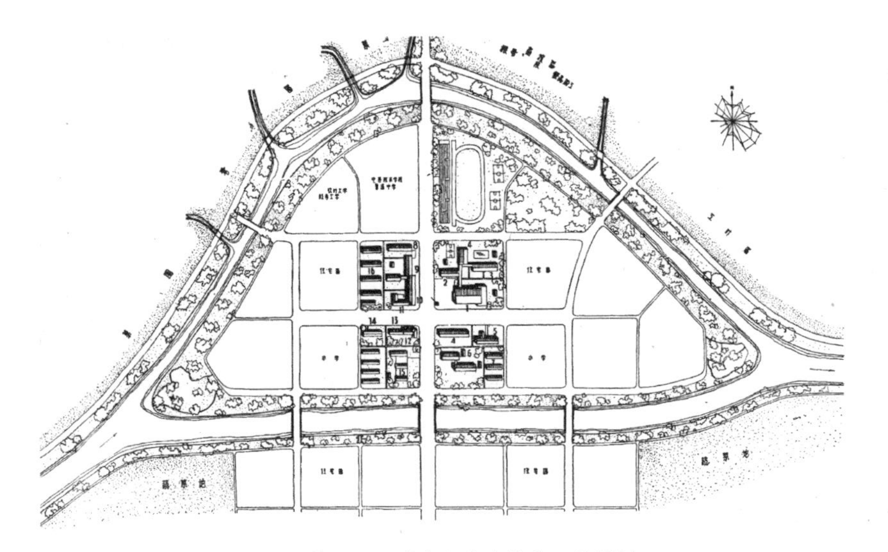

图 4.19 浦庄人民公社中心区规划
1. 大食堂；2. 展览馆；3. 俱乐部；4. 办公楼；5. 图书馆；6. 医院；7. 招待所；
8. 照相书店；9. 信用供销部；10. 百货公司；11. 饮食店；12. 消防；13. 邮电；
14. 理发；15. 幸福院；16. 集体宿舍

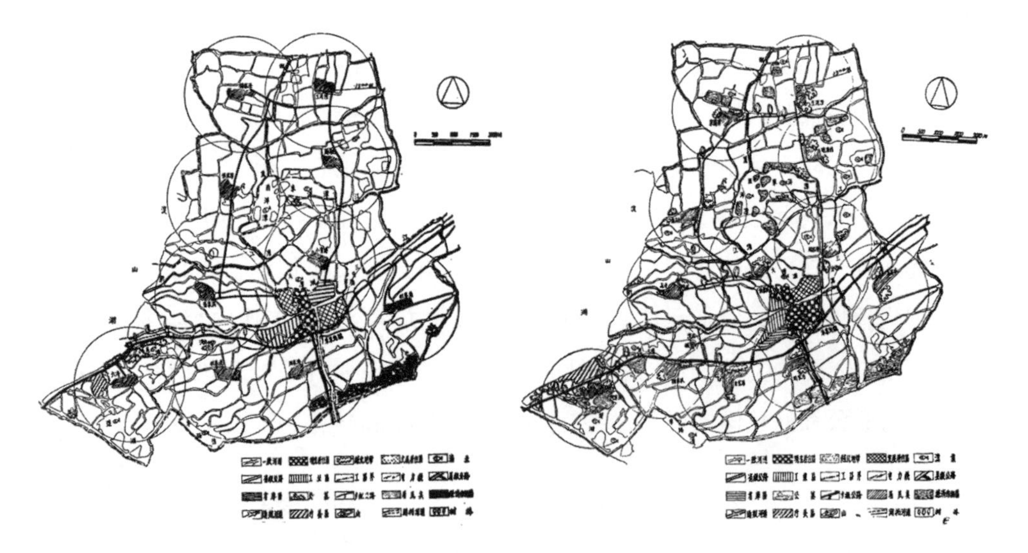

图 4.20 青浦县红旗人民公社总体规划方案一（10 个工区）和方案二（12 个工区）

3. 专业设计人下乡

1964年毛泽东提出“群众性的设计革命运动”，随后1965年全国设计革命工作会议召开，各地技术部门展开设计革命运动。《关于设计革命运动的报告》要求组织设计人员下楼出院，推行现场设计，实行两个“三结合”，即领导、专家、群众三结合和设计、施工、使用三结合，将专业设计同群众运动紧密联系起来，掀起设计革命运动的高潮。设计院改变原有工作方法，到现场进行设计，参与施工和生产劳动，打破现有的规章制度，将其肯定为“多快好省”的方法，把之前几个月的设计周期压缩到一周①。

“文化大革命”的全面开展严重破坏了规划与建筑设计行业的发展，城市规划局和建筑设计院大部分被取消或遣散，高校停课，专业设计人员被下放。建工部所属的建筑施工、建筑设计、科学研究、大专院校等企业事业单位中原有38.2万人，“文革”时期被下放了29.1万人②。时值“农业学大寨”阶段，“设计下乡”也自此演变成“设计人下乡”。

1964年全国范围发出“农业学大寨”的号召，各地乡村纷纷开始学习和推广大寨大队的新村建设经验，并在实践中也建起了一批类似的大队新村，标志着人民公社的建设进入了第二阶段。

第一阶段公社新村建设的设计工作主要由全国范围的建筑设计院所的技术人员和高校的建筑系师生完成。但对于第二阶段的学大寨期间新村建设的设计究竟是如何组织的，本书并没有收集到足够确凿的文献记载。由于“文革”期间保留下来的资料不全，现有的资料对于这一时期的表述可概括为“大队统一规划，统一设计，统一施工”，但从现存的各大队总平面规划图、居民点建筑设计图等具体技术图纸分析，这些设计均是由具备一定技术能力

---

① 陈家骅．下楼出院到现场去设计［J］．建筑设计，1965（1）：7.

② 许多教学、科研和设计单位把知识分子送往各地的“五七干校”进行“接受工农兵再教育”的劳动改造，后来又对上述单位进行“下放”或“战备疏散”，直至解散。资料来源：邹德侬，王明贤，张向炜．中国建筑60年（1949—2009）：历史纵览［M］．北京：中国建筑工业出版社，2009：66.

的专业设计人员所完成的（图 4. 21—图 4. 22）。根据与少数仍健在且参与过当时新村建设的相关人员的访谈，本书推测，“文革”时期公社大队新村设计的群体主要由三部分人组成：一部分是被下放的规划师及建筑师，一部分是红卫兵大串联中的建筑系学生或工农兵学员①，还有一部分可能是留存的设计机构中的专业设计人员。例如在江苏省就实现了部分按设计机构规划建设的试点公社、大队，形成一批建设样板②。

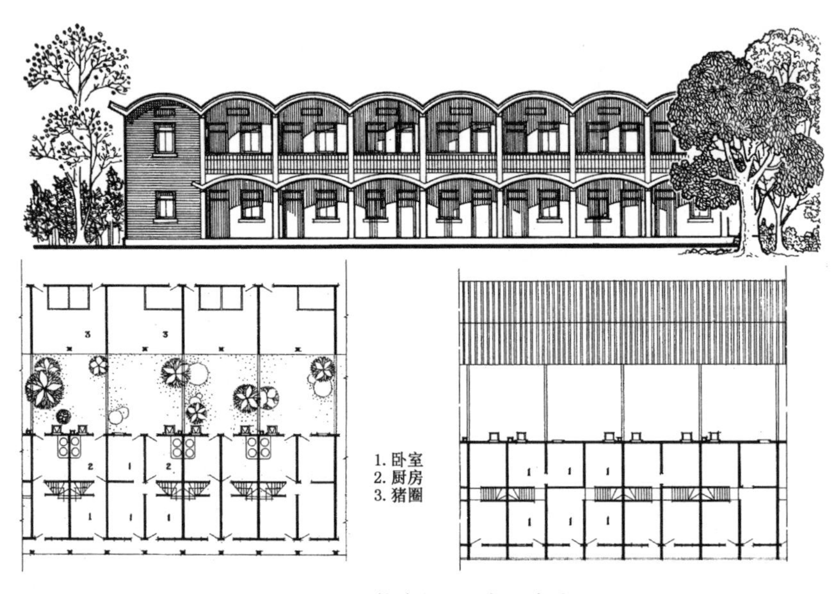

图 4. 21　贤德大队住宅设计图

① 当时学校的建筑系里还有一部分工农兵学员也参加实践设计，例如南京工学院建筑系 72 届工农兵学员图书馆毕业实践设计小组在 1975 年 3～6 月在江苏省建筑设计院进行了两个图书馆工程，是为了遵循毛主席“教育要革命”的教导。学校还通过“农村房屋建筑”函授短训班的方式培养技术人员，也包括上山下乡知识青年。同济大学“五七”公社函授组. 办好“农村房屋建筑”函授短训班 [J]. 建筑学报，1975 (2)：21.

② 以江苏省为例，1966 年“文化大革命”开始后，省内水利、交通、冶金、电力、邮电等行业设计机构或撤销或精简下放，大批设计人员进“五七”干校或下乡劳动或下放到施工企业。1969 年江苏省建筑设计院组织人员进入五七干校学习，全院由 298 人减少到 159 人。苏州、常州建筑设计院曾一度被撤销，苏州市建筑设计机构解体后，人员分散至各施工企业。其他城市建筑设计机构或裁剪合并，或下放人员。直到 1976 年“文化大革命”结束后，省内原来撤销的建筑设计机构陆续恢复。江苏省地方志编纂委员会. 江苏省志・城乡建设志 [M]. 南京：江苏人民出版社，2008：1414-1415.

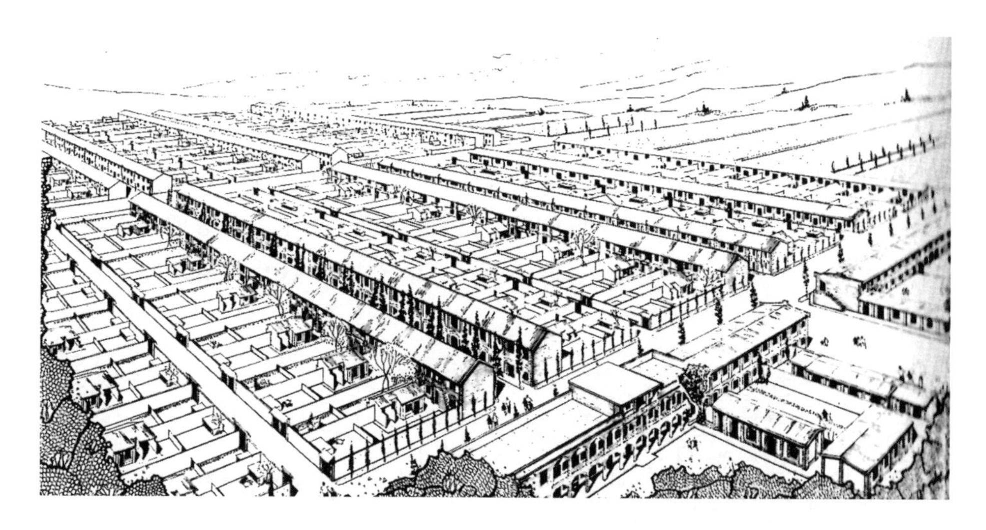

图 4. 22 陕西省礼泉县烽火公社烽火大队新村规划鸟瞰图

4. 2. 2 设计内容及解读

集体化时期的人民公社与大队新村建设所对应的设计内容主要分为公社规划和建筑设计两个层面。

1. **公社/大队新村规划**

1958 年全国乡村已基本实现公社化，人民公社的规划成为设计工作中的一个新课题。公社规划包括公社总体规划、公社中心规划以及居民点规划三大部分的内容。总体规划中包括对现有村庄进行迁并，当时称为“并屯定点”，主要是为了解决传统的分散居住和集中生产的矛盾。根据行政要求及用地条件，当时大多数公社采取由若干乡及农业社合并而成，再分为 6～8 个生产大队，按“公社中心—生产大队—生产队”的等级来进行布局的方式。公社总体规划需要布置各功能区，以整理公社内农田基本建设和水利灌溉等农业基础设施和市政设施为主。如何集约利用土地、缩短农作半径、提高农业生产率、提高农村生产力，是公社规划中的重要内容，同时还需考虑县联社（县区）规划中对公社总体规划的影响。

公社实践总结出并屯定点的原则：均匀布置，方便经营管理；山地居民点沿河分布；交通便利；新点在旧屯基础上发展；规划需打破社界，统一并点等。在新点的选取上，要做到“地点适中、生产方便、不在山口、不被水冲、少占平原、水源丰富、又要朝阳、又要菜田”，规划次序考虑先平原后山地；先近后远，逐步完成定点的建设（王硕克，程敬琪，1959）（图 4.23）。

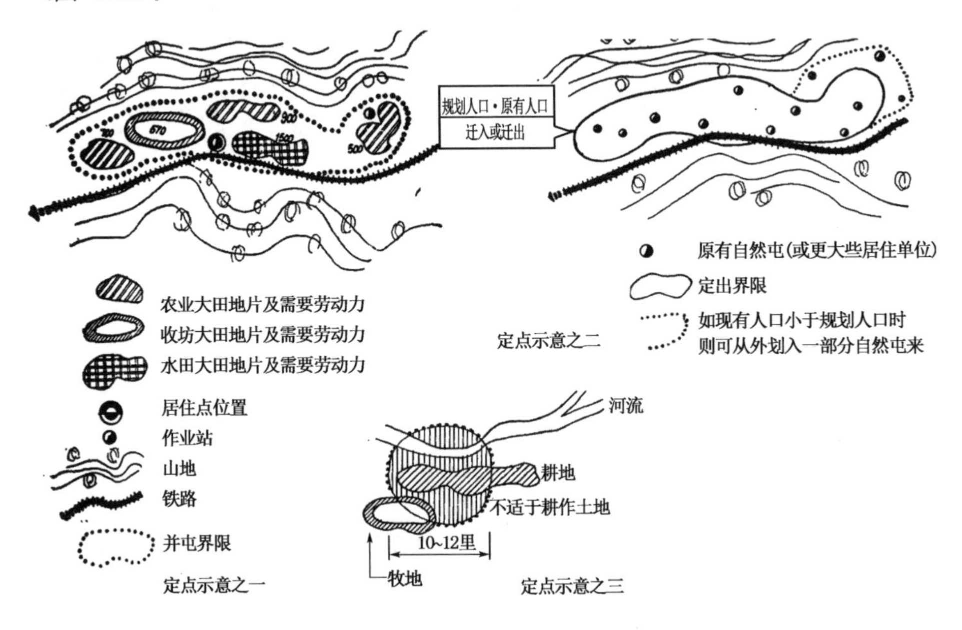

图 4.23　山区并屯定点规划方法

而公社中心规划指向公社工业、文化、医疗、科学活动、商业以及行政中心布局，并配有相当数量的农田，作为实行高产实验示范的场所；公社中心内一般除了配置生产大队的福利设施外，有的还规划了大学、体育馆、图书馆、科学研究所、气象站、银行、工业厂房等一系列设施。例如北京市昌平区红旗公社规划的公共建筑建设项目包括了党政、工业、农业、畜牧业、文教卫生、生活福利事业和公共事业七个类别。皂甲屯居民点作为昌平区红旗人民公社的社中心，在规划中考虑了比一般居民点更多的公共建筑和生产用地，根据高度集中化的要求，建立了集中生产基地，并根据人数计算出相应公共建筑的用地和建筑面积（表 4. 3）。因为当时国家没有颁布统一的定额标准，所以在这一时期的规划设计指标是由技术人员参考苏联的标准，并结合自身经验来推算的。在当时的社会语境下，规划中普遍存在各项设计标准过高，定额指标严重脱离实际的现象。居民点的公共建筑规划指标制定普遍求高求大，不仅超出当时生产生活的真实需求，也超出人民公社财力物力所能受的极限（沛旋，刘据茂，沈蘭茜，1958）。

表 4. 3 皂甲屯居民点规划主要经济指标

项　目	用地面积（hm^2）	每人占地（m^2/人）	备　注
居民点总用地	120. 03		
生活居住用地	56. 64	50	
工业用地	13. 90		
农业生产用地	9. 75		打谷场可兼作军事操练场所
果树（现状）	2. 65		
居住用地	38. 80	34. 7	
公共建筑（公社级）	8. 66		包括大学，品种实验场剧院
公共建筑（居民点级）	12. 34	11. 2	
道路	14. 40	12. 5	
公共绿地（居民点级）	5. 50	5. 0	内有少先宫文化宫等
军事体育用地	1. 23	1. 8	操练场借用打谷场
工业备用地	1. 70		
猪鸡牲畜养殖场	11. 20		分四处，远离居民点

公社规划的内容包括根据人口规模设置不同级别的集中居民点，按“社中心居民点—大队中心居民点—大队居民点”等级布置，并完成详细规划，包括人口计算及年龄分类、功能分区、道路系统及居民点的各公共建筑定额等。例如，作为最早的公社之一，河南省遂平县卫星人民公社是在 1958 年 4 月由附近 5 个乡合并而成，分为 8 个生产大队，238 个自然村，全社共有 9 369 户，43 252 人。对规划提出的要求是适当集中，重新布置居民点，满足治理和生产的要求，新的居民点基本按“中心居民点—大队居民点—生产队居民点”三级分布。规划的重点放在公社中心居民点及毗邻的第一大队中心居民点上。按照规划，公社中心区在 1962 年人口规模为 5 000 人，毗邻的第一大队居民点定为 3 000 人，五年内计划将全公社五分之一的人口集中到一个居民点。根据公社中心规划的公共建筑系统定额，规划了约 20 万 m^2 的各项文化教育、商业等公共服务设施，仅公社政治经济文化中心建筑的人均建筑面积达到 49. 94 m^2，其中第一大队居民点的各项公共建筑总面积已达到了 16 万 m^2，这种规模的规划建设量对于当时的资金储备和条件而言是难以实现的（图 4. 24—图 4. 25，表 4. 4）。

表 4. 4　谢坊村居民点规划用地指标

1. 生活用地指标（m^2/人）		2. 规划用地指标（m^2/人）	
居住用地	18	生活用地	42
公共福利建筑用地	10. 6	工业用地	5. 73
道路广场	9. 4	农业用地	17. 45
绿化	4	仓库用地	6
生活用地　共　计	42	其他用地	0. 25
		总　计	71. 43
计需生活用地为 42 m^2/人 × 12 000 人 = 504 000 m^2 = 50. 4 hm^2		总占地为 71. 43 m^2/人 × 12 000 人 = 857 160 m^2 = 85. 72 hm^2	

图4.24 卫星人民公社社中心居民点规划

1. 行政办公楼（或办公处）；2. 银行信用社邮局（或邮政代办处）；3. 市场；4. 招待所；5. 小学校；6. 中学校；7. 红专大学；8. 业余工农大学；9. 党校；10. 电影院；11. 图书馆兼科学宫；12. 新华书店；13. 展览馆兼文化宫（或水上俱乐部）；14. 托儿所；15. 幼儿园；16. 幸福园；17. 医院；18. 接生站及诊疗所；19. 什货部及百货公司（或百货部）；20. 采购部及粮食店；21. 缝补部（衣服鞋）；22. 青壮年食堂；23. 营业食堂；24. 营业澡堂；25. 公共澡堂；26. 摄影、理发、洗衣洗染；27. 汽车库消防所；28. 司令台兼露天电影银幕台；29. 社中心仓库；30. 拖拉机站用地；31. 公园舍房用地及牧场；32. 牛马车房及公厕农业用仓库；34. 体育场及露天电影场；35. 苗圃公园管理处；36. 轻工业用地；37. 重工业用地；38. 入口拱门；39. 喷水池；40. 纪念碑

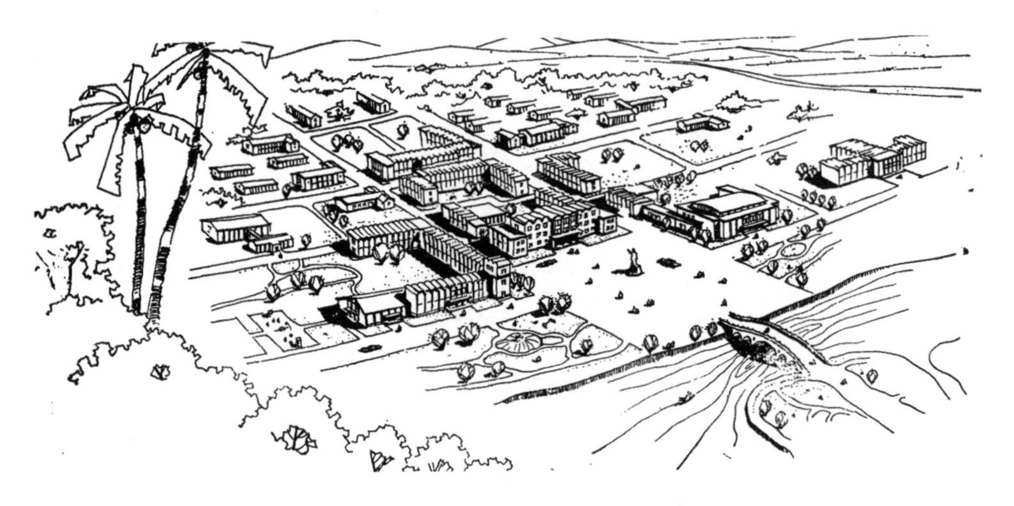

图 4.25　卫星人民公社社中心居民点鸟瞰

同年，河北省徐水县遂城人民公社在公社领导提出“1959 年完成社会主义建设，并开始向共产主义过渡，1963 年进入共产主义”的豪迈规划，其中将 37 个自然村合并为 6 个居民点，作为公社中心居民点的谢坊村在 1962 年底的人口规模定为 12 000 人，占地 85.72 hm^2，其中生活用地 50.9 hm^2，其余 5 个居民点近期定为 10 000 人。在公社中心居民点的详细规划中，布置了礼堂、文化宫、师范学校、报社、红专大学和自来水厂等公共设施，还专门划出一块不适合耕种的土地作为公墓。在公墓区绿化使其成为“滨河公园”。贵州省黄平县红旗人民公社的规划则提出建成全公社的公路网，村村通公路、处处通汽车，并在村庄附近规划了机场和铁路。

这些公社规划设计的共同点是强调规划的宏大叙事，力图通过整体性的空间场景来表现社会主义国家的意识形态以及对共产主义生活的愿景想象，因此这些规划尺度巨大，强调整齐划一的空间秩序，并且极力表现出无差异的平均主义（表 4.5）。分析这些乌托邦式的共产主义规划设计产生的原因，主要有两方面：第一，当时的社会背景要求“大干快上”，一起以“大”“快”

为好，在严重浮夸的政治风气下，不仅乡村地区，城市的规划同样呈现出“快速设计”的病态①，城乡规划不再遵循学科自身的理性逻辑，而成为行政号令的空间实现手段；第二，在人民公社化运动初期，国家还没有设计的定额标准，而当时采用的设计定额很大程度上是受到了苏联城市规划指标体系的影响，苏联由于地理气候与文化传统都和我国存在较大差异，因此其指标体系并不完全适应我国的基本国情，这也间接造成了早期我国规划和建筑体系中指标普遍偏高的现象。尽管随着 20 世纪 60 年代中苏关系交恶，国内对苏联的城市规划予以了批判，也提出了修正相关定额的建议，但在具体规划设计中仍存在定额过高的现象，这种缺乏经验的早期规划由于脱离现实而陷入困境，最终成为乌托邦的幻想。

表 4.5　人民公社时期典型公社新村规划列表

名称	设计时间 设计人员	行政规模	人口规模	建设目标	规划结构	技术资料
河南省遂平县卫星人民公社规划（原遂平县琅山人民公社）	1958.4 华南工学院建筑系人民公社规划建设调查研究工作队	5 个乡，238 个自然村合并而成 8 个生产大队，71 个生产小队，占地 213.84 平方公里	9 369 户 43 252 人	1962 年的中心居民点规模定为5 000人，公共建筑面积要求达到 20 万平方米	中心居民点（重点）—大队中心居民点—大队卫星居民点三级	

① 在这样的形势下，建工部提出了“用城市建设的大跃进来适应工业建设的大跃进”的号召。许多城市为适应工业发展的需要，迅速编制、修订城市规划，使城市规划与建设也出现了大跃进形式。于是城市人口骤增，城市数量迅速增多；城市和农村工业遍地开花，在天津、上海、南京、南昌等大城市中，规划建设了大量卫星城。黄立. 中国现代城市规划历史研究（1949—1965）[D]. 武汉：武汉理工大学，2008：84.

（续表）

名称	设计时间 设计人员	行政规模	人口规模	建设目标	规划结构	技术资料
甘肃省武威县金羊乡人民公社规划	1958.8 甘肃省建筑工程局规划室	11 个生产队	3 474 户 20 946 人	用区域规划的方法综合农、林、牧、渔业的经营单位共同规划与安排	人民公社区中心区—4 个居民点	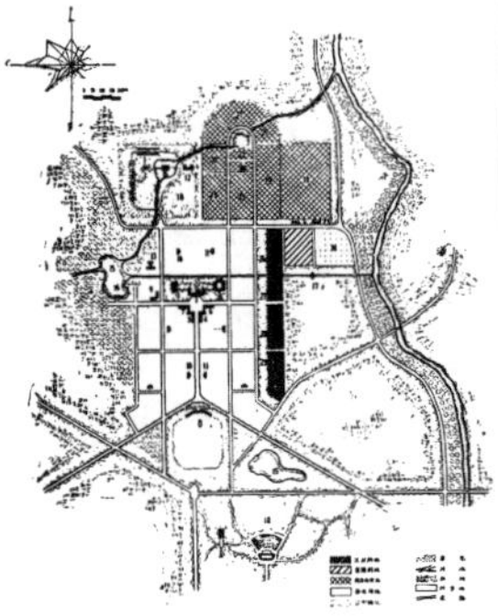
河北省徐水县遂城人民公社规划	1958.9 河北省建工局设计院	37 个自然村，占地 90 平方公里	49 093 人	1959 年完成社会主义建设，开始向共产主义过渡，1963 年进入共产主义的豪迈规划	37 个自然村合并成 6 个居民点。中心居民点（1 个）—大队居民点（5 个）	
上海市青浦县红旗人民公社规划	1958.9.8—9.14 同济大学城市规划教研组，上海第一医学院卫生系	原叶龙乡的基础上建立，为青浦全县十四个公社之一	约 30 000 人	生产组织按近期（12 个工区，兼顾现有的生产社划分）；建设规划按远期（10 个工区，每个工区一个居民点）	“工区”—居民点，每个居民点人口规模 1 500～2 000 人，基本福利设施较全	

（续表）

名称	设计时间 设计人员	行政规模	人口规模	建设目标	规划结构	技术资料
天津市小站人民公社规划	1958 天津大学建筑系小站规划组	以小站镇为中心，由原来的 9 个乡，19 个农业社组成	约 60 000 人	考虑将来发展为天津市的卫星城，第二个五年规划末为 10 万人	以新小站镇为中心的居民点与东、西、北三个分散居民点相结合	
广东省博罗县公庄人民公社	1958 广东省城市建筑设计院	由 5 个乡 51 个农业社合并组成 6 个生产大队，面积 303.7 平方公里	6 742 户 26 279 人	近远期规划结合，不仅满足生产生活的功能布局，还有着极其重大的政治作用	中心区—14 个居民点	
成都市龙潭人民公社	1958 西南工业建筑设计院	由三个乡合并而成，占地 77 000 亩	13 948 户 61 200 人	处于城市近郊，具有便利交通，考虑远期作为城市发展地带的规划	10 个耕作区—6 个耕作区居民点—区中心—工业区—仓库区	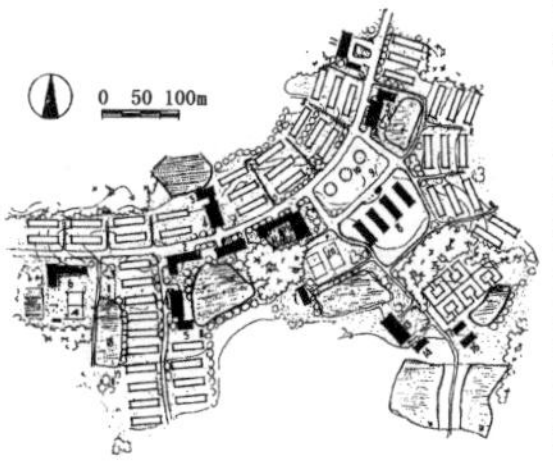

经历了人民公社建设的调整期后，“农业学大寨”在全国推行，公社规划逐渐调整为以生产大队（生产队）为单位的新村建设。在之前经验的基础上，这一阶段的规划相对务实，但设计作为集体化空间管控的本质并未改变。由于大寨新村的典型示范效应，这一时期的大队新村建设大多推行昔阳

县大寨公社大寨大队的布局模式，例如陕西省礼泉县烽火大队、湖北省浠水县十月大队、北京市房山县周口村大队、内蒙古自治区四子王旗白音希勒大队、云南省瑞丽县广双生产队等社队都采用该模式建成了新村。

同是昔阳县大寨公社的厚庄新村也是学大寨的先进单位，新村建设除了少量专业人员，基本是靠社员自建完成。新村总体布局依山就势，在东西两边低的坡地上层叠布置石窑洞和平瓦房，在场地标高以上的坡地结合坡度层叠布置东西向顺山势错叠的两层石窑洞，联系东西两侧成为整体。将中间高梁地段平整为广场。新村东半部分是在原有村庄房屋的基础上加建，利用保留较好的旧窑洞成为新建窑洞的套窑，作为储藏区，共保留 37 孔。东部还沿山势规划了与地形融合的建筑，不但形体富于变化，还大大减少了土方量。西侧部分考虑地形较平缓，规划中在两层石窑洞顶上再布置了 7 排平瓦房，节省用地的基础上增加了建筑面积，且形成开敞式院落，增加空间的丰富性和功能分配的灵活性①。整个新村规划利用坡地建村，同时采用了形式多样的室外楼梯和窑洞楼梯来连接各标高平面，激活了新村的空间组织，呈现出与地形浑然一体的面貌（图 4. 26—图 4. 27）。这种有机规划的理念充分体现了与自然和谐共存的朴素自然观，也是大寨新村的成功的实践（图 4. 28）。

河北省深县大屯公社后屯大队的房屋在 1966 年的邢台地震中被破坏，党支部发动群众制定新村建设的规划，后屯大队的农田规划先于新村规划，在 1966 年已确定，根据已有条件，同时考虑少占耕地，新村选址在旧村位置上，位于大队范围的东南角，东西以农田规划中的 1 号和 3 号公路为界，南北范围保持原状。旧村内只有一条东西方向道路，新村规划在其基础上增加了一条南北向道路，在南北两端各开一条环村道路，与东西两侧的公路连通。规划将原来的 8 个生产队合并为 4 个，各队户数及人数大体相等。方案规划了东西方向 12 排，南北方向 15 排房屋，按东西方向每三排作为一分区，

---

① 数据来源：钟剑．大寨公社厚庄新村［J］．建筑学报，1975（4）：2-5.

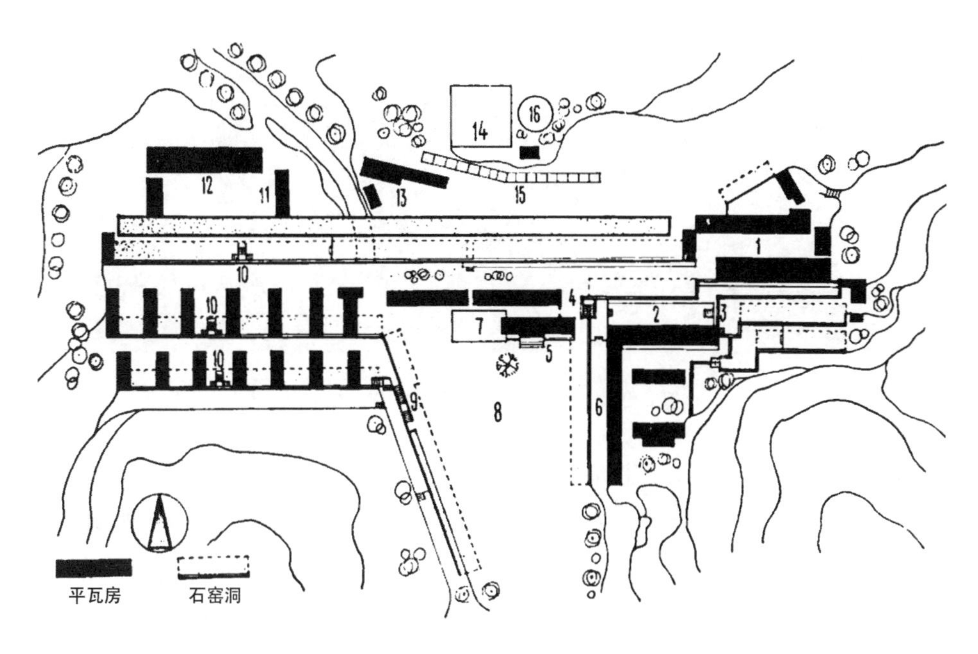

图 4.26 大寨公社厚庄新村总平面

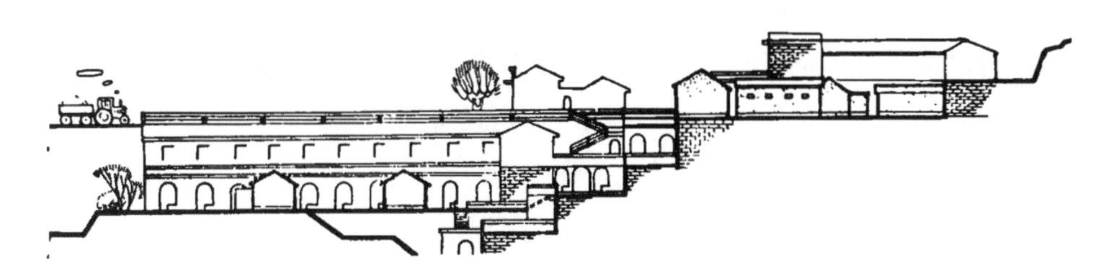

图 4.27 厚庄新村东半部剖面示意（地形的利用）

分别安置 4 个生产队，每个生产队的房屋各自集中成片，每个生产队之间用南北向 8 m 宽的胡同分开，生产队内部每排房之间道路宽 4 m，可供货物运输。规划中用一条 12 m 宽的东西向主要道路把 4 个生产队又联系在一起，同时也把每个生产队分为南北两个部分。南面道路端点布置了学校，北面通向各队晒场和生产用房。拖拉机站、打谷场、仓库等靠近耕地。新村中心位

图 4.28　厚庄新村窑洞楼梯及社员住宅

于核心位置，规划了公用建筑、文化事业用房、供销服务站和医疗站，在南北向主要道路中心点建设了礼堂。社员住宅根据当地习惯设计为四个院落单元，分别为三室、四室、五室和六室户，再分别组合在规划地块内。总图布局对称规整，每排 9 间房，社员住宅面积占规划的 75.17%，整个新村布局呈现出规则的方格网空间形态①（图 4.29—图 4.30）。

上述新村规划的设计体现了如下的共同特点：第一，这阶段的规划尺度相对于“大跃进”时期表现出合理化的趋势；第二，空间布局极其规则匀质，强调中轴对称；第三，多以机械的行列式布局为主，空间形态单调。呈现上述特征的原因有两方面：首先，集体化的组织治理要求生活空间应该呈现出与之相匹配的理性和秩序，在集体化计划经济的年代，强调平均主义，因此均质空间是最符合意识形态的空间载体。其次，进入“文化大革命”后，大寨成为一种象征性的政治符号而在全国推行，因此对大寨的学习体现在方方面面，当然也包括了新村建设的空间格局。正是学大寨的运动催生出了大量集中布置的兵营行列式的新村，这也成为该时期全国范围内新村建设的普适形态（表 4.6，图 4.31）。

① 数据来源：河北省深县革委会调查组. 后屯大队新村规划与建设 [J]. 建筑学报，1975 (4)：10-13.

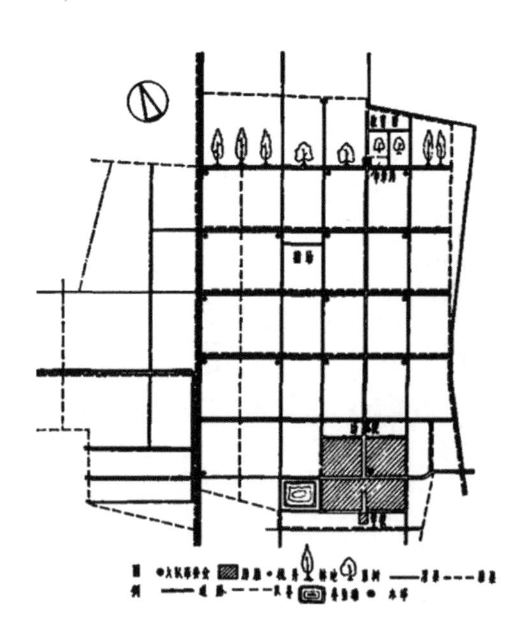

图 4.29　后屯大队新村位置与农田规划

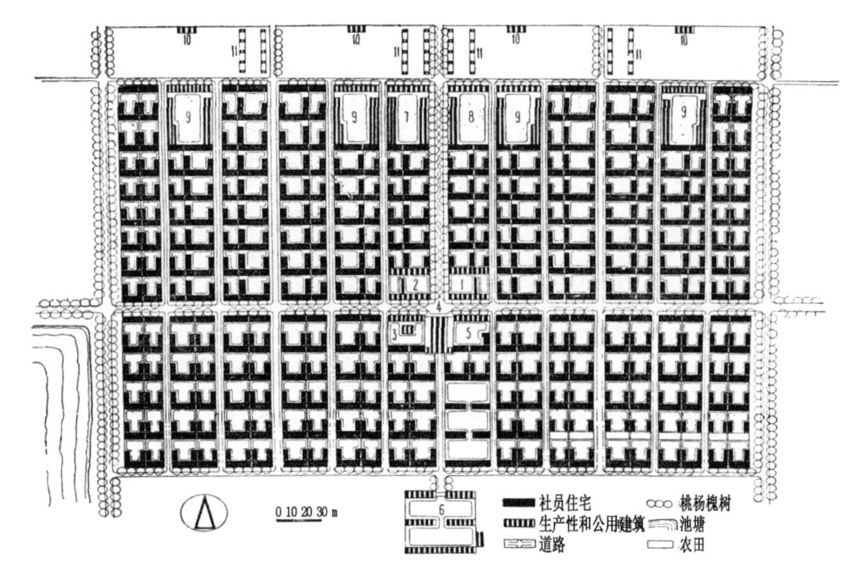

图 4.30　后屯大队新村规划总平面

表 4.6 “农业学大寨”典型新村建设列表

名称	建设时间	人口规模	建设目标	规划结构	技术图纸
山西省昔阳县大寨大队新村	1964年—特大洪水灾害后重建	83户	“先治坡，后治窝”，依山就势，结合地形，修建青石窑洞	大队福利设施中心区—居民点—生产区	
江苏省江阴县华士公社华西大队新村	1964年—	243户，1015人	“农业学大寨”，大队统一规划，统一建设。	“田亩成方，水渠成网，新房成排”	1. 文化服务楼 2. 群众集会场 3. 粮食加工厂、男女浴室 4. 竹木加工厂 5. 下乡知识青年食堂、托儿所 6. 电灌站 7. 小学校 8. 车库 9. 仓库 10. 铁工场 11. 农机修配厂 12. 油罐 13. 小晒场 14. 大晒场 15. 拟建下乡知识青年活动楼 新村总平面图

（续表）

名称	建设时间	人口规模	建设目标	规划结构	技术图纸
河北省深县大屯公社后屯大队新村	1965年—	245户，1064人	集中居住，8个生产队合并成4个，每个生产队房屋集中规划和建设	12 m街道—8 m胡同—生产队居住点	1. 一队居住区 2. 二队居住区 3. 三队居住区 4. 四队堵住区 5. 礼堂 6. 学校 7. 知识青年宿舍 8. 接待站 9. 晒场 10. 贮水池 11. 养猪场 12. 大队革委会 13. 分销店 14. 合作医疗站 15. 一队活动室 16. 二队活动室 17. 三队活动室 18. 四队活动室 19. 一队畜舍 20. 二队畜舍 21. 三队畜舍 22. 四队畜舍 23. 机务组 24. 副业组 后屯大队新村总平面图
新疆维吾尔自治区吐鲁番县五星公社前进大队新村	1964年—	137户	分散自然村合并居住，新建新村中心及居住区。住宅采用队建社助的方法	新村中心—住宅区	

图 4.31　浙江绍兴上旺大队新村全景

然而从规划设计的专业角度深入剖析可以发现，大寨之所以呈现出如此完整和规则的聚落形态，是有其内在原因的。大寨位于山西晋中太行山系，为典型的中低山土石山区地貌，多山石沟壑，素有“七沟八梁一面坡”之称。大寨地势西北高，东南低，呈“碗状”地形，村口位于北侧，南北向的石板主街成为村落聚居的主骨架，主街中部以一棵保留的古树为核心，形成了聚向型的内广场，也是聚落内部交流休憩的场所。这些基本的聚落结构也是历史演变中世代聚居于此的人们传承下来的对自然环境的理解，以及由此引发的生存策略，表现出古朴的聚落规划思想（图 4.32—图 4.33）。

1963 年经历了洪涝灾害后，大寨在新村规划中保留了传统时期聚落与环境的共生关系，规划布局仍然依山就势，因地制宜，将大礼堂、招待所、邮局、饭店等公共服务设施集中布置在靠近村口较为平缓的北侧坡地上。而对空间需求量最大的居住建筑，则依附“七沟八梁”之一的老纹沟，顺应西

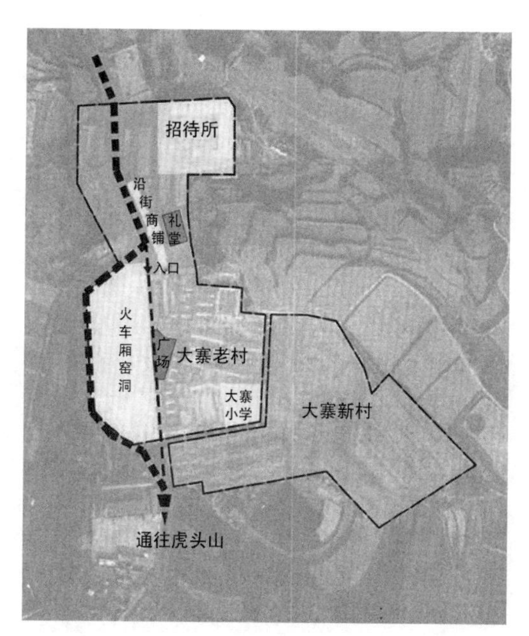

图 4.32 大寨大队新村总体布局分析

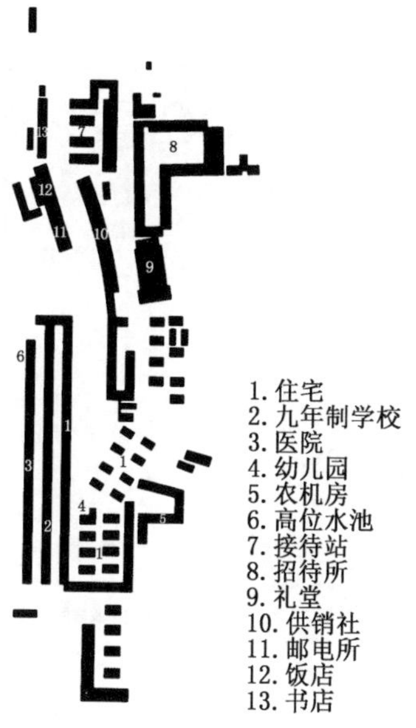

图 4.33 大寨大队新村总平面

侧坡地的等高线一字排开，形成了气势磅礴的“火车厢窑”（图 4.33），连续的靠崖式窑洞不仅可以节约大量建材，且有利于对坡地形成整体性的围护，从而能有效地保护聚落整体免受山洪滑坡的侵害。层层跌落的靠崖窑采光充足，为村民提供了较理想的居住环境。大寨地区水资源匮乏，又极易受到洪水的侵袭，因此在石板街下方还设置了暗埋的排洪涵洞，在学校附近设置了集水孔，确保其不受洪水侵害，体现了高超的坡地建造的智慧。大寨规划既体现了与自然和谐共存的朴素自然观，又体现了基于特定时代和特定条件下的有机规划理念。也正因为如此，大寨得以保存至今，并成为现在全国红色旅游的重要景点之一。可见大寨之所以成为全国学习的典型，不只是历史的偶然选择，更是其内在的理性科学营建的结果。

然而从已有资料所呈现的信息分析，许多地方学习大寨规划建设的经验，大多只看到了表象的“规则和秩序”，而忽视了其聚落营建的内在逻辑，

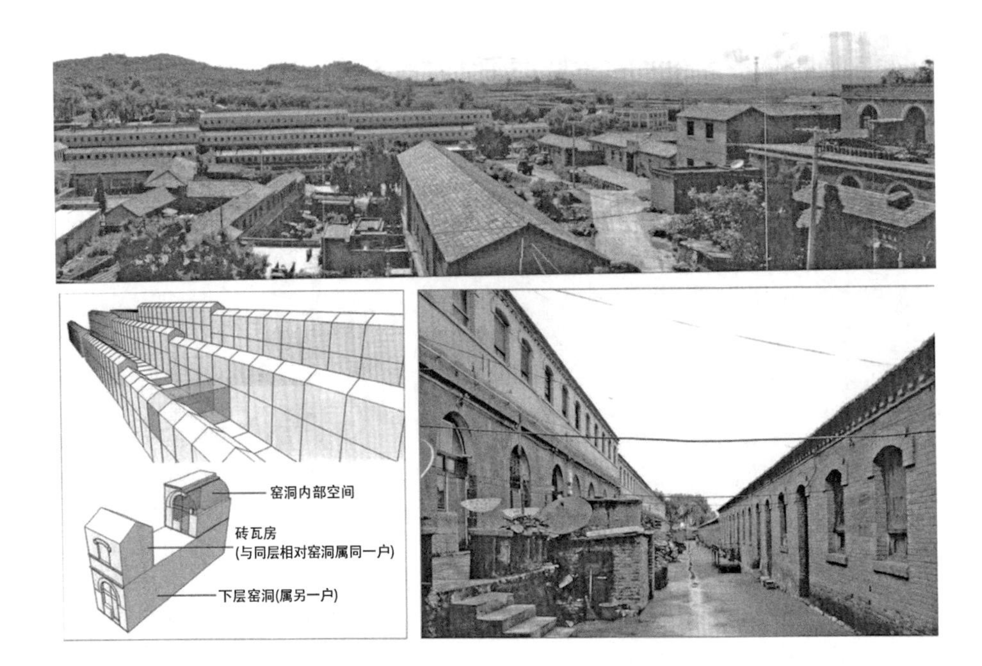

火车厢窑洞示意　　1964 年建设火车厢式窑洞

图 4.34　1964 年建设火车厢式窑洞及示意分析图

这也是造成 20 世纪六七十年代乡村地区新村规划建设同质化和兵营化的原因之一。

2. 住宅设计

集体化初期的住宅设计遵循公社对社员“生活集体化”① 的要求，住宅基本按集体宿舍的单间式进行布置，还取消了每家每户的小厨房，有的公社提出按性别进行居住，从而在空间上否定了家庭生活单元组织的基本方式。最早的公社之一河南省遂平县卫星人民公社明确提出“目前一家数口的居住单位，根据发展情况，要求按年岁、按生产专业性质分工不同而集体居住。

① 所谓生活集体化，就是要求社员群众基本上不在家庭中生活，而是要求按照男、女、老、幼、青壮年等不同性别、不同年龄分别到不同的集体中去劳动、工作和生活，要求所有社员在公共食堂吃饭，在集体宿舍睡觉，有的地方甚至强令夫妻分居，一律到男女集体宿舍中居住。

如儿童住儿童学院，青壮年住红专学院，老年人住幸福院等”。可以看出，当时公社在组织治理上对于家庭概念的极度弱化。河北徐水县大寺各庄新建的两层住宅楼采用集体宿舍的平面，一户一间，每层没有布置厨房，只有公用厕所、盥洗间及开水间（图 4. 35）。徐水县遂城人民公社新建外廊式住宅楼，在宿舍单间的基础上做了适当改进，每户大体上有一间半居住单元，但同样没有设置独立厨房（图 4. 36）。

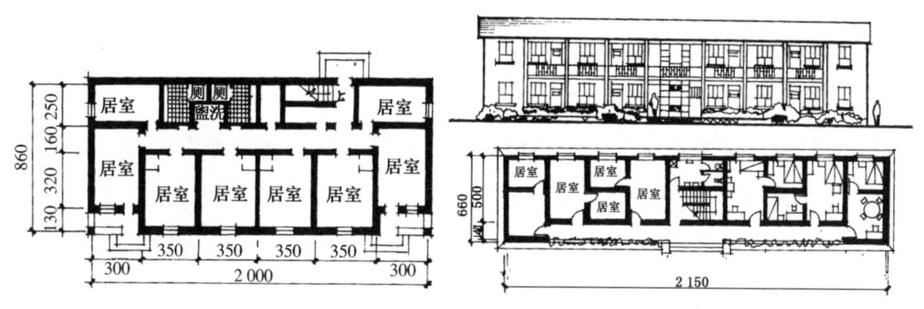

图 4. 35　徐水县大寺各庄新建住宅楼平面图　图 4. 36　徐水县遂城人民公社外廊式住宅平面图

在职业建筑师的介入下，人民公社居民点的住宅功能基本符合当时集体化管理的要求，初期的住宅设计严格遵循“生活集体化”的要求，消除家庭概念，以贯彻“多快好省”的总路线。从 1958 年 11 月开始，住宅设计在人民公社“共产风”的影响下做了适当优化，虽然仍把大办公共食堂当作共产主义要素，但在住宅设计方面还是肯定了家庭生活单元的需求，每家每户可以有单独厨房。按照“在住宅建筑方面，必须注意使房屋适应于每个家庭男女老幼的团聚”新精神，全国新建造了一些改进后的家庭型住宅，一般为一户两室或三室。在南方，常见一楼一底供一户使用的二层楼房，既便于集体化管理，又适当照顾到家庭生活的需要。在北方，则大都在“一明一暗”带小院的传统住宅样式上做了改进的三开间、两开间和四破五几种[①]（图 4. 37），对建

① 金瓯卜. 对当前农村住宅设计中几个问题的探讨 [J]. 建筑学报，1962 (9)：4-8.

筑的细部上也有设计处理，例如檐口、屋脊、门窗、山墙等细部的设计（图 4.38）。

山东省历城县仲宫基层人民公社的住宅设计考虑结合坡地地形及基地高差处理为室内高差楼层的阶梯式错层房屋，不仅节省了土方工程，还丰富了居住空间。在功能上给每户预留了卫生间，暂作为厨房满足农户生活需要，待公社生产水平提高后，再安装卫生设备作为卫生间。设计中还考虑了每户兼有楼层、底层和自家庭院，可以直接与室外联系，考虑了院内附设的家禽饲养等家庭副业的方便，并发展出 4 种类型的户型供建设使用①（图 4.39）。

三年经济困难期之后，中央提出“各行各业要支援农业”的号召，各地的专业建筑设计人员为农民做了大量住宅设计的方案，用设计工作支援农业生产。农宅的专业设计被广泛运用到各地的住宅建设中。1963 年 10 月，建设部在北京召开农村建筑设计工作会议，17 个省（自治区、直辖市）的设计院和科学研究单位参加了会议。根据会议情况，仅 1963 年，各地设计科研单位调查了 181 个居民点的农村住宅，完成了 68 份调查报告，进行了 191 项试验研究工作，提出 69 份研究报告，完成了 246 个设计项目，其中包括通用设计 62 套②。在这之后的集体化时期的居民点住宅设计大多回归到以 2～5 户拼联为一单元组合的模式，以单层和二层为主（图 4.40）。

这时候开始出现了对住宅结构形式和材料的讨论。一方面是结构体系的设计如何合理降低造价；另一方面集中在技术上，包括土墙承重的计算理论和数据；钢筋混凝土构件中挠度、裂缝及构件最小断面尺寸的确定以及乡村中高性价比的保温隔热、防水维护的材料等。农宅设计出现了像城市住宅的通用图集，推荐农民“按图施工”。通用图集主要以成套的钢筋混凝土构件

---

① 建筑工程部建筑科学研究院人民公社规划山东工作组. 居民点规划布局问题 [J]. 建筑学报，1959 (1)：15-18.

② 袁静身. 当代中国的乡村建设 [M]. 北京：中国社会科学出版社，1987：95.

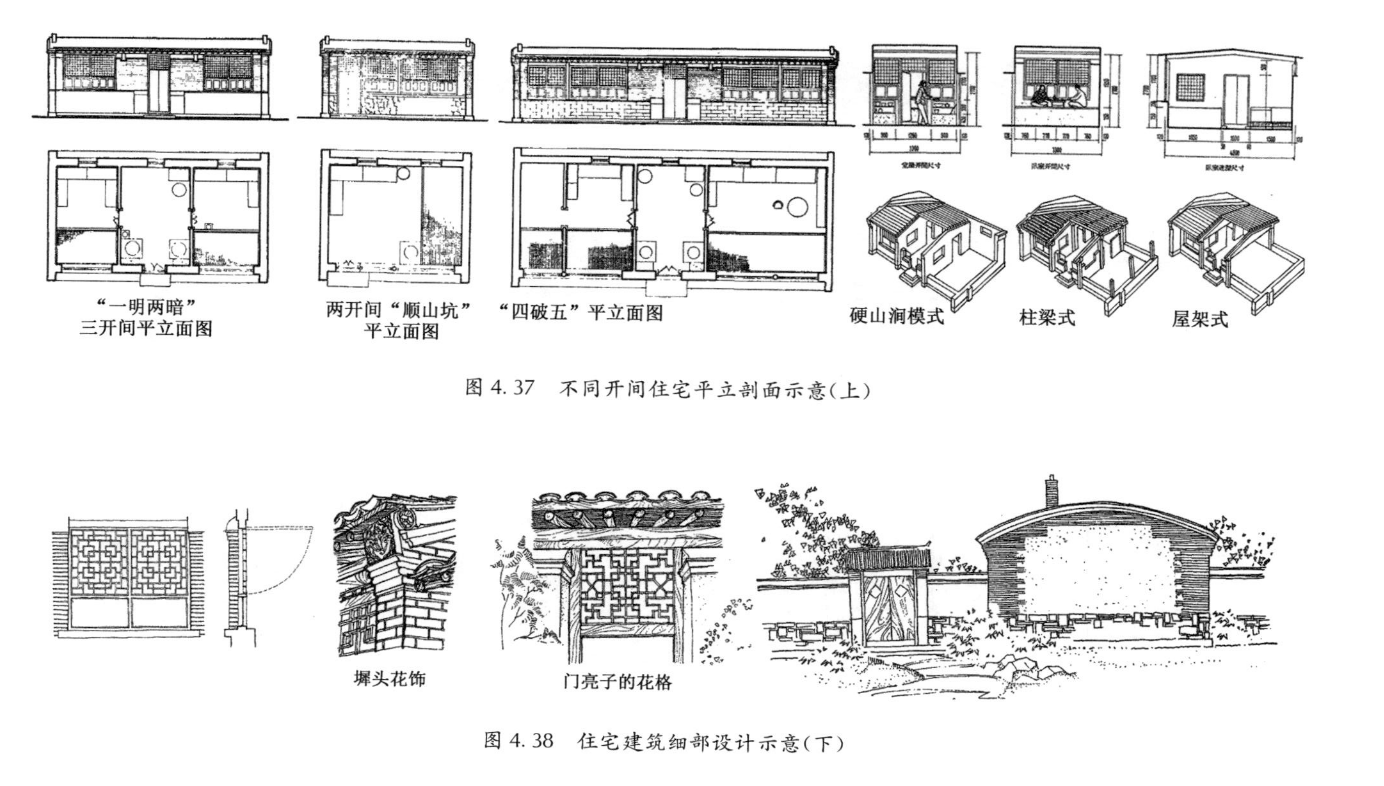

图 4.37 不同开间住宅平立剖面示意(上)

图 4.38 住宅建筑细部设计示意(下)

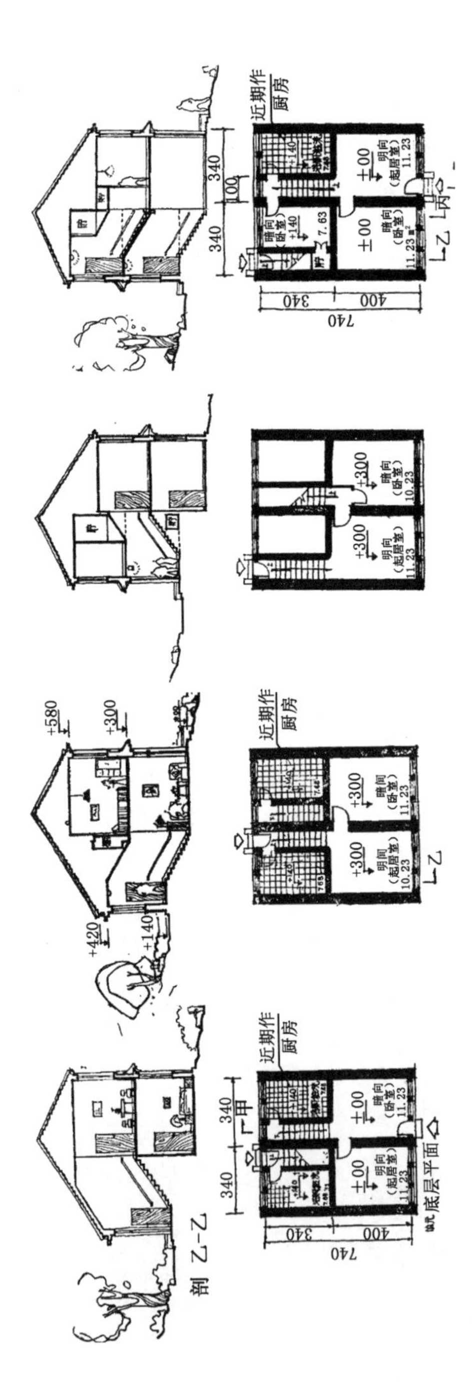

图 4.39　历城县仲宫基层人民公社四种坡地农宅户型设计

预制构件规格及重量表

名称	土法上瓦梁	斜梁	屋脊上弦	边柱	边柱基础	桁条	中柱	中柱基础	土法上垫块
断面形式反规格									
长　度	3 100	3 000	3 000	2 290		3 900	3 747		
每根重量（公斤）	48. 4	135	137	85	58	78	137	105	14. 4

图 4. 40　淮北地区试验农宅结构及经济指标比较

图为主，也有一些便于和旧料搭配的构件和配件供选用，但对于农民而言，很难做到按图施工，更多停留在设计研究上。在安徽省淮北地区的农宅设计中，通过 3 个方案的混凝土构件的经济指标比较研究，得出结论指导当地建房实践①。在江苏地区，政府组织技术人员下乡，为 7 个专区编制了 20 多个农宅方案，进行建设推广，研究如何降低造价帮助农户建房②。

集体化时期的农宅设计的共同特征是，建筑师关注对集体意识以及国家意志的空间表达，思考如何在极其有限的造价下实现对社员原子化的均质管控，如何在功能组织上将个体部分和集体部分完全剥离，以及如何在公共空间上实现基本生活所必需的功能要素。这些思考在设计手法上最为激进的案例是天津市建筑工程局设计处承担的天津鸿顺里住宅设计。尽管这个案例的项目建设地点并不是真正意义上的乡村地区，却是作为人民公社时代集中居住形态的标志性呈现。为表达“走向共产主义的社会主义大家庭”的目标，建筑师提供了周边式单元、周边式旅馆和行列式宿舍布局的三个方案，经过数轮修改最后确定了尺度巨大的周边式布局的宿舍式住宅楼，每层设有公共的男女厕所及淋浴室，住宅楼底层还包括了食堂、托幼所、福利院等福利设施（图 4.41—图 4.42）。围合型的平面布局首先在形式上隐喻了“社会主义大家庭”，各种功能的混合最大程度方便了“生活和生产打成一片”，“便利共产主义风格的生活，集体在先、个人在后”，同时共同生活也方便了对老幼的照顾。无论是建筑尺度还是功能组织都反映出建筑师对集体化时期英雄主义的理解与认知。建筑师忽视原有环境的肌理和尺度，而采用方形封闭的集体居住的组织模式，来满足社员组织开会等集体生活的要求，并强调军事化管理，作为实现社会主义乌托邦的一种物质空间探索，这种居住模式妨碍了以家庭为单位的正常生活，也反映了设计不尊重人性的一面。

但不可否认，这种巨构理念和功能复合的居住模式即使是在今天，仍

① 刘华星，朱振泉. 安徽省淮北地区农村住宅设计 [J]. 建筑学报，1962 (9)：9-11.
② 江一麟. 农村住宅降低造价和帮助农民自建问题的探讨 [J]. 建筑学报，1964 (3)：21-23.

总平面技术经济指标

基地面积	16 500 m²，包括绿地带	建筑占地面积	5 043.65 m²
建筑密度	32.6%	建筑面积	16 852.07 m²
有效面积	13 857.00 m²	建筑面积与有效面积比	82.12%

图 4.41　天津鸿顺里社会主义大家庭总图

然具有相当的超前性。而巧合的是，在社会主义大家庭方案问世的半个世纪之后，当代建筑师刘家琨完成西村大院的实践，西村大院除北侧的大坡道围合外，其他界面均由进深 26 m 的建筑实体完成，围合出东西长 182 m、南北长 137 m 的巨型大院。如此夸张的尺度一方面源自项目自身作为体育公园被开发的背景，另一方面则源自建筑师对集体性的思考以及空间再现。从形式上看，大院立面设计没有过多的语言。由于它 24 m 的限高和占满临街面的环形布置，因此和周边的楼区保持大致相同的高度。建筑师利用周边的道路街廓，构建起形态和空间极具内聚性的功能综合型社区，从而营造出新时期的集体性。朱涛（2016）在评论中将其称为用诗意的隐喻表达了“社会主义大院”的文学化说法。西村大院在形态上也确实

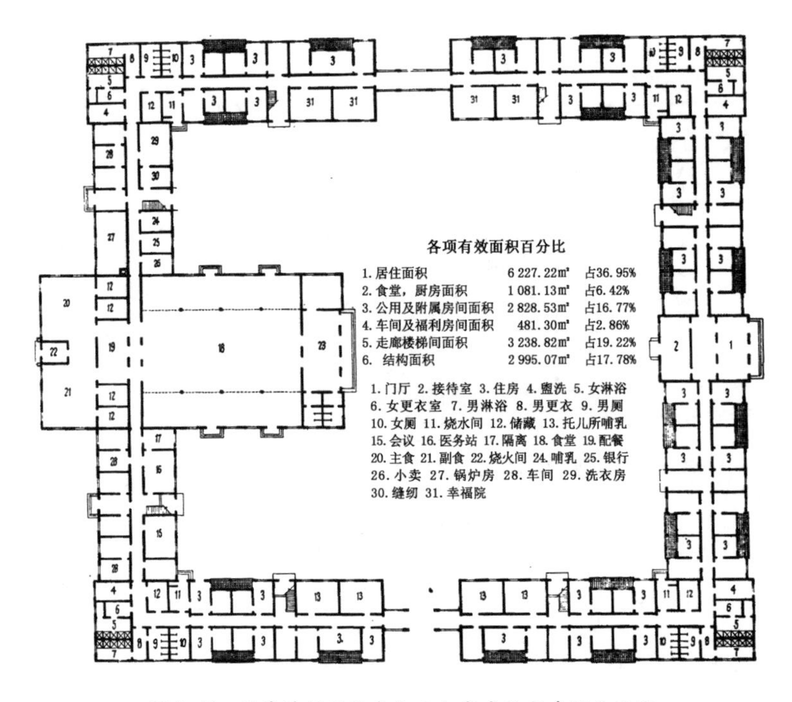

图 4.42 天津鸿顺里社会主义大家庭住宅建筑平面图

体现出建筑师对集体性的思考，与鸿顺里住宅当年的方案确有许多相似之处，而这也正是国人对社会主义空间政治集体记忆的一种空间形式的呈现（图 4.43）。

通过对集体化时期住宅设计的分析，还发现全国各地的公社新村在这一时期的居住空间形态上普遍呈现出“一字形”条块状布置的特征，并且条块状单元的尺度普遍比传统时期村落中以家庭为单位的居住单元更大，有的公社居民点一条住宅长度达到 100 米，在规划中 7 条住宅拉成了 1 公里长①。因此集体化时期在集中居住模式下的住宅设计以条块状单元组合取代了传统

① 江苏淮阴专区丁集人民公社在一个月内建成了第一批 2 000 间的居民点。从“顶头屋”的草屋改建为砖墙瓦顶的房屋，每栋住宅长 100 米，都是南北向，住宅南北之间相距 50 米，山墙间距 30 米。每座 100 米有 30 余间房，进深 3.6 米，开间 2.5 米到 3.2 米不等。

图 4.43　成都西村大院（刘家琨设计，2015 年建成）

村落中散落的院落式单元，以显性表象的规则肌理和秩序取代了传统乡村聚落中顺应自然的隐形秩序和逻辑。

3. **公共福利设施设计**

人民公社建设中的公共福利设施包括公共食堂、托幼所、敬老院以及医院等，是各地区乡村为适应生活集体化要求配置的设施（图 4.44—图 4.45）。托幼所的设计考虑全部适龄儿童入学的情况，敬老院的设计一般以“五保户”老人的需要进行，设计内容包括老人的一些日常生活与轻微劳作活动内容。乡村卫生院设计有简易手术室，功能设置上也不能机械照搬城市医院的做法，例如门诊多科综合、病房大小结合，灵活实用，以及考虑集中设置厨房等方面都是新课题，当然还包括较复杂的水电暖通等方面的设计都是在乡村中建房的新内容（梁史，施铸，1975）。食堂的设计要考虑多功能的“三堂一部”设计，即食堂、礼堂、课堂和俱乐部，多功能是当下有限条件下空间利用的最好方法。其中基本是每个生产队配一个食堂，主要包括饭厅、厨房、备餐、辅助用房，有的还配有茶厅、浴室和洗衣房等。公共食堂是集体

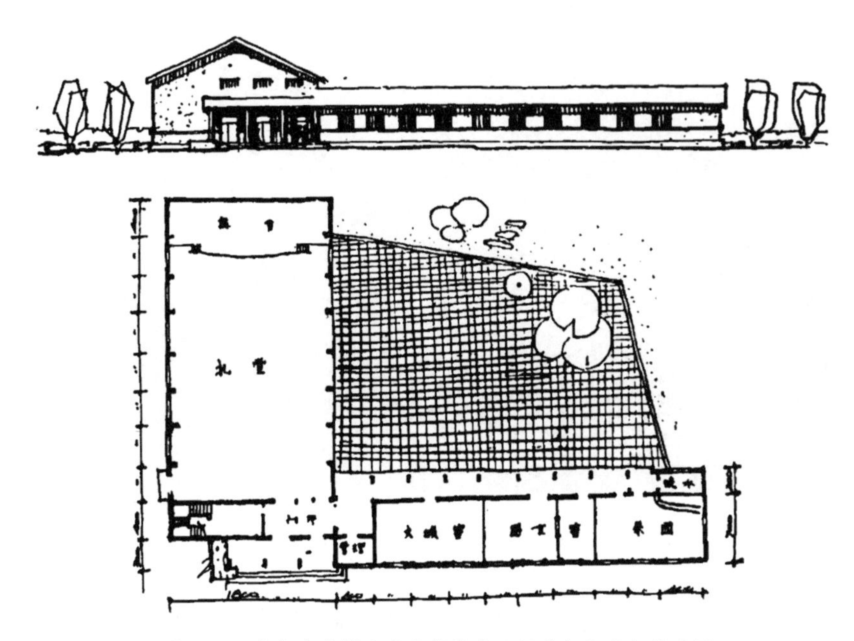

图 4.44　成都市龙潭人民公社礼堂及俱乐部立面和平面图

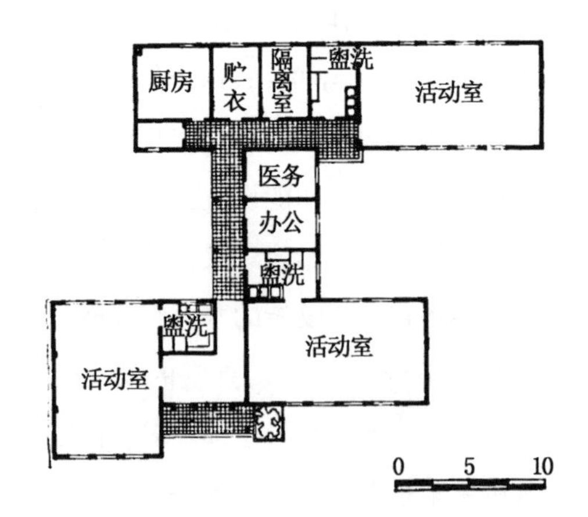

图 4.45　广东博罗县公庄人民公社托儿所的正立面和平面图

化初期使用最多也是最重要的公共设施，不仅解决公社成员的吃饭问题，同时还兼作礼堂，成为公社举行活动和社员交往的重要场所。

广东省番禺人民公社沙圩大队作为示范新村，建设了供 500 人就餐的大食堂，青浦县红旗人民公社同样设计了 500 人的食堂，供两个生产队合用（图 4.46）。此外还有些大队设计了不少于 200 座的小型食堂和 300～400 座的中型食堂。这些食堂的平面布局大多已采用现代的设计方法，以功能合理性为核心，并且许多食堂均利用原有建筑进行改扩建，反映出在物质匮乏的年代，建筑师已经具备了改造和利用既有建筑的意识与方法。尤其在南方传

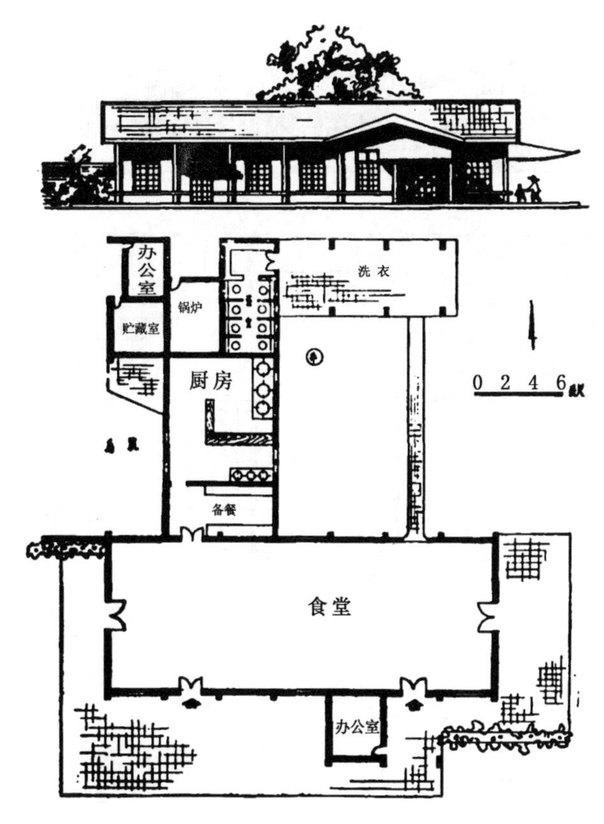

图 4.46　青浦县红旗人民公社食堂平立面图

统乡村宗族观念强烈的地区，大多数村落都保留了祠堂，公社时期有不少公社都结合祠堂改建为公共食堂。

南海县大沥公社食堂便是一个典型代表（图 4.47）。建筑师在原有祠堂的西侧和北侧增加了新建的就餐和厨房辅助区域，通过中间院落围合成新的整体。祠堂在传统时期的乡村中作为公共空间的核心，始终占据着非常重要的地位，也是传统村落精神空间的物质载体。以当下建筑学的文化和历史观，建筑师大多不会采取这样的方式对待一个村落的祠堂，但在集体化时期，这一设计行为却恰恰真实地反映出在那个年代，公共食堂代替了祠堂而

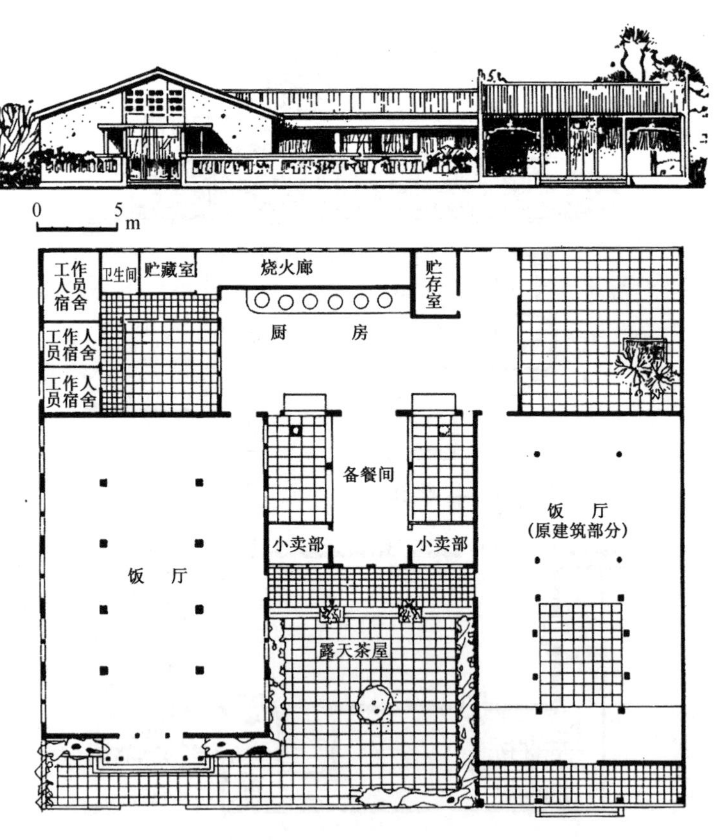

图 4.47 广东南海县大沥公社李潘公共食堂改扩建

成为乡村生活新中心的政治思想。加建部分的体量和尺度同旧有的祠堂相匹配，既不刻意凸显，也不刻意压制，结合院落空间形成了新的中心轴线关系，从而建立起新的空间秩序与建筑体量的平衡，中心院落也成为社员们休憩交流的向心型场所。建筑周边通过矮墙对外部空间进行了界定，将建筑与场地整体化设计的手法在今天依然适用，从图纸的细节可以解读出建筑师的用心，在大力弘扬新时期社会主义意识形态的集体化时期，保留象征旧社会宗法礼制的祠堂是具有一定政治风险的，通过上述这些设计手法，建筑师化解矛盾于无形，在保留了乡村核心建筑的同时，又巧妙地创造出了符合国家意识形态的新空间逻辑，看似平淡的设计中却体现了建筑师的大智慧。

4. **队社企业生产性用房**

此外，这一时期还出现了一些专业视角下的成功探索，在设计上考虑诸如因地制宜地使用地方材料、采用适宜施工方法，以及针对地域气候、文化继承和探索的朴素设计等。例如人民公社的一些生产用房设计，以及人畜分离后的集中式牛栏、猪圈、羊舍等设施的设计（图 4.48—图 4.49）。这是对传统乡土建筑设计观的延续与实践，也可以说是当时最“时尚”、最“乡土”

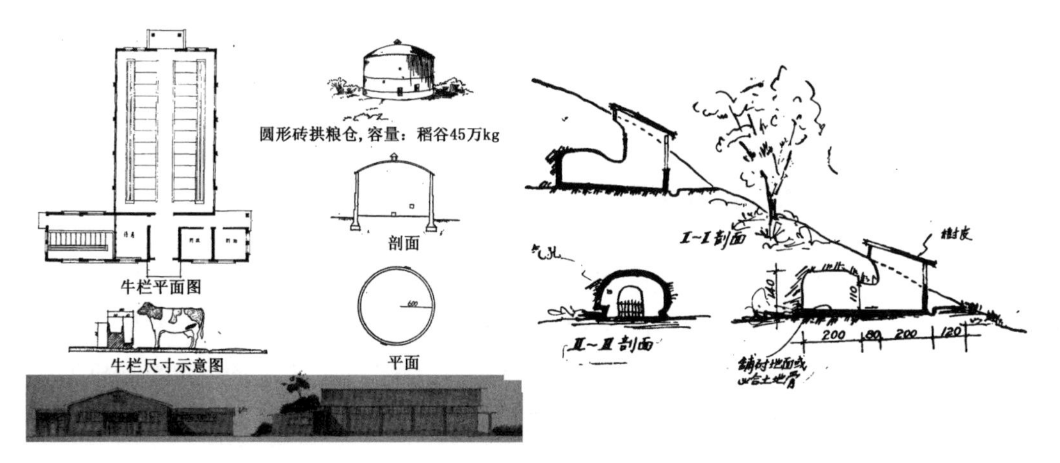

图 4.48　广东省博罗县公庄人民公社粮仓牛栏猪圈设计图

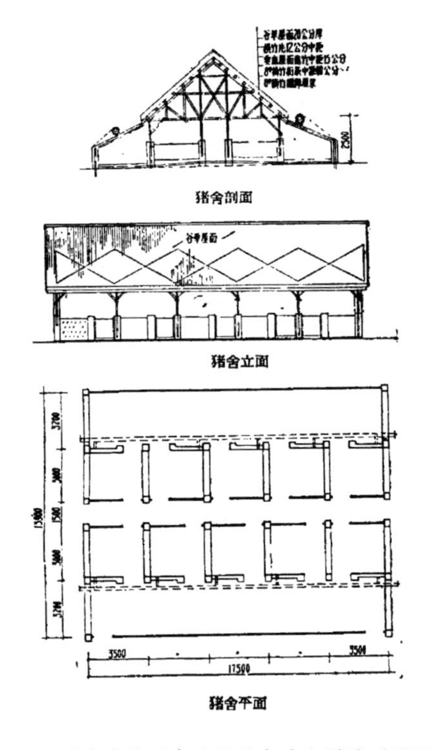

图 4.49　西城乡友谊农业社猪舍平立剖面（1958 年）

和带有“乡愁”气息的设计，与当时新乡村时期太阳公社的猪圈、鸡舍的设计有异曲同工之妙（图 4.50）。

4.2.3　第一次“设计下乡”行为的主客体影响

这一时期的乡村营建是在消解了传统乡村社会组织结构的基础上，国家意志第一次全面和强制性地介入乡村社会，大部分乡村的公社规划、新村规划都是由专业的规划和建筑设计人员完成，但由于受到“左”的思想影响和国家政治的强烈干预，设计并没有在指导乡村物质空间建设上起到应有的专业作用，绝大多数成为脱离实际的空想，并呈现出明显的工具属性。

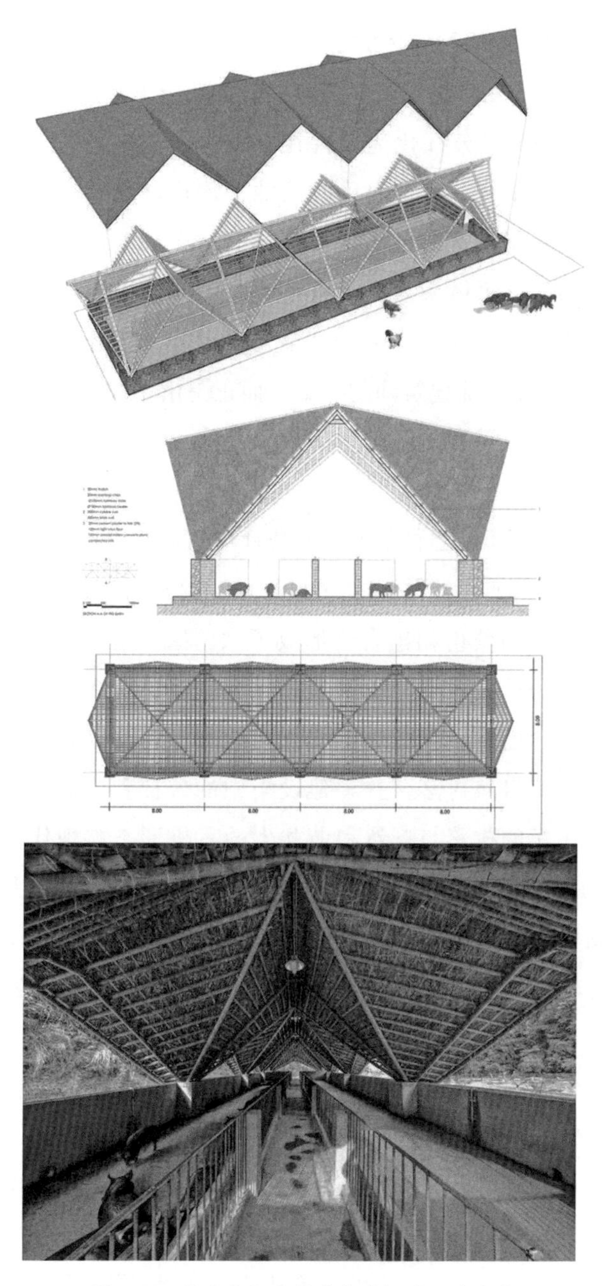

图 4.50　临安太阳公社猪舍透视图、剖面图

1.“设计下乡”对乡村客体的影响

人民公社化运动发生于当代中国的一个特殊历史时期，以“乡村社会主义改造”为主旨的人民公社化运动旨在实现生产资料的完全公有化、农村经济活动的高度集中统一化、农民收入的平均化，力图通过对生产关系的变革，将生产力尚不发达的乡村社会直接向共产主义过渡。在这一时代背景下，任何学科的话语体系都必须服从当时的政治语境，规划与建筑设计也自然成为权力空间的生产工具。尽管如此，在中国几千年的乡村演化历程中，第一次出现了职业建筑师的身影，而正是由于建筑学的专业介入，作为设计结果的公社空间形态，完全满足了集体化的控制型乡村治理模式的要求。

然而以当今视野审视已付诸实施的公社规划，此次技术下乡给公社所在乡村地区的空间客体产生了一定的消极影响。封建时期的中国以农耕为本，乡村的演化与人口的繁衍相耦合，形成了“国家—精英—村民”三元乡土社会结构。人民公社成立后，原本依靠血缘和地缘联系的乡土社会结构彻底瓦解，宗族概念消亡，家庭单位弱化，而公社建设以农业机械化和生活集体化为目标，将自然村落合并，建设集中的公社和中心居民点，在短短数年间，延续千年的村落与自然和谐共生的有机形态被现代英雄主义式的格网规划和功能分区所取代，产生了和乡土环境并不匹配的均质化聚落空间。这种规划思路和方式甚至在新农村建设时期的规划设计中还时有浮现。

建筑设计方面，在物质短缺的时代，为了“多快好省”建设人民公社，建筑界在乡村建筑的技术革新上进行了探索，一定程度上推进了中国建筑业现代化和工业化的进程。但中国乡村地区辽阔，地域差异性极大，建筑形式和建造工艺千差万别，从建筑师的职业视角，如何认知乡野环境、理解乡土社会，挖掘乡村人文，重塑乡土建筑的价值，应当归于设计的核心范畴。而在物质匮乏、专业知识并不完备的年代，人民公社化运动时期经过设计的建成建筑大多数仅仅满足了最基本的建筑功能，未能充分体现出设计介入之后应该呈现的专业性特征。

人民公社时期的乡村集体经济实力有限，发展缓慢，真正得以按照设计实施的公社所占比例极小，因此，相对于乡村地区的广袤，这次的“设计下乡”行为大多数只是停留在乡村建设的意识形态层面，并未对全国范围内的乡村物质空间产生实质性的影响。

2.“设计下乡”行为对设计主体的影响

此次“设计下乡”行为的设计主体包括国有设计院所的工程技术人员和高校的建筑系师生，也就是职业或者半职业工作者。中国的建筑师职业是随着民国时期西方近代建筑业的引入而产生，随着通商口岸城市建设需求的增加而发展的，并迅速在社会话语体系中具有了话语权，获取了相应的经济和社会地位，建筑学学科的自主性逐渐显现。

而中华人民共和国成立后，原有私营设计事务所及建筑公司被社会主义改造，经过重组建立了国有设计单位。中华人民共和国成立的前三年，建设任务紧，投资少，材料短缺，设计环境相对宽松，国家意志的干预较少。1952年后苏联的意识形态开始逐渐影响我国，而随后的大屋顶思潮和批判浪费主义使得本应遵循职业自主的建筑设计行业沦为政治博弈和宣传意识形态的工具。国家权力在建立理性社会的同时，也从根本上摧毁了已经形成和本应走向更高层级的建筑职业化进程，设计行业开始失去了“自主性的事实”(the Fact of Autonomy)①。

人民公社建设正是在这样的时代背景下开展的，“设计下乡”体现了意识形态对建筑师群体的工作内容和过程的全面支配。在人民公社化运动所处的高度集中的计划经济年代，计划是国家意志最集中的体现，计划决定了一切资源

① 将职业与其他行业区分开来的唯一标准在于“自主性的事实”，即一种对工作具有合法性控制的状态。一个职业只有获得了对于决定从事其职业工作的正确内容和有效方法的排他性权力的时候，才具有稳固地位，也就是说决定一个人是否有资格从事一项职业工作的首要标准来自职业团体本身，而非任何外部主体。

的配置。在此条件下，设计从属于经济计划，是实现计划的工具和手段；建筑设计无需也不容有自身的价值准则和判断选择，因而留给设计工作者的仅是工程性、技术领域的物质设计。因此，“进行人民公社规划的重大意义，绝不只是搞一些平面布置，而是有着极其重大的政治作用的”①。历史表明，“一旦规划和建筑丧失了内在的专业自主性，其物质设计层面的发展及角色地位也是岌岌可危的”②。由于受到政治的干预，设计主体在大量的规划和建筑实践中，并未研究和总结出适应于乡村地区的设计方法与策略，从而被动地错失了以专业视角科学认知中国乡村的机会。

随着公社建设的深入以及政治话语体系的不断加强，规划与建筑学的专业自主性逐渐势弱，这也是集体化时期设计所呈现的浮夸问题背后的深层次原因。尽管在此期间业界有过一些反思③，但维护学科自主的呼声总体上非常微弱。而 1965 年《人民日报》配合设计部门群众性的设计革命运动，开展了“用革命精神改进设计工作”的讨论。1966 年开始的“文革”使意识形态对建筑设计的干预达到了顶峰，设计行为演变为群众运动，设计行业也随之瓦解，设计主体与政治意识的同构使得学科的专业自主性消解于无形。

---

① 全军，崔伟，易启恩. 广东博罗县公庄人民公社规划介绍 [J]. 建筑学报，1958 (12)：3-9.

② 赵民. 在市场经济下进一步推进我国城市规划学科的发展 [J]. 城市规划汇刊，2004，153 (5)：29-30.

③ 1963 年，中国建筑学会组织了专家学者对农村建设的讨论，针对之前出现问题的公社建设提出了建议：不少地区农村应节约用地；居民点的布置可以适当集中一些，但不要搬用城市的方法；旧居民点的改造要尽可能不拆旧房，可以适当插建住房；院落大小也要合适，预留一定的发展用地；同时还提出了对农村建筑的继承和革新，加强了在设计中对农村居民点的基础调查工作。

第 5 章
家庭联产承包制时期的乡村营建与设计介入

5.1 自发型的乡村营建（1978—2005 年）

5.1.1 社会动因

1. 国家权力的退后

人民公社的结束标志着国家政权从乡村的退出。十一届三中全会后，以“包产到户”为特征的家庭联产承包责任制在全国推广，实现了从人民公社到统分结合的双层经营体制的转变。集体化时期的公社、大队、生产队三级行政体系被新的乡镇、行政村和村民小组取代，国家权力收缩到乡镇级别，这意味着建立在集权性的自上而下的单轨组织模式被一种新的组织结构“乡政村治”所取代。自此建立起以乡镇政府为基础的农村基层政权，与由村民选举组成的村委会共同管理乡村社会，即“乡镇政权＋村委会制”。乡村组织治理结构的变化，结束了集体化时期营建自上而下政治运动化的特征。营建的本质不再是作为社员集体化管理的空间实现工具，因此政治权力不再对营建行为进行全面的管制，一时间自下而上的内生需求成为营建活动的出发点。

2. 生产力的解放提供了经济基础

改革开放后，土地承包制使生产力和生产关系得到双重解放，激发了农民的劳动自主性。农民经济自主权的恢复刺激了乡村经济的快速发展，其人均收入水平也大幅度提高，1979 年全国农民人均收入达到 160. 10 元，1983 年农民人均纯收入达到 200 元的已占总数的 79. 3%，大多数农户有了建房的经济条件。从消费水平看，人均收入的增长为消费水平的提高创造了基础，农民多年来积压的消费需求得到了释放。住房方面的年人均消费从 1978 年的 3. 67 元增加到 1993 年的 106. 79 元，所占消费结构的比例从 3. 16%上升到 13. 88%，从消费结构序列中的第 5 名上升至仅次于食品的第 2 名，且农户在银行的储蓄额仍在增加。可见，这一时期收入的增长和消费结构变化给乡村营建提供了良好的经济基础（图 5. 1）。

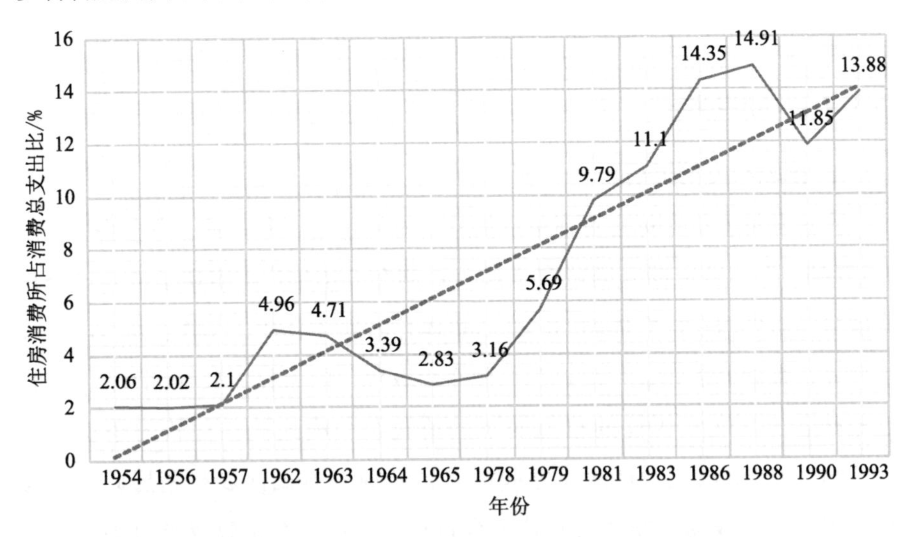

图 5. 1　1954—1993 年农民住房消费占消费总支出比例变化情况

3. 生活亟需：适婚人口的集中期和自建房受制后的反弹期

中华人民共和国成立后乡村人口大幅度增加，在集体化时期出现的两次生育高峰，分别是在 1950—1958 年和 1964—1973 年。在这两个阶段内，乡村人口以平均每年 1 240 万人、2 000 万人的速度净增长。这一方面是因为在集体化时期，由于经济条件的限制和国家对营建的严格管制，住房需求是被压制的，例如，“文革”的 10 年间农村人口增长 32.9%，农民人均住房面积下降至小于 8 m^2，至新中国成立初期水平①；另一方面是由于两次生育高峰出生的人口陆续进入适婚或生育年龄。1979 年起乡村每年约有 880 万对适婚青年，儿女成亲一般要分户另住，这造成了 70 年代以来的户数增长速度高于人口增长，所以分家是建房需求的根本动因（表 5.1）。在 1979 年国家统计局的调查中，全国乡村房屋结构中土坯房和茅草屋约占总面积的 58.8%，其中许多年久失修，已成危房。可见乡村人口和户数的增加是住房建设的内在需求，而由于历史原因建房需求又被长期压制，使得这一时期的营建高潮瞬间爆发。

表 5.1　乡村人口和户数增长情况

年　份	人数（万人）	户数（万户）	人口增长比	户数增长比
1978	80 319.7	17 347.0		
1979	80 738.7	17 491.0	0.52%	0.83%
1980	81 096.0	17 673.0	0.44%	1.04%
1981	81 880.7	18 016.0	0.97%	1.94%
1982	82 798.8	18 279.0	1.12%	1.46%
1983	83 536.0	18 523.0	0.89%	1.33%
1984	84 300.5	18 792.6	0.92%	1.46%
1985	84 419.7	19 076.5	0.14%	1.51%
1986	85 007.2	19 574.5	0.7%	2.61%
1987	85 713.1	20 168.3	0.83%	3.03%
1988	86 725.4	20 859.4	1.18%	3.43%
1989	87 831.0	21 504.0	1.27%	3.10%
1990	89 590.3	22 237.2	2.00%	3.41%

① 江苏省地方志编纂委员会. 江苏省志-城乡建设志（中）[M]. 南京：江苏人民出版社，2008：1164.

4. **产业拓展：乡村工业的发展**

改革开放后，大量剩余劳动力向非农产业转移，极大推动了经历过集体化初级阶段的队社工业发展。1984 年承包制全面推行，国家发布文件明确把队社企业改为“乡镇企业”，并出台了大量举措。以苏南、温州、珠江地区为代表的乡镇企业得到迅猛发展，开始成为乡村经济的主导力量。乡镇企业需要生产用房，因此这一时期乡村生产性建筑的建设量迅速增加，也刺激了乡村建设。

5.1.2 营建历程

1. **喷发期(1979—1985 年)：以农房为核心的建设**

改革开放初期，经济的快速恢复和发展使得村民建设住房的积极性空前高涨。从 1978 年开始，农民用于建房的投资逐年提高，从 1978 年的 30.8 亿元增加至 1984 年的 270.7 亿元，增长近 8 倍（图 5.2）。1979—1984 年间的全国乡村新建住宅面积超过了新中国成立后 30 年乡村建房的总和①，无论是规模还是速度，都是历史上罕见的，是新中国成立以来最大规模的建设高潮，称之为营建喷发期。

2. **繁荣期(1986—1992 年)：以农房为主的各项功能设施统筹规划建设**

进入 80 年代中期后，农村经济得到快速发展，除了自建房建设外，乡村文教卫生等服务设施也得到了迅速发展，由构筑物、道路和各类服务设施构成的设施结构发生了变化，公共建筑的比重大幅度上升。乡镇企业、乡村工业化、农工商综合发展成为这一时期乡村建设的标志，并首次提出“以工补农”，通过乡镇企业的利润支持农业发展，每年增加的固定资产约 100 亿元，其中一半用来建设房屋，每年新增建筑面积 6 000 万～7 000 万 m^2。此外，1984 年中央文件首次突破了对人口流动和居住迁移的限制，乡村的非农

---

① 袁镜身. 当代中国的乡村建设［M］. 北京：中国社会科学出版社，1987：127.

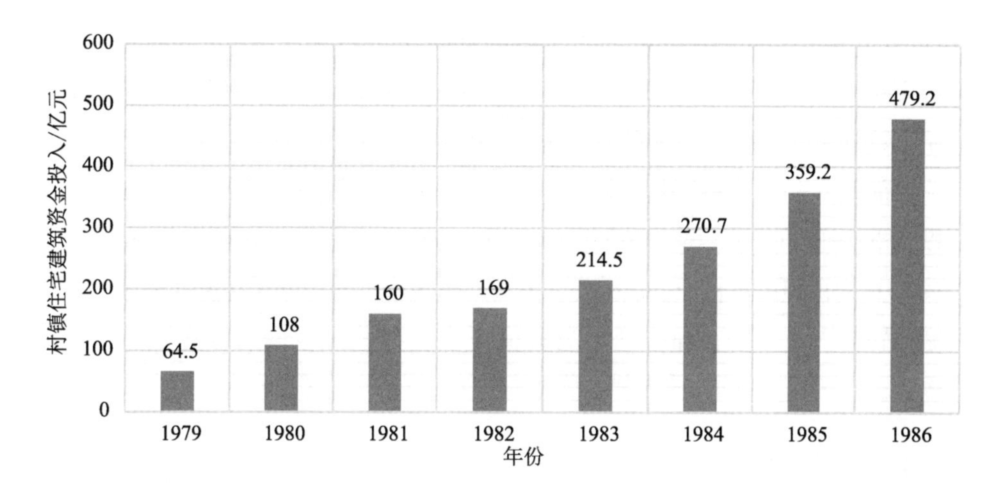

图 5.2　全国村镇住宅建设资金投资情况

生产要素开始向集镇流动，进入了自筹资金建设集镇的阶段，集镇因此走向繁荣。到 1984 年年底，全国已有 54 000 多个集镇。这阶段的营建从单纯注重农房建设发展到注重农房的同时，也注重对各项功能设施建设的配套；从农户居民点的建设拓展到集镇的营建，进入了统筹安排农宅、生产建筑、公共建筑和基础设施的建设阶段。

3. **平缓期**（1993—2004 年）

国家经历了从“计划经济”到“计划经济为主、市场调节为辅”（1978—1984 年），及从“计划经济为主、市场为辅”到“有计划的商品经济”（1984—1992 年）这两个重要阶段后，进入“社会主义市场经济”发展和经济体制改革阶段。90 年代后期，随着分税制改革以及国家基层政权组织的“内卷化”，中西部乡村发展缓慢，城乡差距加大，大量劳动力外流，生产力和经济水平的衰退直接影响了乡村营建的发展，遇到了乡镇企业竞争力下降、农民收入增长停滞、城乡差距不断拉大等新问题，乡村营建从持续高涨的趋势开始回归平缓，与此相对应的是城市建设的如火如荼以及市场化的日趋成熟。乡村营建进入在城镇发展带动下的平缓期。

这一时期分为以小城镇建设为重点的村镇建设时期（1993—1996 年）和城市建设主导下的乡村渐进发展期（1996—2004 年）。第一阶段的 3 年，小城镇数量从 11 924 个增长到 17 282 个，吸纳了乡村地区的富余劳动力，带动了一部分乡村住房建设及基础设施和公共设施的建设。第二阶段，我国进入以城市快速发展为主导的城镇化阶段，年均增长率超过 1%，城乡差距拉大，90 年代末出现的乡村社会危机使乡村人口出现了空前的谋生性流动浪潮，向城市转移。生产要素和劳动力的流失使乡村呈现出在城市带动下的缓慢发展。

5.1.3 营建内容

1. 农户自建房

从亿万农民自发建房开始，到村庄、集镇有规划和指导地展开建设，乡村营建呈现出愈加兴旺的景象，持续高涨的自建房是这阶段营建的主要内容。在 1979 年到 1994 年的 16 年间，全国乡村新建住房 96.7 亿平方米①，其中 1979—1984 年新建住房 34.7 亿平方米，超过新中国成立后乡村新建住房面积的总和（图 5.3）。这一时期农户自建房的数量之大在乡村发展历史上前所未见。

自 1979 年以来，全国每年递增约 5%的农民新建住房，农宅新建面积每年均在 5 亿～6 亿 m^2，到 1989 年年底，乡村住房面积已达 178 亿 m^2。人均居住面积从 1978 年的 8.1 m^2 增长到 1993 年的 20.7 m^2。农户自建房的数量持续增加②（图 5.4）。初期农户住房条件的改善主要体现在居住面积的增加，之后趋于房屋建设质量的提高，经历了初期的“瓦房到楼房”到后期“农房变别墅”的过程（图 5.5—图 5.6）。新建住宅多为 2～3 层混合结构，开间一

① 邹德侬，王明贤，张向炜. 中国建筑 60 年（1949—2009）：历史纵览［M］. 北京：中国建筑工业出版社，2009.

② 叶耀先. 91 国际村镇建设学术讨论会［J］. 小城镇建设，1991（2）：2.

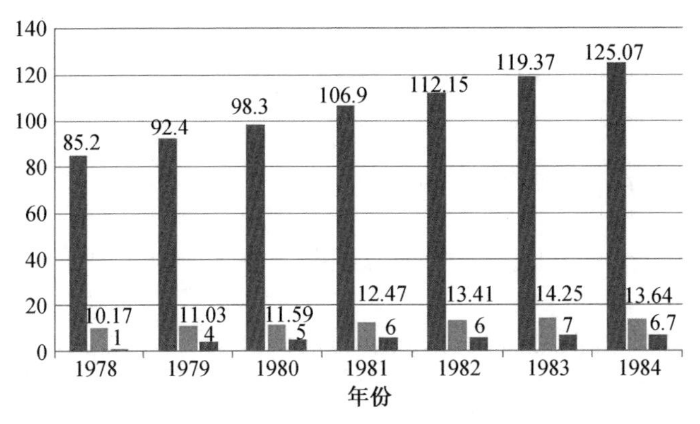

图5.3　1978—1984年全国农民住房状况分析图

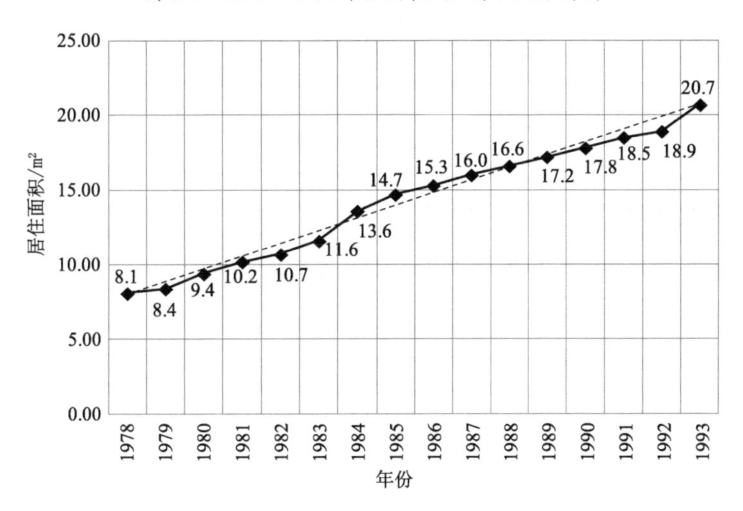

图5.4　乡村人均居住面积

图5.5　第一代楼房

图5.6　别墅式楼房

般为 3.3～4 m，层高 3.3 m，住宅布局一般三上三下，功能布局已按城市生活习惯布置。在江南经济发达的乡村地区，如张家港的部分农户已完成三次自宅翻建，更新频率之高也是前所未有的（图 5.7）。

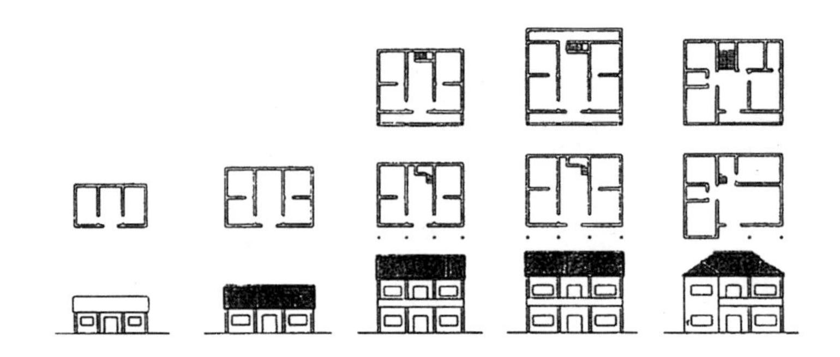

图 5.7　张家港市农宅更新过程示意

2. 公共建筑、生产性建筑和基础设施

随着收入水平提高和居住条件改善，生产服务设施、文化卫生设施的水平也亟待改善，这使该时期营建的内容更加丰富，从单纯的农宅建设向公共建筑和生产性建筑拓展。到 1983 年年底，全国建立乡村文化站 3.5 万个，集镇文化中心 6 000 多个，图书馆、俱乐部、电影院等 14 万多个。80%以上的中心村建立了卫生所或卫生室，设在乡村的邮电所已达 42 700 个，占全国邮电所的 85%，乡村商业营业机构发展到 200 多万个，同时乡村中小学校的建设也有了较大发展。

这一时期乡村营建的内容还包括迅速增加的生产性建筑。到 1984 年，乡镇企业已发展到 164.97 万个，成为乡村经济的一大支柱。每年增加的固定资产中一半用于房屋建设，新建建筑面积在 6 000 万～7 000 万 m^2。全国乡村公共建筑和生产性建筑在 1983 年合计 1.04 亿 m^2，1984 年增加为 1.35 亿 m^2，年平均建设量超过了 1978 年一倍以上。除此之外，这时期乡村基础设施的建设也有了发展，包括乡村道路的修筑、路面铺装以及供水设施建设等。1981—1990 年，乡村新建公共建筑 5.53 亿 m^2，生产性建筑 4.46 亿 m^2，全国新修乡村道路 285 万 km，其中铺装路面 89.9 万 km①。

3. **村镇建设**

村镇建设包括村庄和集镇两部分内容。20 世纪 80 年代中期后，村镇建设从以农宅为主体进入到村庄和集镇的综合建设阶段。改革开放以来，乡村由于实行家庭联产承包制，发展多种经营，开放集市贸易，乡村经济迅速繁荣，商品生产和交换日益增大，集镇得以快速发展，逐渐成为乡村一定区域内的经济、文化、生活服务中心，从而确定了以集镇为建设重点，带动附近村庄的村镇建设。村镇建设被纳入国家“六五”经济社会发展计划。1981—1985 年已分期分批完成全国村镇的初步规划，到 1984 年底，全国建设集镇 54 000 多个，成为乡镇集体企业的生产据点、商品交换和集市贸易场所。工业和人口也逐渐向集镇集中，修建了大量道路、桥梁、上下水管道、电力电讯线路等市政设施以及住宅，还包括配套的公共福利设施，这时期涌现出一批兴旺的集镇。在集镇较密集的广东省，出现了年产值 5 亿多元的桂洲镇，在全省2 127 个集镇中，许多集镇建设根据自身条件采用多种开发方式，例如开辟工业区，组织开发公司经营建设商品房以及商业、集贸市场的开发建设②。集镇建设进入了一个快速发展阶段。

5.1.4 营建特征

1. **自下而上的“自发性”建设**

改革开放后，乡村社会形成以发挥自主性为特征的“乡政村治”的组织结构，体现了行政权和自治权的分离。农民由封闭、半封闭、半自给性的传统农民逐步向开放性、经营性的商品生产的新型村民转化。农民职业类别开始多样化，从业领域广泛化，自主性大大加强。农村开始形成不同的劳动者阶层，农

① 王筠. 91 国际村镇建设学术讨论会 [J]. 小城镇建设，1991 (2)：5.
② 冯华. 集镇建设的新形式 [J]. 小城镇建设，1987 (5)：23-24.

民由此变成经济生活自主的、日常生活去政治化的个体，加之改革开放后农业生产率的提高和农村户籍人口“允许流动”的制度，实现了村民在城乡间的迁移①，也使乡村社会个体单元的自主性增加，这也是乡村自发建房热潮持续增长的内在动因。农民生产生活的自主化确立了经济独立性，经济资本由集体向个体的转化注定了这一时期乡村建设的核心是以家庭为单位的村民。因此，社会变革所激发的自发性建造成为这一时期乡建的显著特征。

由于当时规划管理制度的滞后，农宅建设大多属于违章建设性质，据部分地区估计，农户建房依法进行审批的比例不到30%②，农户建房法治意识淡薄，多数是口头协议，不办理报建手续。特别在建设高潮期，建房乱占土地已出现失控现象，引起了中央关注。这里所说“自发性建造”是指为改善自身生存环境、以家庭为决策单元，不受外界特定指令控制，自主决策房屋的选址、形式、投资的行为或结果③。所以本书用“自发性”概括这一时期以农户自建宅为主的营建特征，主要包括以下几种模式。

（1）自筹自建：以家庭为组织单元的村民自主建设模式

这一时期的乡村营建以农民自建房的建设量最大，自建房多采用自筹自建的模式。自筹自建是指以家庭为单位筹集资金，采用自助或互助的方式建造住宅，这也是早期乡村营建的主要模式。自筹自建模式主要依靠村民劳动的个人积累，在施工层面主要有三种形式：一是家庭成员自己施工，请亲友帮忙，从准备材料、施工安排到食宿供应都靠自己来办；二是雇人盖房子需要付工钱，而且要请受雇的人吃饭，至少包括“开工”“上梁”“竣工”三次；三是由村里组织能工巧匠成立施工队，专为本村盖房子。施工队亦工亦农，农忙务农，农

---

① 此时农民和村民概念内涵不同，农民是一种职业，从事农业生产，而村民是一种身份，与自己居住的场所环境相关联，与户籍登记相联系。

② 中国城市科学研究会，住房和城乡建设部村镇建设司. 中国小城镇和村庄建设发展报告 2009 [M]. 北京：中国城市出版社，2011：32.

③ “自发性建造”概念参考：卢健松. 自发性建造视野下建筑的地域性 [J]. 建筑学报，2009（z2）：52.

闲盖房，由队里计工付酬，或者按盖房间数向建房户收取费用，施工队不吃请，不收礼，减轻农民负担。

（2）自筹承建

自筹承建是指以家庭为单位筹集资金，采用承包制的方式建造住宅，这是随着乡村商品经济的发展及分工分业需求发展起来的新模式。乡村建造量持续增长，自给自足以及互助型的建房方式已不能适应乡村分工分业的需求，于是出现了承包制方式，由专业建筑队承包建房任务。其中一种方式是由村里或乡里组织专业施工队。施工队跨村跨乡，包工包料，承包农民建房任务。这样省工省事省钱省心，既不耽误农业生产，又能保证建房质量，因此在村里最受欢迎。1979 年以来，全国约有 500 多万人参加了乡村建筑队，其中将近一半是专为乡村盖房服务。据浙江省调查，1983 年年底，领有营业执照或与省乡镇企业管理局挂钩的乡村建筑队有 2 178 个，共 30. 19 万人，完成产值 7. 6 亿元，竣工面积 807. 6 万 m^2，这两项均超过全省建工系统企业完成的数量①。

当市场对从设计、施工到材料供应以及提供全套服务的需求越来越大时，出现了另一种方式：实行设计、施工等各项工作全包。在全国各地的县、乡开始组织专业建筑力量承包农房建设，例如山东高密县柏城乡、四川德阳县、江苏无锡县和涟水县、上海嘉定县南翔乡、广东宝安县西乡、河北武邑县等，这些地区的经验都有推广价值。广东宝安县西乡乡以建立房地产公司的方式，既承担村镇的规划、设计、施工和工程质量检查，又负责技术培训和办理农民建房用地的审批手续，还承包建造商品住宅，帮助解决建房问题。河北武邑县西桑村建筑专业队实行“三包两定”合同制，包坯、包砖、包建、定工、定提成奖，专业队既能分工分报酬，还可以拿到建房总收入的四成提成奖。大队、专业户和建房户三者都有利益。

---

① 袁镜身. 当代中国的乡村建设［M］. 北京：中国社会科学出版社，1987：156-157.

（3）统筹自建

除上述两种，部分自建房采用由村集体在资金、人工、材料方面给予不同程度补助的建造方式。有的是村集体拿钱建房，建房户归还垫款；有的是由若干建房户凑钱组成“屋会”，按事先商定的顺序轮流建房，例如广东东莞市刘屋村村民成立“屋会”互助建房。参加屋会的每股 100 元，5 年为期，股份不限，10～20 户为一组，根据股金数量，由屋会成员民主商定建房户数和次序；还有的是举办建房储蓄帮助建房户筹划资金，例如江苏省射阳县物资局与县农业银行联合开办农民建房储蓄。由农业银行一方面负责农民建房专项储蓄业务，一方面向物资部门提供贷款，组织供应农房配套的材料。参加的农户储蓄额户均达到 2 500 元，存款时间满半年后，可以从物资部门买到计划价格内规定的钢材、水泥、木板、玻璃、砖瓦等建筑材料，这种办法使农民不但可以得到存款利息，还可以拿到比议价便宜的建筑材料，同时也利于银行汇集分散资金扩大信贷业务。

（4）统筹统建

除农民自建房外，乡村基础设施建设更需要集资，集资方式根据各地具体条件呈现多样化，有的成立房地产公司，或发动乡镇企业等单位投资或吸引外地厂家投资建设等，然后把所得利润用于公共基础设施建设，或投入集镇建设。例如广东宝安县西乡镇调动集资成立房地产公司，三年间承建房屋面积 4.8 万 m^2，并把盈利投入集镇建设。

2. 土地粗放利用的建设乱象普遍：乡村外延无序扩张

这一时期乡村建设用地的迅速扩张改变了乡村聚落的原有形态。从土地用途来看，表现为宅基地的面积扩张和乡村产业发展带来用地增长这两种形式。

以农户自建房为主的营建喷发期造成了对乡村耕地面积的占用激增。改革开放后，一方面人口生育高峰期的新生人口进入婚育期，造成户数的快速增长。另一方面，乡村宅基地的无偿分配制度极大刺激了分户行为，一般是每家有几个儿子就要建几栋房子，意味着这一时期对宅基地的大量需求。由于很多农户的宅基地标准超标，在无法得到合法宅基地、未办理规划建设审批手续的情况下占地建房，属于违章行为。而这种违反规划的未批先建，少批多建，一户多宅，无报建、无监管现象在乡村非常普遍。由于宅基地作为乡村建设用地①，农户对其具有无具体设限的长期使用权②，这就造成了长期乱占宅基地的土地问题。而这一阶段乡村工业的迅速发展也需要大量建设用地，用于建造生产用房。由于乡镇企业的所有制特征，其建设用地选址往往在本村范围，并常与农户的自建房形成一种新的集合体，导致建设用地的扩张以分散式就地建设的方式开展。这种扩张多向乡村的外延边界发展，一是“线性扩张”，农户自建房沿着马路扩展，公路修到哪，房子建到哪。二是“块状扩张”，新建建筑不断向乡村外围延伸，在四周边沿地带新建房屋，造成乡村内部空心化，村庄用地面积不断粗放型增长（图 5.8）。但还是有不

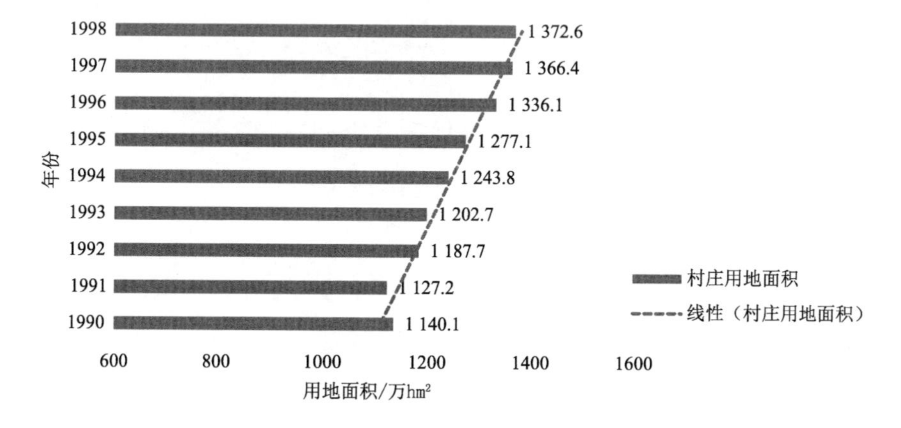

图 5.8 1990—1998 年村庄用地面积变化情况

① 乡村建设用地是指乡村村民及乡以下社会、经济组织进行经济、文化教育、社会公益事业建设，按照规定程序经批准地使用场地。乡村建设用地包括村民住宅用地、乡村企事业单位用地、乡村公益事业用地。引自：江苏省地方志编纂委员会. 江苏省志-城乡建设志（中）[M]. 南京：江苏人民出版社，2008：1301.

② 在 1998 年修订的《土地管理法》中，每个农户在其村只能拥有一块宅基地。农民可以出售或出租其住房，同时也转让了与之相连的土地使用权。对宅基地使用权的申请由县政府批准。

同的表现形式，以张家港市妙桥镇欧桥村为例，80 年代初集体新建的农宅虽是集中条状布局，但仍承袭了民居沿河而建的特点，传统村落的风貌并无太大改变。但从 80 年代后期开始，村民开始在路边、责任田等处违规建设自建房。对宅基地的审批只控制量化指标的方法使得农户选择哪里批就哪里建设，这种建房方式迅速蔓延且难以挽回。乡镇企业更是以飞地的形式抢占路边或乡村外围空间，传统乡村景观被破坏。在乡镇企业发达的地区，这种粗放式无序扩张的建设在极短时间内改变了乡村长期以来形成的空间形态（图 5.9）。

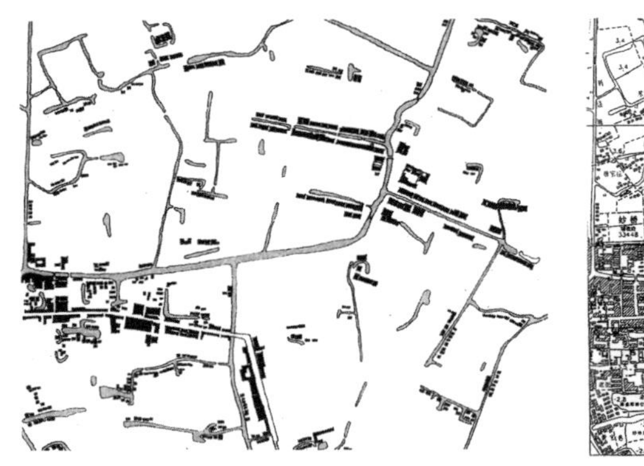

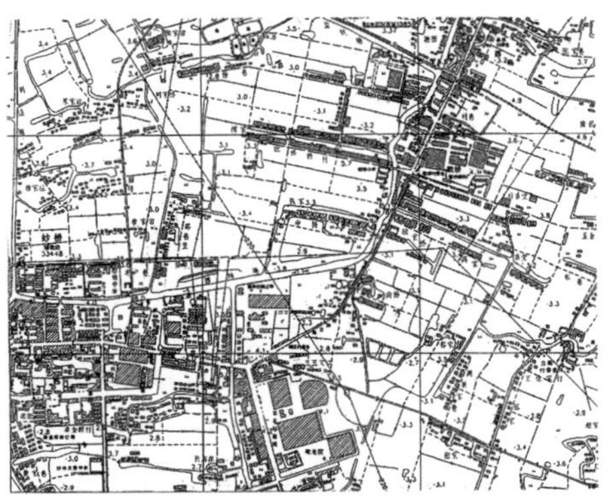

图 5.9　欧桥村及周边村落总平面
［20 世纪 80 年代初期（左）与 90 年代末期（右）的形态比较］

这种土地过度扩张造成的粗放式利用，严重浪费了土地资源，不仅给耕地保护带来很大压力，也影响经济社会的可持续发展。1982 年 2 月，国务院发布《村镇建房用地管理条例》，针对农民建房、队社企业和事业单位建设用地问题，要求各地做好村镇建设用地规划，严格遵循用地审批程序，控制建设用地面积①，各省、自治区、直辖市人民政府结合当地情况，先后制定

① 《村镇建房用地管理条例》规定“村镇建房，应当在村镇规划的统一指导下，有计划地进行”。1982 年 12 月《宪法》规定，农村和城市郊区的土地，除由法律规定属于国家所有的以外，属集体所有；宅基地和自留地、自留山，也属于集体所有；任何组织或者个人不得侵占、买卖、出租或者以其他形式非法转让土地。

补充规定和实施细则，对社员宅基地标准分山区、丘陵、平原、城郊、集镇等不同情况规定控制指标（表 5. 2）。1987 年起，《村镇建房用地管理条例》被《土地管理法》取代，针对乡镇企业建设使用农民集体土地的情况，规定应给被用地单位以适当补偿，并妥善安置农民的生产和生活。1998 年 8 月，全国人大常委会对《土地管理法》进行修订，对农村集体建设用地制度做出重大调整：农村集体建设用地被纳入土地利用年度计划管理，并规定农村集体土地不能进入城镇建设用地一级市场。可见国家试图通过法制规范土地建设行为，但同时也产生了城乡二元的土地制度①（图 5. 10）。

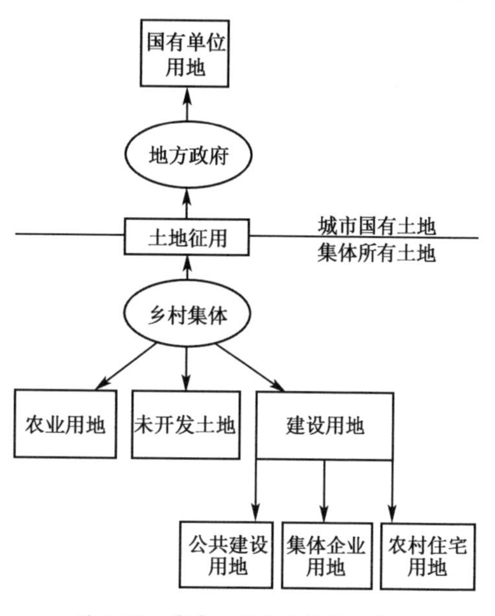

图 5. 10　城乡二元土地结构示意

表 5. 2　部分地区关于宅基地用地标准的规定

项目 地区	每户农民建房用地标准（亩）					
	城市近郊	平原地区	山区、丘陵、沿　海	牧　区	集　镇	其　他
北京	0. 2～0. 22	0. 25～0. 3	0. 25			
天津	0. 15～0. 2	0. 2～0. 25	0. 3			
河北	0. 25	0. 3	0. 35			
内蒙古	0. 3～0. 45	0. 67	0. 9			

① 如遇到一定要转化为建设用地并进入流通的情况，采用的正式渠道是：通过征地转换为国有用地。而城乡土地产权制度的分设造成了农村土地无法以其真实的市场价格使用，反而出现了借国家之名侵占农民利益的现象，又造成了包括土地使用混乱以及配置不当等问题的出现。

（续表）

项目 地区	每户农民建房用地标准（亩）					
	城市近郊	平原地区	山区、丘陵、沿海	牧区	集镇	其他
吉林		0.4～0.5				
上海	楼房 0.05～0.06				0.24～0.30	
江苏	0.15	0.2	0.3～0.4			0.25～0.3
浙江		0.11～0.18				
安徽	0.25	0.35	0.45			
山东	0.2～0.25	0.2～0.35	0.2～0.4			0.4
河南	0.2	0.25	0.25～0.3			0.35
湖南	0.19～0.24	0.21～0.27	0.24～0.30			
广东	0.12	0.15	0.22～0.3			
广西		0.15～0.22	0.3			
贵州	0.15～0.2	0.2	0.25～0.35			0.4
云南	0.18～0.21	0.27	0.33			
陕西	0.25	0.3	0.4			
甘肃	0.3	0.4	0.5			
宁夏	0.2～0.4	0.4～0.6	0.6～0.7	0.6～0.8		
新疆	0.5以下	0.5～0.7	0.7以上			
备注	“城市近郊”含人均耕地1亩以下；“平原地区”含人均耕地1.5～2亩；“山丘地区”含人均耕地2亩以上。一般每户按4个人计算					

3. 经济精英示范效应下农宅的形制变化：地域性缺失和城市性引入

从农宅功能方面看，由于村民生活方式的改变，传统的家庭养殖业减少，旧时羊舍、猪圈等附属建筑正逐步减少，住宅从家庭生活生产的混合功能向单一的居住功能转变。随着住房标准的提高，以前厨房和厕所独立于主体住宅外的室外布局也在发生改变，逐渐转向室内一体化设置。

从建筑形态方面来看，在第一个喷发期，农户主要是以改善自身居住条件为主，且此时的乡村改革早于城市，因此这一时期的农宅形态基本延续了传统建筑的特点，地域文化得到了一定程度的传承。在第二个阶段 80 年代后期的农宅建设中，由于乡村人口已经开始向城市大量流动，加上传媒方式的助力，“城市代表着先进意识”的观念在慢慢地改变乡村的文化自信，城市给乡村带来了前所未有的强势文化和价值观的侵入，乡村的新建建筑开始脱离传统文化轨迹，进入突变格式，开始模仿当时的城市建设的住房样式，例如大量使用的瓷砖、马赛克等防水材料，但又不同于城市用于防水处理，而是用于住宅建筑的外墙饰面装修，配以铝合金门窗、蓝色玻璃等，是“新鲜”的城市文化符号。早期外出务工的经济精英们把城市里赚取的收入带回乡村翻新自家农房，并最先运用这些代表城市“先进”文化的符号。在这样的背景下，营建中的跟风、攀比行为使其迅速传播，发展到后来，黄色琉璃瓦、镜面玻璃、大理石贴面在建筑中使用，乃至后来，出现了代表更先进的西方建筑文化元素“柱式、雕花栏杆、门头雕塑”的欧陆风农宅（图 5. 11—图 5. 12）。之后建房的村民纷纷向先富裕的经济精英们效仿，这样的效应在农村的迅猛传播使乡村传统建筑文化被遗弃，取而代之的是千篇一律的类城市风格，整体形态上也进入了从平房到楼房，楼房到别墅的变化阶段，趋向整齐划一（图 5. 13—图 5. 15）。

图 5. 11　苏州车坊赞头村农宅

图 5. 12　上海市原南汇区六灶镇汤店村农宅

从建筑结构和材料来看，自建房也发生了变化。第一阶段，从改革开放前的土坯墙、茅草顶、纸糊窗到砖石墙、瓦屋顶、玻璃窗。根据1979年全国调查的分析，在11 878户新建房屋中，采用钢筋混凝土构件的混合结构的比率仅0.3%，1984年全国村镇建设统计年报中，混合结构比率已达28.5%①（表5.3）。第二阶段，由于生活水平实质性提高，建房的材料和结构有了很大改善，大致经历了“草房—瓦房—混合结构楼房”的过程，有的还发展到多层楼房。

图5.13 苏州开弦弓村农宅

图5.14 上海奉贤区新港村农宅

图5.15 上海嘉定区马陆镇马陆村农宅

表5.3 村镇住宅建设情况（1984—1994年）

年份	本年住宅竣工面积（万 m^2）			年末住宅实有面积（万 m^2）		
	小计	其中混合结构	比率	总量	混合结构	比率
1984	67 099.00	19 129.92	28.51%	1 389 382.00	644 951.12	46.42%
1985	71 818.31	20 626.22	28.72%	1 549 470.36	—	—

① 袁镜身. 当代中国的乡村建设［M］. 北京：中国社会科学出版社，1987：136.

（续表）

年份	本年住宅竣工面积（万 m²）			年末住宅实有面积（万 m²）		
	小计	其中混合结构	比率	总量	混合结构	比率
1986	71 062. 26	—	—	1 658 288. 12	—	—
1987	69 496. 97	—	—	1 709 988. 91	—	—
1988	62 327. 79	—	—	1 747 216. 69	—	—
1989	52 752. 80	—	—	1 780 998. 32	—	—
1990	58 243. 66	—	—	1 852 631. 16	—	—
1991	66 052. 40	28 180. 6	42. 66%	1 900 559. 42	492 633. 92	25. 92%
1992	60 346. 20	30 132. 74	49. 93%	1 956 003. 21	524 857. 34	26. 83%
1993	56 723. 14	29 956. 81	52. 81%	2 022 648. 73	547 356. 33	27. 06%
1994	59 015. 03	32 912. 71	55. 77%	1 995 296. 74	573 763. 61	28. 76%

4. 营建制度与技术体系的雏形期：从无到有的制度和规范的技术指导

改革开放初期，数年间亿万农民自发建房热情高涨，无论规模还是速度都是历史上罕见的。由于建设速度过快且缺乏监管，许多地方出现了房屋质量安全问题。建筑结构不安全、建材使用不合理、安全事故频发；建筑布局不科学、管理审批缺位；无序占用耕地等。乱占耕地建房现象普遍且日益严重，引发了中央的高度关注①。1979 年全国第一次农村房屋建设工作会议召开，确定把农村房屋建设作为乡村建设的重点，并在国家建委设立农村房屋建设办公室，指导和协调全国农村房屋建设工作，引导农民建房，避免无序建设。1981 年第二次全国农村房屋建设工作会议则把乡村建设工作从“抓农房建设”推进到各个村庄和集镇的“综合规划”阶段②。

1982 年 1 月，国家基本建设委员会、国家农业委员会联合印发《村镇规

① 国务院 1981 年 4 月 17 日发布《国务院关于制止农村建房侵占耕地的紧急通知》，要求各级政府必须高度重视农民建房滥用耕地现象，立即采取有效措施予以制止。后又连续下达《必须坚决制止党员、干部在建房分房中歪风》的公开信，并转发了建设部《关于福建省晋江地区狠刹乱占耕地建房风的简报的通知》。

② 袁镜身. 当代中国的乡村建设［M］. 北京：中国社会科学出版社，1987：149.

划原则》。根据规定，村镇规划分为总体规划和建设规划两个层次，以便使每个村庄和集镇的规划能与整个乡（镇）的全面发展结合起来。总体规划将乡镇范围内所有村庄和集镇作为一个整体，对地理分布、人口规模、发展方向进行综合研判和空间布局；村镇建设规划是在村镇总体规划指导下，完成一个村庄或集镇的具体规划，内容包括对村镇的经济、社会、文化等发展规模，生产、生活、环境等功能布局，以及村镇中的住宅、公共建筑、生产建设、道路绿化、市政设施的合理布置，并以“两图一书”的方式表达①。1982 年 2 月国务院颁布了《村镇建设用地管理条例》，初步改变了村镇规划和建设无章可循的状况，并开展了村镇规划设计试点工作，村镇规划的审批流程也得以明确：乡村规划由村民委员会制定，集镇规划由乡制定，分别报乡政府或县级人民政府批准，这也是新中国成立以来首次建立的村镇规划设计及审批的基本框架体系。

1985 年，建设部颁布《村镇建设管理暂行规定》，规定“村的建设规划由所在村民委员会负责编制”，“村的建设规划，须经村民代表大会或村民大会讨论通过，所在镇（乡）人民政府审查同意，县级人民政府批准”。1993 年国务院发布《村庄和集镇规划建设管理条例》，第一次以法规条例的形式明文规定村庄和集镇规划的原则、依据、内容、实施导则等，同时对村镇建设的设计施工、房屋、公共设施、村容镇貌和环境卫生等管理做出详细规定。同年建设部出台了《村镇规划标准》，进一步规定了村镇规划的具体内容，包括村镇的人口和用地规模、各类建设用地的布局以及各专项规划的内容和指标控制。这两个法规成为当时我国关于村镇建设规划最具体的规定。2000 年建设部发布施行《村镇规划编制办法（试行）》，提出村镇规划成果包括总体规划建设规划，最后成果要求“六图及文本、说明书及基础资料汇编”，开

① “两图一书”指村镇现状图、规划图和详细说明书。“现状图”通过测量和调查，把村镇现有的地形、地物如实地通过一定表示方法绘制而成；“规划图”通过对所规划地区的自然、经济、历史、现状、发展的各种资料进行综合分析绘制而成，最后将“规划图”编写出相应的详细说明书。

始强调近期建设。同时各地方也制定了一批行政法规和技术标准，针对地区的实际情况提出不同的规划要求，逐步建立乡村建设的法规制度体系。

这一时期，我国的乡村建设管理机构是从无到有、从部门到全国各地区逐步建立起来的。1982年5月，城乡建设环境环保部正式成立，部内设置乡村建设局，负责乡村建设管理工作。1983年，全国29个省、自治区、直辖市建立了村镇建设管理机构，绝大部分县的建设管理部门管理村镇建设工作，有些省市在乡一级也配备了专职乡村建设助理员，一般是大规模的乡设专职乡建助理员，小规模的乡设置兼职乡建助理员。例如江苏省吴县配备了村镇建设助理员，设立了村镇建设办公室，制定了乡政府村镇建设办公室的管理职责（表5.4）。

表5.4　全国村镇建设管理机构及人员配备情况（1984年）

地区	村镇建设管理机构及人员										
	省级			地级			县级			乡级	
	机构数（个）	配备人员数（人）		机构数（个）	配备人员数（人）		机构数（个）	配备人员数（人）		机构数（个）	配备助理员数（人）
		小计	其中专业技术干部		小计	其中专业技术干部		小计	其中专业技术干部		
总　计	29	170	101	273	752	428	2 057	7 059	2 784	17 521	25 838
北京市	1	25	7	—	—	—	15	73	45	145	339
天津市	1	9	4	—	—	—	12	68	40	218	341
河北省	1	5	3	8	63	38	118	475	200	1 801	1 715
山西省	1	3	3	2	20	9	105	368	148	782	652
内蒙古自治区	1	7	1	10	30	16	74	245	82	—	953
辽宁省	1	4	1	12	44	23	63	220	74	893	1 211
吉林省	1	6	2	7	29	20	47	146	76	715	900
黑龙江省	1	4	4	10	24	14	65	258	128	564	804
上海市	1	3	—	—	—	—	10	75	40	207	238
江苏省	1	6	4	11	35	26	83	346	171	1 865	2 326

（续表）

地区	村镇建设管理机构及人员										
	省级			地级			县级			乡级	
	机构数（个）	配备人员数（人）		机构数（个）	配备人员数（人）		机构数（个）	配备人员数（人）		机构数（个）	配备助理员数（人）
		小计	其中专业技术干部		小计	其中专业技术干部		小计	其中专业技术干部		
浙江省	1	6	6	7	23	14	79	220	90	1 804	1 872
安徽省	1	5	3	12	17	16	64	179	64	668	669
福建省	1	5	4	9	20	13	62	272	93	177	214
江西省	1	4	2	11	28	15	89	277	130	644	657
山东省	1	4	4	14	45	23	125	411	130	1 553	1 372
河南省	1	8	7	17	60	29	130	543	178	1 441	2 646
湖北省	1	5	4	13	49	29	71	310	152	515	1 010
湖南省	1	6	3	15	40	32	93	306	126	1 269	1 126
广东省	1	7	3	13	38	18	105	417	119	1 224	1 902
广西壮族自治区	1	5	5	11	25	12	78	219	105	252	335
四川省	1	8	7	17	54	23	172	620	166	—	3 197
贵州省	1	3	2								
云南省	1	5	4	17	18	7	120	120	20	194	212
西藏自治区	1	3	3								
陕西省	1	6	3	10	25	15	98	288	150	549	618
甘肃省	1	5	2	8	17	9	73	238	70	—	371
青海省	1	3	1	4	6	1	19	59	24		
宁夏回族自治区	1	5	5	3	13	8	19	82	50	19	115
新疆维吾尔自治区	1	5	4	12	29	18	68	224	113	22	43

到 1990 年年底，设有村镇建设管理机构的地级市有 302 个，占总数的 95.3%，县级有 2 310 个，占县总数的 99%，乡（镇）级有 23 312 个，占总数的 46.4%，其中集镇有 14 946 个，占总数的 37%。1982 年以来，全国城

乡建设部门通过举办短期培训班、委托代培多种形式，培训村镇规划初级人才，国家逐年拨款的经费大部分用于培训管理人员和编制规划的工作。相对于建设量而言，村镇建设人才还是严重缺乏，无法实现对乡村建设的监督管理。乡镇级村镇建设机构配备的工作人员平均每个乡镇 1.3 人，平均每 1 个工作人员要管理 1 万人的生产和生活建设活动①。

虽然还不是完善的体系，但这一时期在乡村营建制度的建立上有了进展，第一次以法规条例的形式对村镇规划及建设的各项活动做出了规定，并在全国推行。同时乡村建设管理机构的建立也经历了从无到有的过程，逐渐发展完善，但仍严重缺乏村镇建设的技术和管理人员。更重要的是，这一时期的规划管理相对于营建行为的滞后性及其被动介入的方式，都是影响未能实现有序建设的因素。

5.1.5 营建结果及影响

改革开放后的数年间由于经济的发展和政策的解放，亿万农民自发建房的热情高涨，乡村营建所呈现的增长态势，无论规模还是速度都是历史上罕见的。80 年代以来，乡村每年以 6 亿 m^2 的建设量竣工，与集体化时期相比，这时期大规模建设已成事实。

这一时期乡村营建呈现自下而上的自发性特征，由于建设速度过快，缺乏监管，出现了房屋安全质量和乱占耕地建房的普遍问题。这种土地粗放式利用的乱象使乡村空间外沿无序扩张，急速改变了乡村聚落的传统空间形式。而国家随后出台的土地管理政策造成了城乡土地的二元制，引发了之后更多的土地问题。

这一时期的营建经历了从以自建房为核心的喷发期到以自建房为主、公共建筑和工业建筑统筹的繁荣期，进入跟随城市为主的城镇化带动的平缓调

---

① 数据来源：村镇建设统计数据知多少 [J]. 小城镇建设，1991 (5)：32.

整期。营建的内容始终以农户自建房为主体，到 80 年代后期，集镇的发展也带来了文化及服务设施的完善。在 80 年代中后期，农宅建设在经济精英的示范效应下发生了形制的变化，表现为地域性断裂和城市性元素的被引入。这造成了对文化的割裂和对传统建筑精华的摒弃，上千年来传统民居延续演进的路径瞬间断裂，在全国大范围内乡村建筑物质空间被破坏，这个问题一直延续至今。

究其原因，这一时期的营建已不同于传统时期，再也不是单一的乡村营建，不能简单地就乡村论乡村，而是在城市背景下的乡村营建，必须将其置于整个社会发展的宏观城市化背景中讨论。跨入 90 年代后，我国的经济社会进入城市快速发展为主导的城镇化阶段。随着城市繁荣，城市的价值观和思想被外出务工的村民大军带回乡村，随之反映在其营建的物质空间上。可见在乡村地区，经济精英自建房的示范效应对营建的作用成效远大于国家全力推行的专业技术指导，这是一个值得反思的问题。

5.2 技术扶助式“设计下乡”(1978—1992 年)

5.2.1 设计的组织形式及特点

1978 年中央正式确立了以社会主义经济建设为纲的方针，开启了中国改革开放的新纪元。这次改革又一次从乡村开始，家庭联产承包制的“均分制＋定租额”分配关系确立，村民的物质生活水平迅速改善，在集体化时期被长期压制的改善居住条件的需求也在这一时期集中爆发，自建房总量的持续增长引发了一系列问题。国家提出“全面规划、正确引导、依靠群众、自力更生、因地制宜、逐步建设”的乡村建房方针，国家建委和国家农委共同提出对乡村房屋建设要“精心进行设计”的要求。因此建工部开始组织并发起了专业技术人员的第二次“设计下乡”。此时作为政府部门的设计院所才刚开始改革依靠国家财政拨款的经费来源，而此时设计行业的市场化并未形成[①]，正是在这一背景下，广大设计人员响应国家号召，参与乡村实践。但此时的介入已是滞后于建设行为的，是以解决农户自发性建设引发的问题为目标。

1. **设计竞赛：以农宅设计为主**

此次“设计下乡”仍由国家行政系统进行号召和组织，但该时期的专业设计人员并没有像之前一样直接参与乡村规划与建设，更多的是提供专业技术指导。在政府对乡村建房质量的要求下，1980 年国家建委和农委共同委托国家建委农村房屋建设办公室和中国建筑学会，联合组织全国性的乡村住宅建筑设计竞赛活动，要求各省、自治区、直辖市建委和建筑学会发动设计和科研单位、大专院校的专业设计人员以及民间工匠参加乡村建筑设计竞赛，为乡村建房提供设计方案。首先在各省市举办农宅设计竞赛，然后推选获奖方案再参加全国竞赛评比[②]。此次竞赛从 10 000 多人的 6 500 个设计方案中逐级评选出 142 个优秀方案参加全国评审。1981 年 6 月在北京召开了评选大会，经过由 42 人组成的评选委员会讨论[③]，最后评出 2 个一等奖、30 个二等奖和 52 个三等奖，这是新中国成立以来的第一次全国性的乡村住宅设计竞赛，为广大农民提供了一批住宅方案，之后各省市也都积极举办乡村住宅的设计竞赛（表 5. 5）。

---

① 1980 年 6 月 7 日，国家建工总局颁布《直属勘察设计单位试行企业化收费暂行实施办法》。之后全国各地设计院开始部门改革，随着体制变动，一是由行政下达任务的方法也要改变，可以招标促进技术提高和经济效益。二是设计院实行设计收费，推行经济合同制，将设计单位由事业费开支改为从基建投资中收取设计费，使设计单位与建设单位的关系由协作改为合同关系，减少设计人员无效劳动和返工浪费。三是改革内部分配制度，克服平均主义，体现按劳分配，例如按项目包干计奖、按勘察设计产值计奖等方法。

② 例如北京市建委和土建学会在 1981 年 2 月在全市第一次举办了农村住宅设计竞赛，从 121 份设计方案中选出 1 个一等奖、4 个二等奖和 14 个三等奖，并推荐一等奖和二等奖参加全国农村住宅设计竞赛。张开济，陈登鳌，陆仓贤等. 写在北京市农村住宅设计竞赛评选之后［J］. 建筑学报，1981（5）：19-21.

③ 评选委员会由国家建委、国家农委、国家建工总局、中国建筑学会、中国建筑科学研究院和 29 个省、自治区、直辖市以及中央有关部门的专家和专门从事农村房屋设计、科研和建设方面的科技人员共 42 人组成。

表 5.5　改革开放初期全国及省市乡村建筑设计竞赛

竞赛时间	竞赛名称	内容	参赛作品	得奖作品	评选时间	组织单位	出版物
1980.02	全国乡村住宅设计竞赛	乡村住宅	6 500余个	142	1981.06	国家建委农村房屋建设办公室，中国建筑学会	《优秀方案选编》
1982	北京新农村规划设计	新村规划农村住宅	51	20	1982	北京土木建筑学会	一等奖空缺
1983	海南农村住宅设计竞赛	农村住宅	52	18	1983.06	海南区建委，海南建筑学会	
1983	全国村镇规划竞赛	村镇规划	1028	79	1984.02	城乡建设环境保护部	
1983.12	全国乡村集镇剧场设计竞赛	乡村集镇剧场	129	12	1984	城乡建设环境保护局设计局，文化部艺术事业管理局，中国声学学会，中国建筑学会	部分省市出版集镇电影院、影剧院方案图集
1984.08	全国乡村住宅及集镇文化中心设计竞赛	农村住宅、集镇文化中心	181	91	1985.09	城乡建设环境保护局设计局，文化部群众文化事业管理局，国家体育运动委员会，中国建筑学会，中国建筑技术发展中心	
1985	全国农村住宅设计竞赛	农村住宅		50	1986	建设部乡村建设局	《全国农村住宅设计竞赛优秀方案图集》
1987	北京地区新型农民住宅设计竞赛	农村住宅		27	1987.12	北京人民政府；北京日报郊区版；京土建学北会村镇建设专业委员会；中国大地乡村建筑发展基金会	
1993	全国村镇住宅设计大奖赛	村镇住宅	135	54	1993.09	建设部村镇建设司，中农信广州传播事务有限公司	

1983 年，城乡建设环境保护部在全国范围内开展村镇规划竞赛。据不完全统计，直接投入竞赛评议活动的近 4 万人，入选省级的竞赛方案就有 1 028

个，最终 79 个方案参加了全国的评比。1983 年 12 月和 1984 年 8 月还分别举办了全国乡村集镇剧场和文化中心设计方案竞赛。设计竞赛活动的成果以多种形式向农民宣传与推荐。绝大多数省、自治区、直辖市编印了各地区住宅设计方案选编。河南省城乡建设环境保护厅根据竞赛图纸制作 200 多个农房模型，到各地乡村巡回展览宣传。有的地区还按设计方案做了试点工程，供农民评议、选择和仿建，例如浙江省在萧山县红山农场的“浙江 1 号”方案样板房（图 5.16—图 5.17），供附近地区农民参观。这一时期的设计竞赛从开始单一的农宅功能逐渐拓展到村镇规划、生产性建筑、公共服务设施等各种类型，目的是通过竞赛广泛征集优秀方案设计，为广大乡村建设提供技术图纸参考。

图 5.16　萧山县按“浙江 1 号”方案建设的新村

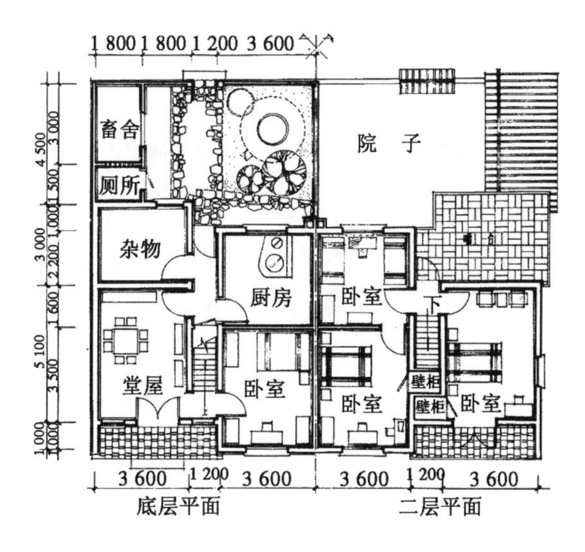

图 5.17　浙江 1 号方案平面图

2. 编制图集：农宅方案和技术图集

除了设计竞赛的组织形式外，这一时期农宅竞赛的获奖方案常被汇编成方案图集，供农民建房选用。1981年第一届全国乡村住宅设计竞赛的获奖作品被整理成获奖方案图集出版，之后国家和各省（自治区、直辖市）又组织了多次类似竞赛，并在竞赛结束后，选出优秀方案编入图集，最后出版各地区农村住宅方案图集，希望在理论和技术层面指导农民合理建房①（图5.18），同时完成政府的工作指示。除方案图集外，还组织专人编写通用技术图集。技术图集是为适应当时生产力发展水平，推进乡村建筑的部分标准化，合理节约建材、提高建造质量提供的相应的技术支持。无论是哪种类型图集，都是这一时期“设计下乡”的主要表现形式，让有限的技术资源能进入乡村，目的是对乡村的自发性建设起到一定的技术指导作用（表5.6）。

图5.18 80年代出版的农村住宅方案图集

表5.6 改革开放初期出版的乡村建设通用设计图集

出版时间	图集名称	内容	汇编单位	备注
1979.11	上海市嘉定县农村建筑设计选集	农村住宅图集；文教卫生建筑；农副畜牧业建筑；社队工业；桥型屋架；农村桥梁建筑	嘉定县建筑设计公司	
1980.03	农村建筑与规划实例	农村居民点规划和各类建筑图纸	中国建筑科学研究院	92份图纸
1981.04	广西农村住宅方案参考图集	住宅方案图纸； 广西农户沼气池通用图集	广西基本建设委员会	

① 建设部乡村建设局. 全国农村住宅设计竞赛优秀方案图集［M］. 北京：中国建筑工业出版社，1986.

（续表）

出版时间	图集名称	内容	汇编单位	备注
1981.05	农村建筑图集	房屋施工方法和技术要求；住宅设计图纸；构造详图	江西人民出版社	
1981.11	1981全国农村住宅设计竞赛优秀方案选编	农村住宅设计图纸	中国建筑科学研究院农村研究所	93份图纸
1985	农村住宅轻型钢筋混凝土构件图册	混凝土椽子等各种屋面板、楼面构件大样	村镇建设研究所	定价0.85元
1985.09	建筑花格图册	60余个混凝土、砖、瓦花格样式	中国技术发展中心村镇建设研究所，四川省建筑标准设计办公室合编	定价1.5元
1986.04	全国农村住宅设计竞赛优秀方案图集	农村住宅设计图纸（50份方案图纸）	建设部乡村建设局	定价10元
1989	辽宁省村镇住宅施工图图册	农村住宅施工图图纸	辽宁省建筑设计院	
1991.09	农村商品住宅优秀方案汇编	农村住宅设计图纸	武汉工业大学	定价6.67元

3. 编制村镇规划及组织质量验收

为编制村镇规划，各地组织规划队伍落实，如甘肃省民乐县，由县委书记兼任队长，县政府有关委局的主要领导任副队长，从县级各单位抽调技术专长的干部18人，加上一部分经过培训的初级规划人员，共同组成了40多人的规划队，把综合规划同农业区划、村镇规划统一考虑，分阶段地连续进行村镇规划工作。山西太谷县也组织了规划队，在完成本县初步规划的基础上，还支援省内其他县进行村镇规划。安徽省利辛县从1983年下半年开始进行村镇规划，一方面大量培训规划人员，一方面抽调有关部门的人员组成工作组下乡指导规划工作。到1984年上半年，全县投入规划工作的人数达到2.5万人，全县完成了58个乡的总体规划以及57个集镇和598个行政村、4 339个自然村的建设规划。河北正定县1983年组织了150余人的专业规划队，由主管县长负责，规划队施行定额管理办法：规定一个班4人，每天测绘 50 户，超额有奖，完不成定额受罚；对村庄规划实行收费，规定每 100 户收 80 元，这种方法调动了县、乡、村的积极性，又解决了规划经费不足的问题，推进了村镇规划的编制进度①。

城乡建设环境保护部在全国开展以质量检查为中心的村镇规划验收活动，并组织各县市规划技术人员参与村镇规划质量检查组，对基层村进行抽查，各省市制定了验收标准和方法。完成验收并总结的有 15 个省、自治区、直辖市。天津市城乡建设委员会和农业委员会 1984 年 9 月在塘沽区召开了村镇规划质量检查现场会，对编制完成的 3 109 个村镇规划抽出 2 180 个进行了检查，检查的标准有：一是能控制建设用地；二是布局科学合理；三是能指导近期建设；四是技术文件齐全。这些举措在一定程度上推进了规划的落地实施。

4. 编写技术讲义及组织技术培训

该时期全国各地的乡村建设亟需各类技术设计力量的指导和支持。而相比巨大建设量而言，设计力量严重短缺。以江苏省为例，1978 年全省勘察设计全部职工 5 767 人中，技术人员仅有 394 人，占比 6.8%。到 1982 年，在全省 77 家设计单位，技术人员 512 人，直到 1992 年末，勘察设计单位共有 374 家，技术人员仅 2 623 人②，而这些技术人员当中能投入乡村营建的人数比率则更少。由于人员奇缺，不仅设计任务难以保质保量完成，农房建筑工程事故也时有发生，所以从 1982 年开始，国家在财政预算中把村镇规划建设事业费列为专项支出，逐年拨款，到 1984 年累计5 700 万元，地方拨款据不完全统计，地、县一级为 830 万元，这些经费大部分用于培训技术人员和编制规划工作。

1982 年，中国建筑科学研究院农村建筑研究所编写了《村镇规划讲义》，讲义分为 6 章，按 1～2 个月安排教学实践，供短期培训县级以上主管村镇规

---

① 袁静身. 当代中国的乡村建设［M］. 北京：中国社会科学出版社，1987：192-193.

② 江苏省地方志编纂委员会. 江苏省志・城乡建设志［M］. 南京：江苏人民出版社，2008：1420.

划与建设部门的管理人员使用，也供从事村镇规划与建设的技术人员参考①。之后，全国省、地、县三级城乡建设部门，通过举办短期培训班、委托代培等多种形式培训村镇规划技术人员。到 1985 年底累计培训近 50 万人次（表 5.7），以期望形成村镇建设的初级技术队伍。各省市根据各地使用情况和意见，不断在《村镇规划讲义》的基础上修改和补充，又发行相关规划与设计讲义②，在不同形式的培训班中培训规划设计和管理人员，在编制村镇规划过程中发挥着重要作用。但由于编制工作数量大、技术性强，已培训的人员数量仍无法满足实际工作需要。

表 5.7　累计村镇规划建设人员培养情况（1984 年）

地区	1984 年	累　计	人　数
总　计	128 363	376 844	其中：中级技术人员 2 611 人
北京市	389	400	其中：中级技术人员 59 人
天津市	2 033	4 762	其中：中级技术人员 23 人
河北省	12 183	46 796	其中：中级技术人员 719 人
山西省	5 087	11 644	其中：中级技术人员 253 人
内蒙古自治区	1 942	3 322	其中：中级技术人员 46 人
辽宁省	5 943	16 413	其中：中级技术人员 9 人
吉林省	1 254	16 680	其中：中级技术人员 19 人
黑龙江省	2 203	3 859	其中：中级技术人员 160 人
上海市	5 034	11 897	其中：中级技术人员 37 人
江苏省	10 236	30 260	其中：中级技术人员 132 人
浙江省	3 188	18 063	其中：中级技术人员 13 人
安徽省	2 662	6 376	其中：中级技术人员 158 人
福建省	3 036	3 886	—

① 《村镇规划讲义》分为六章内容，分别为：绪论、村镇规划的资料工作、村镇总体规划、村镇建设规划、村镇规划中的技术经济工作和村镇规划中的管理工作。

② 河北省基本建设委员会 1983 年 4 月再版了《村镇建设规划与设计》，山东省印发了《村镇规划原则》，并翻印《农村规划教材》作为培训教材。

（续表）

地区	1984年	累　计	人　数
江西省	4 598	7 754	其中：中级技术人员 308 人
山东省	5 659	42 459	其中：中级技术人员 1 人
河南省	15 469	31 933	—
湖北省	14 080	29 275	其中：中级技术人员 140 人
湖南省	4 332	5 681	其中：中级技术人员 63 人
广东省	8 033	10 447	其中：中级技术人员 76 人
广西壮族自治区	4 500	13 188	—
四川省	5 678	28 050	其中：中级技术人员 50 人
贵州省	1 203	2 367	—
云南省	1 955	4 807	—

尽管国家权力通过多种渠道引导和组织专业设计人员介入乡村营建，希望通过设计对乡村地区自发性营建予以引导，但由于“文革”期间包括教育在内的社会各项事业均处于停滞状态，因此具备专业知识和技能的规划师、建筑师在当时十分紧缺，这也是客观存在的真实状况。因此只能通过竞赛、图集、编规和培训等方式，让有限的技术资源能够输入更多的乡村。

5.2.2　设计内容及解读

1. 住宅设计

从 1979 年以来，每年增加的新建建筑面积都在 5 亿～6 亿 m^2，人均住房使用面积从 1979 年的 11.03 m^2 增长到 1985 年的 17.8 $m^2$①，可见改革开放初期，农宅成为建设的主要内容。由于这一时期农宅的巨大建设量，以及当时专业技术人员的奇缺，80 年代的专业设计人员无法做到“大跃进”时期那样直接下乡，而主要通过参加住宅设计竞赛和编制通用设计图集的方式参与农宅设计。

① 袁静身. 当代中国的乡村建设［M］. 北京：中国社会科学出版社，1987：128.

在第一次全国农村房屋建设工作会议上，中国建筑学会和国家建委农村房屋建设办公室发起全国范围的乡村住宅设计竞赛，有超过10 000人参加此次竞赛，从参选的6 500个设计方案中逐级评选出142个获奖方案①。方案包括适用于不同地区条件和不同经济水平的平房、楼房住宅设计，获奖方案的共同点就是在继承民居优良传统的基础上，兼顾乡村住宅生活和生产的双重功能需求，“在住宅布置、院落组合、结构构造，以及建筑工业化和新能源利用等方面，进行了革新和探索”（张修志，钮薇娜，赵柏年，1981），总结了经验和设计手法。

以“传统与革新相结合”的天津3号和“具有南方地域特色”的四川1号方案这两个一等奖设计为例，天津3号方案在北方平房住宅的传统形式上进行了变化，传统布局形式多为小进深的一明两暗一字排开，中间或一侧设堂屋，兼作厨房，做饭烧炕共用一灶火。在这个设计中，把兼作厨房的堂屋改为两间房，各有独立出入口，这不仅使二者功能使用合理，而且保留了一个南炕卧室。设计使堂屋、厨房、卧室之间，既有分隔，又有联系，房屋前后错落，增添了农宅空间的趣味性（图5.19）。

四川的1号方案则从南方湿热气候出发，考虑人们户外活动较多的生活习惯，设计的2层楼房包括3个卧室和1个适合当地气候和人们需求的敞厅，半开敞楼梯和敞厅相连，成为家庭生活的纽带，敞厅一侧还设计了小天井的贯穿空间，不仅优化室内小气候环境，也使得卧室区域和厨房、厕所间在空间上既有分隔又联系方便，同时减少堂屋的穿行，也改善了卫生条件。设计能满足大多数农户家庭成员合理分区的需要，在造型上采用了顺坡的吊阳台和青瓦白墙等手法，评语中对其“具有南方的乡村风味”评价是对方案地域性的肯定（图5.20）。

其他获奖方案在继承民居传统上做出了设计革新和探索。陕西5号方案

---

① 中国建筑科学研究院农村建筑研究所. 1981年全国农村住宅设计竞赛优秀方案选编［R］. 1981.

图 5.19 1981 年全国农村住宅竞赛一等奖天津三号方案

对在陕甘宁一带的黄土高原的传统窑洞住宅作了改进，在通风、采光、结构等方面优化设计，并利用坡地的不同高差，将下层住户的窑顶部平台作为上层住户的院子，这种做法既节约土地，又高低错落，富于空间变化，在院落布置上，有效区分生活与杂物储存区，改善了农宅的卫生条件。新疆 2 号方案采用传统的土拱、土木混合体系与当地有悠久历史的砌拱技术，该方案在建筑平面、空间处理、庭院布置上延续了维吾尔族的风俗习惯，住房设前室作为脱鞋、更衣和室内交通的空间，设置客房满足待客和娱乐活动的需求；

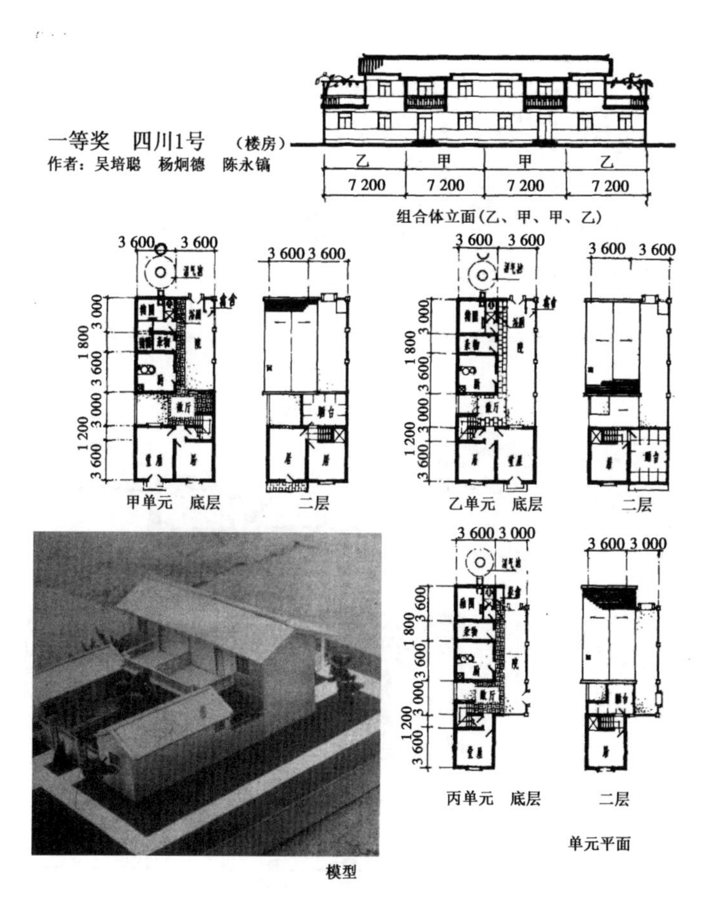

图 5.20 一等奖方案（四川 1 号）

设火炕，并在火炕边设灶，冬季取暖做饭；房间内设壁龛作为存放被褥、陈设茶具之用；院内造土炕，搭葡萄架，作为露宿、休息、就餐、待客等功能使用；农宅还设计有晒台，每户都有阴干房、大门楼、牧畜棚，与住房组合成一个院落，设计对农户生活功能和地方习俗考虑周全，立面和造型也采用了地方建筑语汇符号，有浓厚地域特征和民族风格（图 5.21）。

云南 1 号方案采用了傣族干阑式建筑的竹楼，底层架空，把之前底层饲

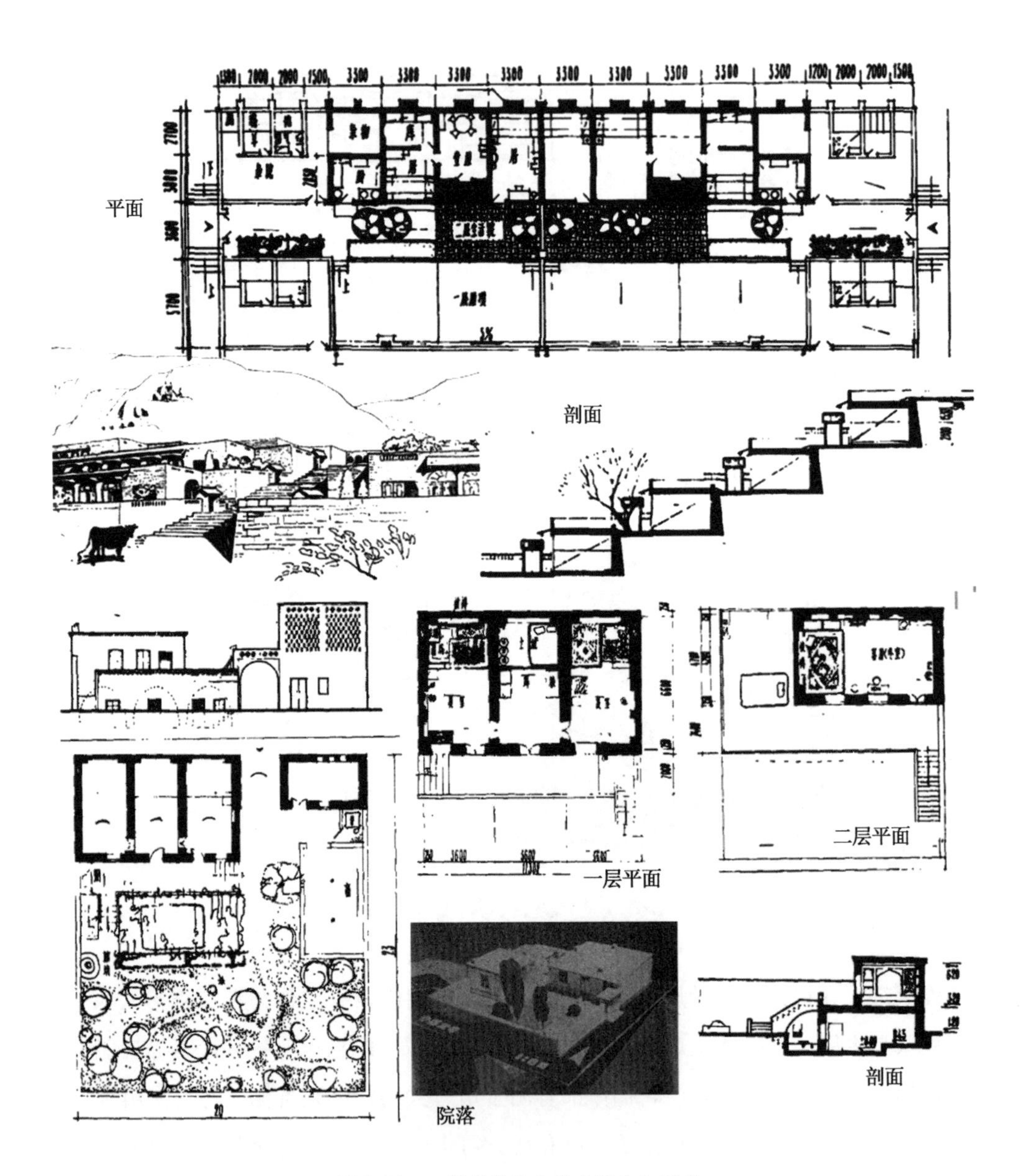

图 5.21 二等奖新疆 2 号方案平立剖面

养牲畜、堆放柴草的做法，改在院内另外设置，将竹楼底层作为家庭副业和接待活动的场所；在结构方面，采用了砖柱、混凝土梁、木隔栅、木楼板、木屋架和瓦顶，楼层维护结构仍采用竹篾笆和木板，底层为土坯墙或竹篾板（图 5.22）。

图 5.22　云南 1 号方案一层平面和透视图

此次竞赛为农村提供了一批专业住宅设计方案，设计人员对乡村农宅区别于城市住宅的特点有了思考，这是对乡村住宅设计的一次交流和总结，也提高了农宅设计的整体水平，之后在各地还举办了多次各级别的农宅设计竞赛。国家鼓励这种组织设计竞赛的方式，期望提高农宅设计水平的同时，直接将竞赛成果运用到乡村的建房实践中，因此大多数竞赛的设计成果都被整理出版成方案图集，供农户建房时选用或参考。

对于这一时期参与农房设计竞赛的设计人员而言，竞赛为其提供了一种相对公平和接近理想状态的创作过程，在竞赛设计中不再直接有行政权力和政治意志的外部干扰，可以在专业知识基础上研究农民生活生产的实际需求。竞赛客观地反映了建筑师的独立思考及其对乡村的认知，并在竞赛成果中得到充分体现。因此可以说这一时期的设计自主性通过竞赛的方式得以加强。对住宅设计的自主性思考与研究使农宅设计重点转向了对地域文化和传统民居的传承、结构和材料的性能、建造体系及造价的优化等方面。

对民居传统的继承革新和地域性的关注是这一时期农房竞赛参赛作品的普遍特征。每个省份提供的设计方案都明显带有当地气候和人民生活生产的地域特征，这也是与集体化时期设计的显著区别。集体化时期行政意志强力控制着建筑设计的思想，以体现社会主义集体主义为基调，对于地域差异和地方性的关注不够。而改革开放后，建筑界的设计氛围发生了根本改变，80年代建筑学界专门探讨了创作思想的解放，提倡百家争鸣，对民族、传统、地域的关注开始持续升温，首先反映在创作成果上的便是农村住宅的设计，“在农宅设计中，如何继承传统的民居建筑经验并加以革新，是摆在我们建筑师面前的一个重要课题”（周士锷，1981）。因此始于20世纪80年代的农宅设计竞赛也成为了中国乡村建筑设计走向理性和专业性的报春花。

农宅设计的另一个重要内容是对结构和材料性能、建造及造价体系的优化。一是建房材料与结构、构造方面尽量使用地方材料，例如西北地区多采用土墙、土拱与草泥屋顶做法，贵州山区多用石墙和片石屋面等；二是为新型材料和新能源的使用提供条件，例如以钢带木、推广钢筋混凝土构件，以及沼气、太阳能利用等，还有使用预制钢筋混凝土构件等，有的方案还提出了装配式构件系列，探索农宅的工业化。如北京市农村住宅设计竞赛一等奖的104号方案考虑了方便施工的成套体系化设计方案，选用有限数量的建筑参数构成基本平面系列，组成不同类型的平房和楼房住宅（张开济等，1981）（图5.23）。对太阳能的利用也有多种做法，例如太阳能热水及淋浴装置，甘肃1号方案利用火炕或火墙作为太阳能暖棚的热源。以上这些强调方便建造的结构体系和综合节能措施的趋势在1993年的全国村镇住宅设计竞赛中得到了全面体现。

建立在建筑师独立思考和研判基础上的农房设计，也客观呈现出适应家庭联产需要的空间特征。这一时期普遍将家庭作为居住的基本单位，考虑了

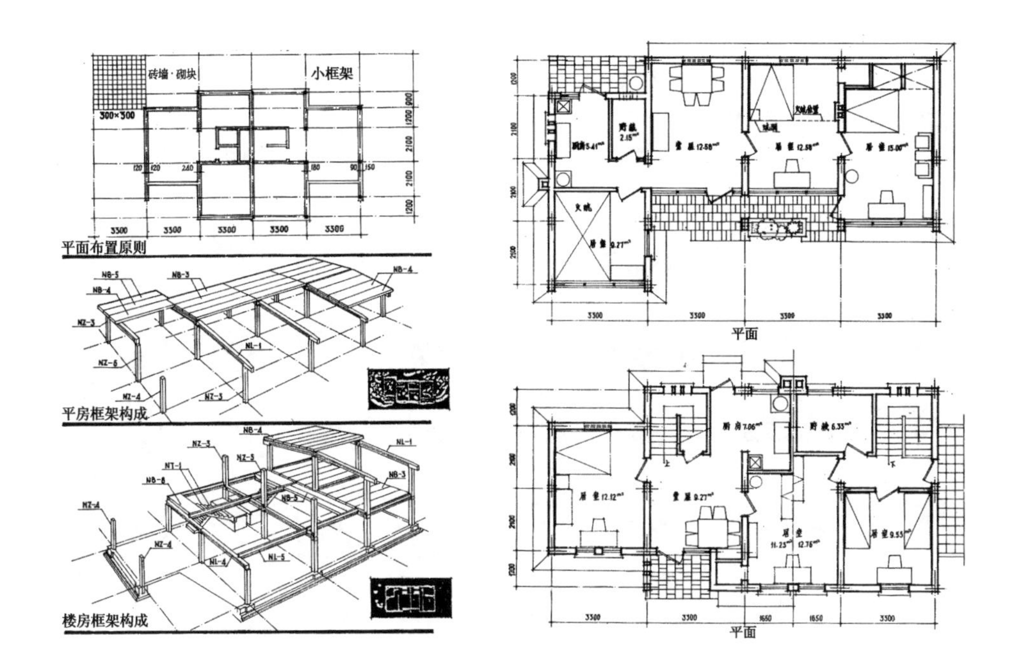

图 5.23 北京市农宅竞赛一等奖（104 号：唐永亮、齐京华设计）
成套体系化的农宅工业化方案

独立的厨卫设施以及农业生产的辅助设施的布局，同时归属于家庭单元的外部空间也成为设计考量的重点。南方地区由于人地紧张，住宅前后或中部会设置一些小型庭院空间，作为自留地进行耕作以及堆放农耕用具；北方地区用地相对宽裕，通常在建筑南面设置了较大的院子。总体来看，住宅的设计已从强调集体化转向家庭化，因此住宅的形态和尺度也与集体化时期有了明显变化，建筑单元尺度明显缩减，以院落进行空间组合的方式居多，这与集体化时期过多强调集体化管理而形成的行列式兵营布局有了明显变化（图 5.24—图 5.25）。

在今天的市场化体制下，与房地产行业中独立式住宅的产品特征进行比较分析，可以发现改革开放初期农房设计竞赛中的思路及手法与当下地产的

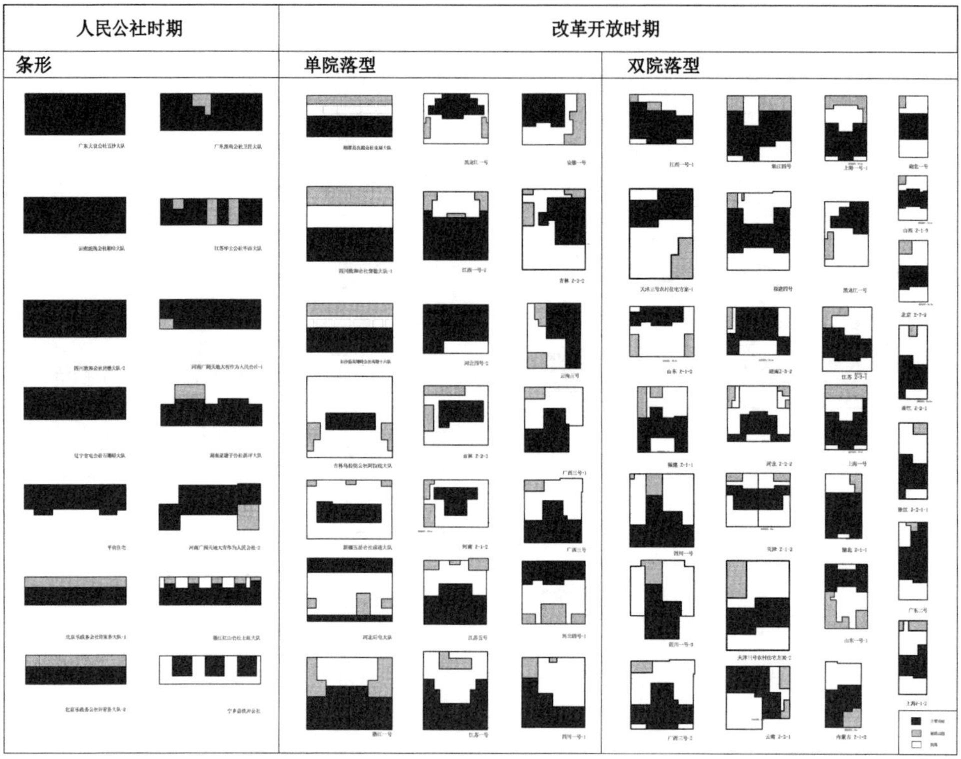

图 5.24　改革开放时期与集体化时期的住宅设计比较

产品设计有着惊人相似。以第一届农房设计竞赛的一等奖天津 3 号住宅为例，方案不仅对农村家庭生产及生活的各功能要素进行了合理布局，并通过平面处理保证了空间的完整性。在此基础上，该方案还完成了建筑单体之间组合的多重可能性，而这种灵活组合的独立式住宅组团也是近些年房地产市场中接受度高的产品类型。从这个侧面也能反映出改革开放初期建筑师群体在住宅设计实践中思考的深度。

2. **村镇规划**

由于改革开放初期农民自发性建造的集中喷发，建设的无序造成了乱占

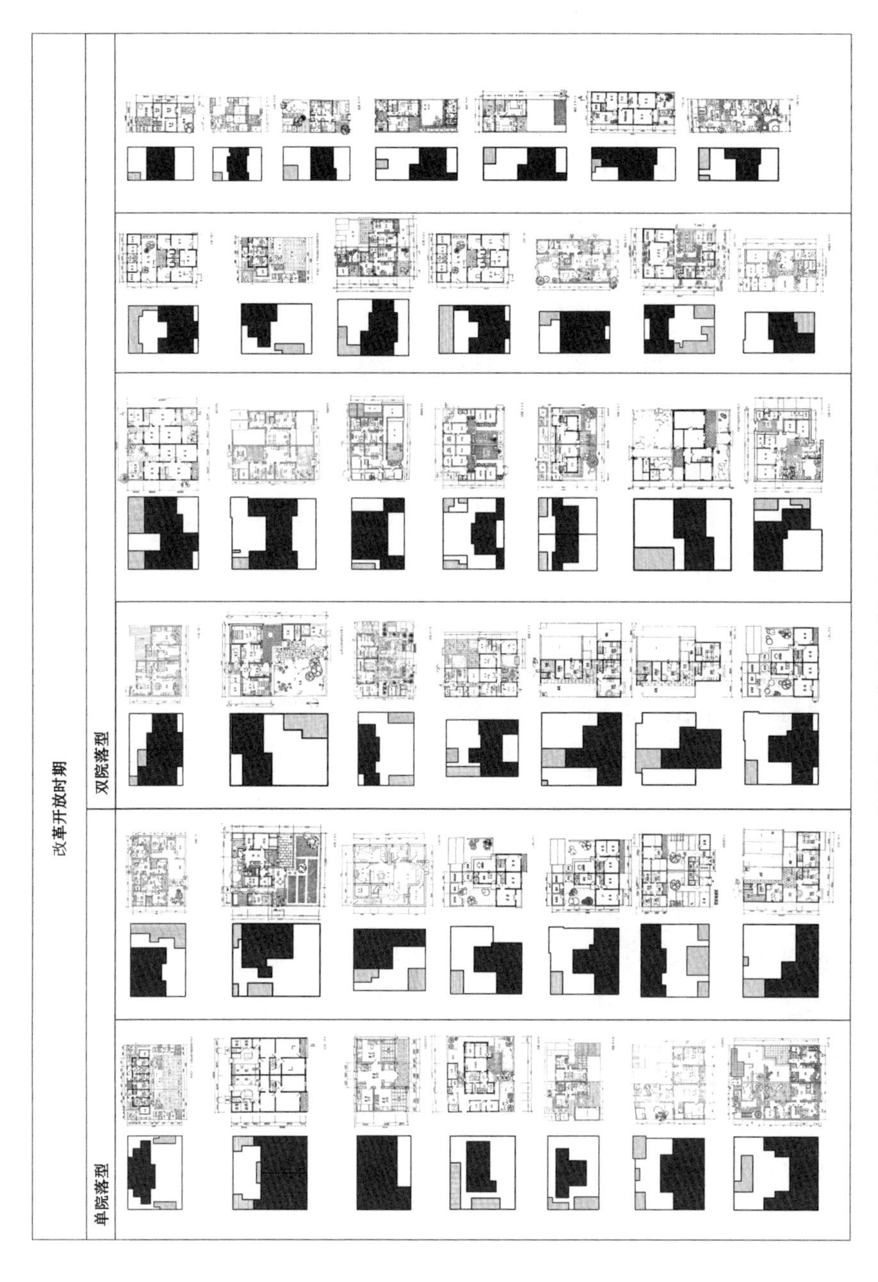

图 5.25　改革开放时期住宅空间分析

耕地的土地问题。1981 年 12 月第二次全国农村房屋建设工作会议总结了第一次会议后乡村住宅建设存在的问题及新形势，明确了应当编制村镇综合规划，“要从农村发展的全局出发，把农房建设工作扩大到有规划地进行整个村庄和集镇的建设上来”（冯华，1982）。中央把村镇规划列入“六五”国民经济和社会发展规划，要求在 1985 年之前分期分批完成全国村镇初步规划。针对这一目标，首先迫切需要建立指导乡村建设的规划法规体系，国家先后颁布了相关的村镇建设用地和管理法规和条例，试图改变混乱建设的现状。1982 年 2 月国务院颁布《村镇建房用地管理条例》，印发了 1 月 14 日国家建委和农委制定的《村镇规划原则》，初步改变村镇建设无章可循的状况，并明确村镇规划的审批流程。1985 年国家建设部颁布的《村镇建设管理规定》、1993 年国务院《村庄和集镇规划建设管理条例》、建设部《村镇规划标准》对村镇规划的具体内容及成果要求都做出了规定，也建立了中华人民共和国成立以来村镇规划及审批的基本框架。

随后专业技术人员在行政任务号召下开展了设计工作：一方面是在全国范围内编制村镇规划。据统计，1982 年已完成初步规划 15%①，但由于涉及的村镇数量太大，缺乏专业技术人员，当时完成编制规划的村镇占比有限②。编制的村镇规划大致分为：一是移地新建，把旧村的农户逐年迁入规划选址的新村，这在改革开放前几年较多采用；二是旧村改造，选择旧村统一规划，逐步改造房屋和增加配套设施；三是混合式，在中心村的外缘选择建设用地，使周边的散落农户聚集，与中心村合并，迁入的新村与旧村改造统一规划。在这三种中较多采用的是旧村改造和混合式规划，设计内容包括调整用地布局，使用功能合理；控制建设用地范围；调整路网结构；规划公共设

① 查家德. 全国村镇建设学术讨论会发言［J］. 建筑学报，1983（10）：1-5.

② 以江苏省为例，据统计到 1982 年完成村庄规划 9 441 个，占总数的 28. 1%。1992 年 4 月江苏省以第 27 号政府令颁布《江苏省村镇建设管理办法》，对乡域规划、村镇规划提出明确管理办法，使全省村镇规划的编制、审查、审批工作有了明确依据。数据来源：江苏省地方志编纂委员会. 江苏省志 · 城乡建设志［M］. 南京：江苏人民出版社，2008：1105.

施和改善给水等基础设施，其中居民点规划也是规划设计中重要的内容之一，常采用几种类型：一是以乡村所在地为中心，建立集中居民点；二是以中心村为中心的集中居民点和周边的较小集中居民点结合；三是在原有基础上部分改建和新建，集中和分散相结合的小居民点规划。规划中根据实际地形及经济社会条件分析进行选择，不再一味规划新村的集中居民点，而是要考虑农户生产生活的便利，以及生活习惯和地域风貌等因素。

第二部分的设计工作与农房建筑设计相似，参加村镇规划竞赛。1983 年城乡建设环境保护部在全国范围内开展村镇规划竞赛，是新中国成立以来的第一次，据不完全统计，直接投入竞赛评议活动的近 4 万人，入选省级的竞赛方案就有 1 028 个，最终 79 个方案参加了全国的评比，其中集镇规划有 55 个，村庄规划有 24 个[①]。此次竞赛是通过组织和发动各机构的专业技术人员参加，共同探讨村镇规划中的技术问题，再通过评议进行交流和总结经验，指导村镇规划实践。竞赛评选标准体现在“因地制宜、合理布局、节约耕地，提高土地利用率；可行性研究的预测；对原有设施的利用以及环境设计；继承地方特色”等。可见这一时期的专业设计人员对土地集约利用、控制建设用地的重视，以及鼓励旧村改造的引导。

例如竞赛中获奖的官庄镇规划着重解决了村镇现存的功能布局不合理、交通混乱、土地浪费、生活不便等问题，并进行了近期 1990 年和远期 2000 年阶段规划。在设计中合理调整原有布局和优化路网结构，镇中心区规划影剧院、文化站、商业服务楼、办公楼等公共建筑。镇东面规划农贸市场，沿公路北侧集中布置工副业和仓储建筑，改善道路交通穿过居住区的状况，镇内主要道路采用尽端式，入口处设停车场，次要道路环形联通，巷道自由布置。加强环境绿化，增辟小绿地。注意保留原有质量较好的传统建筑，新建住宅考虑了多种类型，保持乡土性的集镇风貌（图 5. 26）。

---

① 高承增. 新命题新起点——全国村镇规划竞赛评议活动综述 [J]. 建筑学报，1984 (6)：3-7.

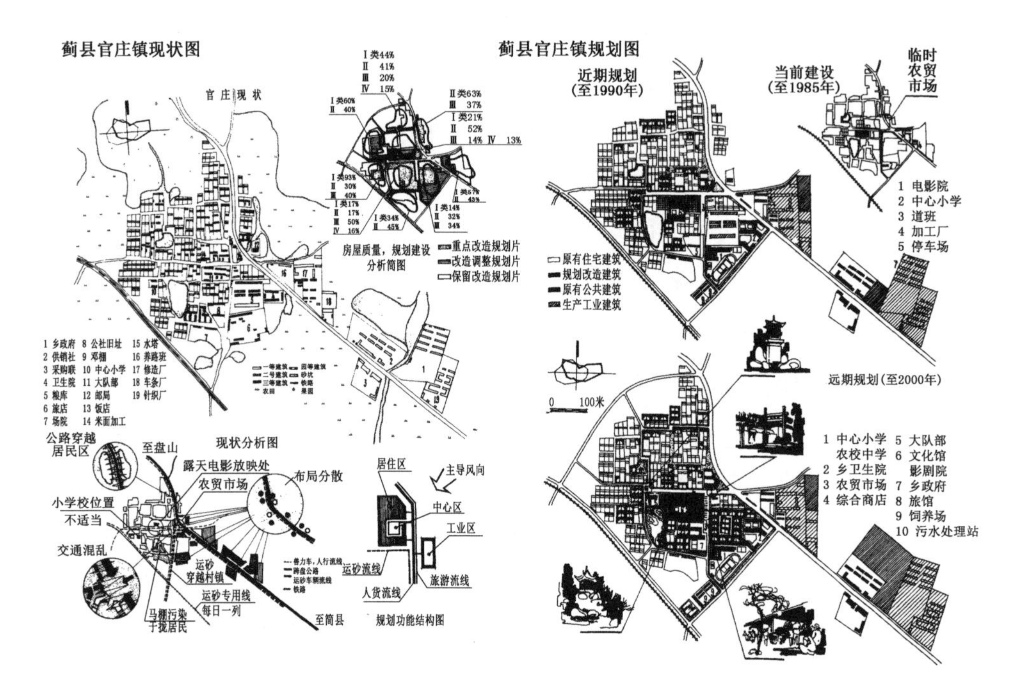

图 5.26　1983 年全国村镇规划竞赛优良奖方案-天津官庄镇现状图与规划图

从村镇规划竞赛的作品分析，这一时期的乡村规划大都不再追求集体化时期形态上的规则排布，而是充分利用地形地貌，合理布局，也按现代规划的功能分区理念，对乡村生产生活的不同功能布局予以了充分考虑。对于已有的建筑物，也充分考虑了对其进行改造和再利用。与集体化时期的兵营式英雄主义规划有了很大区别。通过这次竞赛，对村镇规划的原则，行业内达成了一致，概括为四个方面：编制村庄规划需要科学依据，首先要确定村镇性质和人口规模估算；编制规划要有符合乡村实际的一套技术经济指标；规划要合理利用村镇原有设施；规划编制要能指导当前建设。

专业技术人员还对村镇规划的方法展开了研究。因为村镇建设是一个新兴的学科，涉及面广，综合性强，改革开放后村镇建设发展快，所以在实际工作中缺乏理论指导。1980 年中国建筑工业出版社出版了高尚德和曹护九编著的《新村规划》，是国内最早系统介绍农村居民点规划设计的方法和思路的文献，可视为当代乡村规划的开荒之作。该书主要针对居民点单点建立规划体系。1982 年 8 月，中国建筑科学研究院农村建筑研究所根据《村镇规划原则》的相关内容编制了《村镇规划讲义》，其中将村庄和集镇作为一个关联的体系进行分析，提出了居民点布点规划的内容和方法，成为中华人民共和国成立后首个较为系统地阐述村镇规划思路与方法的教程，也成为全国培训和指导村镇规划设计的基础性教材。

通过对实践规划编制、竞赛成果和规划方法的分析，可以发现，这一时期乡村规划体系的建立同城市规划体系不论是框架还是内容，甚至是设计的深度和图例表达，都呈现出高度相似的特征，是在城市规划体系建立的基础上又增加了村落布点的内容，从而形成了乡村规划体系的雏形。而这种借用早先城市规划编制体系形成的村镇规划，虽在不断发展中经历了多次修改和完善，但其体系构成一直延续至今，从而造成了当今乡村规划中城市规划成分较重的根本原因。但在技术经济指标体系中村镇建设规划的定额指标上还是意识到与城市规划的不同而有所区别，提出只需要一套指标而不需要城市规划中的总体规划和详细规划的两套指标（高承增，1985），以及基础性数据选择的差异。

这一时期乡村规划的思路和方法也与传统时期自下而上的乡村营建方法有诸多耦合。在乡村居民点的用地选择上，乡村规划强调要方便生产、运输、建造，同时还要考虑村落之间的空间关系，综合考虑乡村的整体性和协调发展。同时注重人口发展的定额，采用迭加法、剩余劳动力再分配法①等，并以此作为空间规划的重要基础。传统时期朴素的乡村营建哲学同样注重相地，相地的基本原则就是既要便于耕作，又远离自然灾害，同时聚落之间还

① 迭加法是村镇在规划期内，人口自然增长和机械增长加在一起作为人口估算的依据。剩余劳动力再分配法认为除自然增长外，主要取决于机械增长，不同的是增长多少的依据以可能安排农业剩余劳动力为准。

要保持合理的空间距离。传统江南地区由于人地关系紧张，在农耕基础上发展起来的工商业十分发达，因此聚落的生成和演化除考虑耕作要求之外，还需考量商贸活动的便利性，并在此基础上逐步形成了具有江南地域特色的水网格局。传统时期乡村营建者们也是凭借朴素的规划观念，在长期实践中形成了蕴含内在科学逻辑的乡村聚落体系，这两个时期的村镇规划思想是相似的。

由此可见，这一时期的乡村规划一方面得益于已建立的城市规划体系，另一方面，同样受益于传统乡村聚落营建的经验和方法，这些经验和方法同时也被运用到了实际的规划设计中。

3. **公共服务设施**

这一时期除农民自建房外，乡村公共服务设施，特别是文教卫生及服务设施也是设计内容的重要组成部分。据统计，到 1983 年底，全国建立乡村文化站 3.5 万个，集镇上的文化中心 6 000 多个，图书馆、俱乐部、电影院等 14 万多个；八成以上的中心村建立卫生所或卫生室，全国乡村商业经营网点机构发展到 200 多万个。为满足农民对文化生活的需要，各地纷纷集资建造剧场和文化活动中心等设施，但由于缺乏设计指导，视听功能和建造质量低劣，甚至造成倒塌事故，因此需要专业设计人员的技术指导。

1983 年 12 月和 1984 年 8 月分别举办了全国乡村集镇剧场和文化中心设计竞赛，参赛方案针对乡村地区文化服务设施的特殊性，对流线设计、声学设计、舞台功能、观众厅设计等方面进行专门研究。在乡村集镇剧场设计竞赛中，获得一等奖的是适于不同地区乡村的 84 号方案，该方案布局简单，场内地面升起高度不同，音响效果较好。侧台设置在一侧，考虑了扩建另一侧的可能。舞台的台唇加大，将表演区凸出，适于表演地方戏。方案中观众厅有 800、1 000、1 200 座三种不同规模，可以结合地形分为顺坡、爬坡布置，考虑了在平地和坡地的地形使用，便于不同地区选用（图 5.27）。

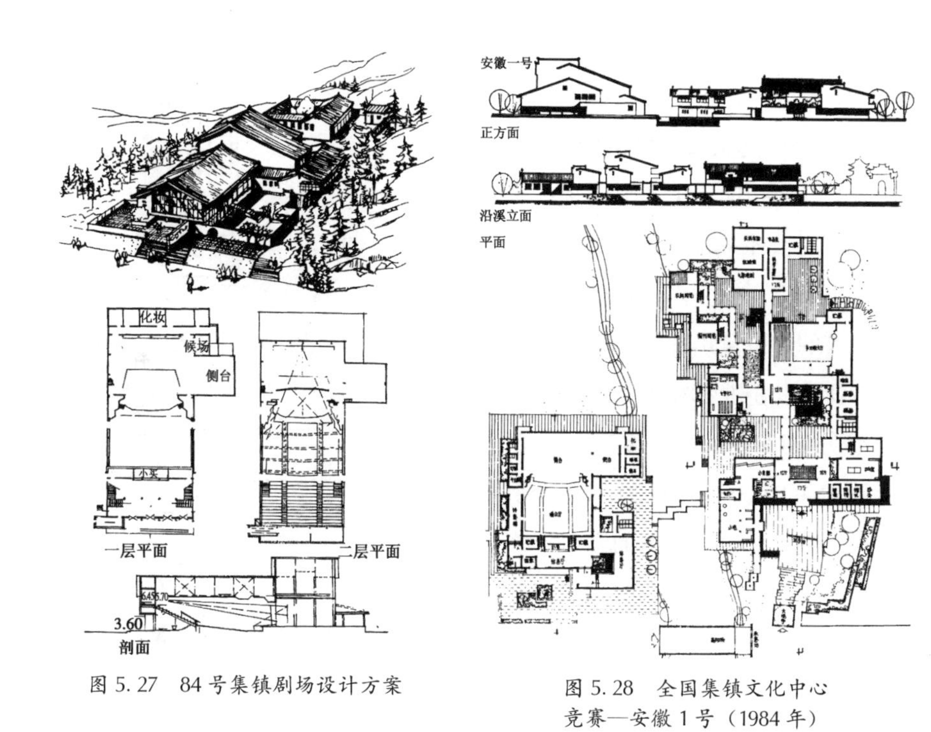

图 5.27　84号集镇剧场设计方案

图 5.28　全国集镇文化中心竞赛—安徽1号（1984年）

1984年竞赛的许多获奖方案并未采用城市大、中型剧场的全封闭观众厅、大门厅和大玻璃门窗等设计手法，而是因地制宜，一方面考虑剧场设计的要求，另一方面考虑结合乡村的实际情况以及用地条件进行了设计，尽量使用自然采光、通风。建筑在朴素中见新颖的构思，空间组合考虑灵活性以及多用途的使用，满足了乡村公共空间的多功能文化生活的使用需求（图5.28—图5.29）。

这些设计呈现出的特点反映了这一时期建筑师对使用者的关注及对乡村认知的自觉，这一时期竞赛的成果很多是可以直接被实施的，因此在设计深度上许多作品都超出了方案竞赛的要求，有的甚至直接绘制到施工图阶段，也反映出建筑师在当时对待乡村的责任心和积极态度。另一方面，根据已有的方案在乡村中选地建造，又从另一个侧面反映了当时乡村仍缺乏整体性规划的状况，也佐证了这一时期“设计下乡”带有强烈技术扶贫的特征。

4. **生产性建筑及基础设施**

改革开放初期，生产力的释放也导致了农村大量剩余劳动力的出现，并催生出乡镇企业。因此乡村地区生产性建筑的建设量迅速增加，各专业户、专业村和企业都需要新建或扩建生产用房。到 1984 年，乡镇企业已发展到 164.97 万个，成为乡村经济的一大支柱，而每年增加的固定资产 100 亿元中一半是用于房屋建设，新建面积在 6 000 万～7 000 万 $m^2$①。“设计下乡”内容从农房建造拓展到生产性建筑，向技术专业化、商品化的方向发展，例如种植专业户的粮食库、耕畜棚，花卉种子专业户的暖棚等。

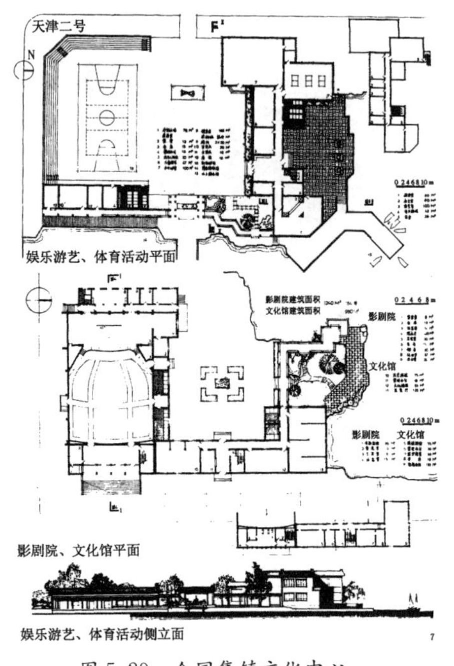

图 5.29　全国集镇文化中心竞赛—天津 2 号（1984 年）

5.2.3　第二次“设计下乡”行为的主客体影响

1. **对设计主体的影响——专业性的回归**

改革初期的这次设计下乡取得了一定成果，促使了乡村营建制度与技术体系的建立。从新中国成立后第一次召开“全国农村建房问题研讨会”到成立“农村建筑学术委员会”；从《村镇规划原则》概述到《村镇建房用地管理条例》的制定；从乡村建设管理的空白到初步建立起乡村建设管

① 袁静身. 当代中国的乡村建设［M］. 北京：中国社会科学出版社，1987：128.

理和审批体系①；从乡村住宅建筑设计竞赛到《优秀方案选编》发行；从国内村镇建设学术讨论会到国际学术讨论会；从推广村镇规划学习班到高校委培村镇规划人员，这一时期的乡村规划与建筑的体系建构、学术交流、专业技术人才培养及乡村建设管理均得到了不同程度的健全与发展②。

集体化运动时期的“设计下乡”受到国家政治的强力干预，这一时期乡村虽然首次出现设计院所的职业建筑师身影，但设计沦为权力的空间生产工具。而此次“设计下乡”的主体依然是职业建筑师及高校师生，不同的是设计主体所处的社会背景从集体制变成家庭制，理性和务实的时代语境使设计行为的专业属性逐步取代之前的工具属性，其工作方式也由驻村快速设计转变为以组织竞赛和编制图集为主的方式，因此建筑师能在相对宽松的环境下自主表达设计意图。

这一时期全国性的设计竞赛也从一个侧面客观反映了当时规划建筑界的整体设计水平。村镇规划方面，以因地制宜和集约化利用土地为总则，在空间布局上不仅考虑了乡村生活的特点及地域差异性，还开始关注城乡差异问题，规划更加关注乡村社会，提倡设计的专业化与社会化结合，统筹规划，并强调实操性。建筑设计方面，以满足农民生产和生活的双重便利为原则，在继承乡村及民居传统特征的基础上，以现代建筑学的专业视角在功能布局、空间形态、结构构造以及新能源利用等方面进行了探索。同时对设计成果的评价也建立了相对客观和理性的标准，使得乡村设计逐步回归至学理轨道。对于设计在乡村营建中的重要性，学界也有了更加深

---

① 新中国乡村建设管理机构是从无到有、从部门到全国逐步建设起来，1982 年，城乡建设环境保护部成立，部内设置乡村建设局。1983 年在 29 个省、自治区、直辖市设置了村镇建设管理机构，还在省、地、县三级普遍设置乡村建设管理机构，在乡一级配备专职乡村建设助理员、管理员。到 1984 年全国乡村建设的管理初步形成较完善的系统。

② 2000 年建设部发布施行《村镇规划编制办法（试行）》，提出村镇规划的完整成果包括村镇总体规划和村镇建设规划，最终成果体现为“六图及文本、说明书及基础治疗汇编”，开始强调近期建设规划。

刻的认识，张开济先生甚至提出“建筑师要面向农村”，建议把部分城市建筑师转向农村去搞乡村建设（崔引安，1983），这在80年代是相当有前瞻性的提议，表明学界针对乡村地区设计工作的思考达到一定的专业深度，对乡村不同于城市的特殊性与差异性有了认知。

2. 对乡村客体的影响——设计介入的失效

这一时期政府在乡村营建的技术组织上有较多成果，但相对乡村的巨大建设量而言，仍远不能满足需求，大量房屋建设依旧没有技术设计，式样单调、质量低下，缺乏地方特色。“新房子，老样子”“盖起来倒房子”等现象还是大量存在。对此，中央多次提出要改变这一现象，要动员专业技术人员下乡，帮助乡村建房。各地各部门积极响应，组织动员技术人员面向乡村，但当时技术人员数量上的缺乏，以及针对城市建设为主要任务的工作性质，使专业技术对乡村建设的指导仍更多地停留在技术图纸和编制资料集的层面。

尽管改革初期的设计下乡取得了一定的成绩，专业性明显增强，但这一时期仍是广大乡村地区聚落空间形态和乡土性受到严重破坏的阶段。巨大建设量的迫切需求以及政策执行的滞后性，使绝大多数房屋由农户自发建设，相当多的农民仍保持着固有观念，缺乏全局思想和环境意识，互相攀比心态严重，导致相关规划的实施性不强。同时这一时期自发性建设主要包括农民自建、农民互助、村内施工队以及专业施工队四种形式①。无论哪种形式，建房都还由农民自己做主，只在建造模式和费用构成方面有所不同。随着商品经济的发展，乡村的建造量持续增长，专业施工队成为乡村建房的主要模

① 一种是农民自己施工，请亲友帮忙。从准备材料、施工安排到食宿供应都靠自己来办；二是雇人盖房子，需要付工钱，而且要请受雇的人吃饭，至少包括“开工”“上梁”“竣工”3次；三是由村里把能工巧匠组织成立施工队，专为本村盖房子。施工队亦工亦农，农忙务农，农闲盖房，由队里计工付酬，或者按盖房间数向建房户收取费用；四是由村里或乡组织乡村专业施工队。施工队跨村跨乡，包工包料，承包农民建房任务。

式①。1979 年以来，全国约有 500 多万人参加了乡村建筑队，其中有将近一半专为乡村盖房②。从事乡村建设的专业施工队由有施工经验的技术精英牵头，但队伍大多由乡村木匠和泥瓦匠拼凑而成，由于缺乏管理、培训，稍有点砌墙抹灰技术的农民就组织施工队承揽工程，没有营业执照，更谈不上资质等级，队伍素质低，缺乏必要的技术装备，施工无监督，质量无检验，使用的技术仍是传统手工作业，凭借实践经验建房。随着城市繁荣，农民又开始模仿城市住房，瓷砖、铝合金、蓝色玻璃成为当时追求与城市同步的“现代性”表达，并被大量复制泛滥，其影响延续至今。

由此可见，在建造中真正起决定作用的是乡村经济精英示范下的村民主体和乡村施工队，而“设计下乡”的技术成果未能及时有效地指导乡村建房，与之对应的，则是大量富有地域特色的传统民居被拆除，乡村聚落形态遭到破坏，乡村风貌陷入了不土不洋的尴尬境地。由于宅基地产权及管理制度使房屋与宅基地被绑定③，房屋的拆建还没有彻底毁坏自然村落的整体形态，所幸大多数聚落的空间肌理还得以留存，然而此次设计下乡未能真正有效地指导乡村建设、遏制对传统聚落的破坏却是事实，因此这一时期“设计下乡”的介入结果表现为对乡村营建指导和控制的失效。

---

① 林志群. 我国住宅建设存在的主要问题及其改革的建议［J］. 建筑学报，1982（1）：40-44.

② 全国各地的县乡开始组织专业建筑力量承包农房建设，实行设计施工各项工作全包，例如山东高密县拒城乡、柏城乡，四川德阳县，江苏无锡县、金坛县、涟水县。

③ 1982 年 2 月国务院发布了《村镇建房用地管理条例》，针对农民建房、队社企业和事业单位建设用地问题要求各地做好村镇建设用地规划，严格遵循用地审批程序，控制建设用地面积。1982 年 12 月《宪法》规定，宅基地和自留地、自留山，也属于集体所有；任何组织或者个人不得侵占、买卖、出租或者以其他形式非法转让土地。1993 年《关于加强土地转让管理严禁炒卖土地的通知》规定：“农民的住宅不得向城市居民出售，也不得批准城市居民占用农民集体土地建宅，有关部门不得为违法建造和购买的住宅发放土地证和房产证”。

第 6 章
新农村建设时期的乡村营建与设计介入

6.1 反哺型的乡村营建（2005—2013 年）

6.1.1 社会动因

1. 政治稳定的需求

20 世纪 90 年代后期，日益突出的“三农”问题已成为全社会关注的焦点，解决乡村治理和组织危机成为国家和整个社会建设的任务。2005 年 10 月，十六届五中全会通过《“十一五”规划纲要建议》，提出建设“社会主义新农村”的发展战略，明确从产业、基础设施建设、体制等八个方面建设新农村，试图把乡村社会重新整合到国家治理体系中，目标是减小城乡差距，意味着城市向农村汲取税费时代的终结，进入“工业反哺农业，城市支持农村”的新格局。

2. 经济发展的需求

新农村建设不仅是为解决乡村的社会治理危机，也是作为国家的宏观经济调整策略，通过拉动内需促进经济增长，调节经济结构的失衡，具有国家战略意义。通过在乡村地区建设与生活消费相关的基础设施来激活农村潜在的消费需求，增加农民收入的同时促进宏观经济的良性增长。

3. **城乡协调发展的需求**

由于国家制度和社会背景的特殊性，新中国成立后的城乡二元结构使乡村在国家现代化的过程中一直承担着巨大的制度和经济成本。经过半个多世纪对工业的支持后，2003年中国进入了工业化中期阶段①，应调整城乡、工农关系，通过工业反哺农业、城市支持乡村的机制，缩小城乡之间日益增长的差距，统筹城市与乡村的协调发展。协调发展的需求带动了新时期乡村经济、治理、文化和社会的综合性建设，改善乡村生活生产基础设施，配套相应公共服务设施，这些目标激发了这一时期的乡村营建热潮。

6.1.2 营建历程

2006年中央一号文件的出台标志着新农村建设的正式开展，全国320多万个村庄加入其中。在国家政策的指导下，各地区制定了相关政策和村庄规划导则②，新农村时期的乡村营建开始显现出地区性差异。在全国范围内，总的来说可分为两个阶段：第一阶段主要是粗放式的建设，表现为对基础设施的加速建设，大规模的撤村并点，可看作是建设集中居民点的新农村建设又一“大跃进”，表现以追求效率为目标的建设模式。在此阶段，对乡村空

---

① 判断国家工业化所处的阶段，通常采用的方法有三种：一是霍夫曼的阶段划分法；二是库兹涅茨的阶段划分法；三是钱纳里的阶段划分法。综合各种分析方法，一般认为工业化进入中期的主要标志为：人均GDP为560美元到1 120美元；非农产业就业比重达50%；城市化率为30%；第二产业生产总值占GDP比重为40%～60%。而根据我国2003年的数据，第一产业在国内生产总值的比重下降到14. 6%，第二产业占52. 2%，以及我国人均国内生产总值突破1 000美元，农业与非农业产值结构15∶85，城镇化水平为40. 5%，各类数据显示，我国已进入工业化中期。严小龙. “两个反哺”与社会主义新农村建设研究［D］. 长沙：湖南师范大学，2007：10-11.

② 例如《江苏省村庄规划导则（2006试行，2008年版）》《山东省村庄建设规划导则》《福建省村庄规划编制技术导则（2006）》《山西省村庄建设规划编制导则》《陕西省农村村庄建设规划导则》《长沙市村庄规划编制技术标准》《云南省村庄规划编制办法（试行）》《安徽省村庄建设规划技术要点（暂行）》《吉林省村庄规划编制技术导则（试行）》《2006—2007年北京市村庄规划编制工作方法和成果要求（暂行）》《北京市远郊区县村庄体系规划编制要求（暂行）》《浙江省村庄规划编制导则（试行）》《县域村庄布点规划纲要（试行）—陕西省》等。

间的规划建设，存在一种“旧不如新”的意识，一时间造成了短时间、高强度的村庄撤并。全国自然村从1990年的377.32万个减少到2007年的264.7万个[①]（图5.1），大量自然村在乡村建设中消亡。第二阶段表现为乡村物质空间整治，由于微观物质空间的改善具有易操作性，因此地方政府也倾向于参与乡村物质空间整治，表现为对建筑风貌协调整治及公共空间的美化工程。虽然各地区在营建阶段性特征上有较多相似，但也存在着地方差异。按经济发展水平，地域上可以分为东部经济发达地区、中部经济中等发达地区和西部不发达地区三大类。东部地区在营建进程中表现出来的建设效率高于西部地区，更多地追求土地的集约利用。

6.1.3 营建内容

1. 集中居民点建设[②]

在土地集约利用的需求下，村民集中居住是实现城乡建设用地增减挂钩的重要途径，也是新农村建设的主要内容。我国目前存在的集中居民点的建设类型主要有：拆村并点、新村建设、内部整理、整体搬迁四大类。“拆村并点”是指将几个自然村归并到一起集中建设中心村，又可称为中心村模式，一般适用于自然村多、居住较分散的大行政村；“新村建设”是在出现征地和开发时，或村庄被拆迁后由村集体与开发区联合建造的集中居住区常采用的模式；“内部整理”主要针对村内空闲地较多的空心村，通过内部整治提高土地的集约利用率；“整体搬迁”则主要适用于生产生活条件、发展条件较差或特殊情况下整村迁出的模式。

采用“拆村并点”的模式减少了保留村庄的数量，并通过合并相应基层

---

① 中国城市科学研究会，住房和城乡建设部村镇建设司. 中国小城镇和村庄建设发展报告2009［M］. 北京：中国城市出版社，2011：4.

② 居民点是指人们为共同的生产和生活而聚集定居的场所，可分为城镇居民点和农村居民点两大类。学界对农村居民点的概念表述和界定有着不同的理解，这里指的农村居民点是狭义上的，可称为农村宅基地，是村民用于所建房屋及与居住生活相关的建筑物和设施用地。

政府减少基层政府及农业相关部门运作费用的行政开支，有效保证新农村建设资金的落实，这种策略还可对现有分散的村落空间布局进行集中，减少新农村建设中基础设施的成本，提高有限资金下新农村建设成果的效率。因此很多地区开始进行村庄体系布点规划，对现有村庄分类，选出保留部分和拆点的村庄，为拆村并点提供技术依据。到2007年年底，撤并幅度较大的有天津、山西、江苏、山东四省（市），已超过30%；内蒙古、黑龙江、湖北、西藏、陕西五省区超过20%，北京、浙江、重庆三省（市）超过10%①。

以江苏为例，集中居民点建设的方式主要有三种：一种是由政府主导、企业带动的集中居住，企业集团出资，政府给予优惠政策，进行规划引导、统一建设，形成村民集中安置居住区，例如以“三集中”闻名的“新桥模式”，江阴市新桥镇的几个集中居住点分别由阳光集团、海澜集团等4家上市企业提供资金，华西村、三房巷村的居民点也是类似情况（表6.1，图6.1）；第二种是以行政村为单位，依托村办企业就地建设，成为以工业为主的集中居民点，主要是一些工业较发达、实力强的企业，村民基本在非农产业就业，将自然村转变为工业新社区，例如昆山在全市域规划建设了可安置6.5万户农户的57个集中居民点（图6.2）②；第三种是在农业为主的地区，

图6.1　三房巷村农民居民点

图6.2　昆山淀山湖镇晟泰村集中居民点

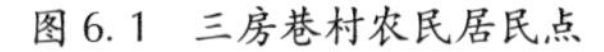

① 中国城市科学研究会，住房和城乡建设部村镇建设司. 中国小城镇和村庄建设发展报告2008［M］. 北京：中国城市出版社，2009：155.

② 张泉，王晖，陈浩东，等. 城乡统筹下的乡村重构［M］. 北京：中国建筑工业出版社，2006：57.

表 6.1 江阴市澄东片区周庄镇镇村安置表

	农村居民点	人口规模（人）	用地规模（hm^2）	地理位置	规划搬迁到安置点的行政村情况		
					行政村名	行政村人口	自然村个数
周庄镇	陶城	4 080	23. 34	镇区东北	陶城村	3 689	8
	杜家巷	8 850	50. 61	镇区西北	东林村	3 715	7
					王家巷	2 591	10
					伞湖村	2 570	7
	倪家巷	8 300	62. 3	镇区西北	倪家巷	4 963	9
	下村	6 750	41. 58	镇区北部	门楼下村	2 682	5
	高僧桥	5 280	26. 52	镇区西部	周西村	3 433	7
	钱家湾	3 520	17. 68	镇区西部	周西村	3 433	7
	华宏	4 470	22. 35	镇区西部	华宏村	3 745	11
	蒋巷上	5 800	29. 01	镇区东南	稷山村	2 728	7
	三房巷	11 000	66. 68	镇区南部	三房巷村	10 008	15
	幕义庄	3 540	20. 2	社区北部	长乐村	4 012	10
	唐家巷	2 030	10. 15	镇区东南	山泉村	2 850	8
	周南村	18 000	95. 76	社区东部	康须村	2 312	10
					双桥村	4 060	11
					长乐村	4 012	10
	楼下村	2 100	13	镇区南部	三房巷村	10 008	15
	长南村	12 000	68. 65	社区南部	杨家庄村	2103	9
					大坝上村	3579	9
					卢家坝村	3579	9
	大坝上	538	7. 2	社区南部			
	西门楼下	631	9	镇区北部			
	田堵里	805	14. 2	镇区东北			
	刘长巷	695	7. 7	镇区南部			
合计	18	98 389	585. 93		17	80 072	184

采取建设集中居住示范点等方式推进村庄的撤并，这类集中居民点由政府统一规划和建设，通过宅基地置换和财政补贴，由村民按标准自建。其中苏南地区主要采用第一、二类，苏中、苏北地区以第二、三类为主引导建设集中居民点。

以拆村并点为主的集中居民点，其经营土地资源的融资方式是地方政府的方法之一，以政府垄断土地一级市场为手段，充分利用土地规划和土地储备进行融资，通过对土地的开发，实现将土地资源的经营收益用于城镇建设投资。所以有的地方政府把村庄拆并与建设用地指标挂钩①，并未着眼于持续发展的目标。乡村地区的社会组织结构和空间出现了“三减一增”变化，即村庄人口总数，行政村个数和自然村数量均逐渐减少，而村庄的平均人口规模却不断增加。全国的村庄数量在2005—2006年间出现了较大的变化。2005年前，村庄的数量较稳定，逐年减少比例约为1%，而2006年，村庄数量骤减42.81万个，数量减少了13.6%（图6.3）。

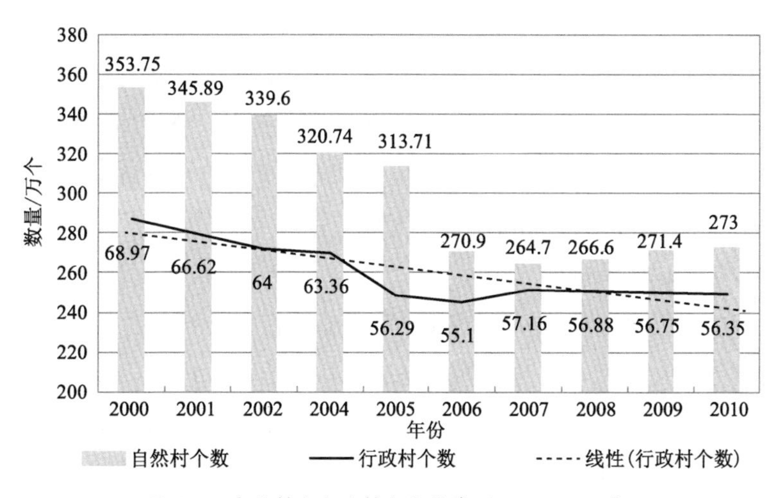

图6.3　自然村和行政村变化趋势（2000—2010年）

① 目前我国农村居民点整理主要靠地方政府投入，资金来源比较单一，给地方政府带来了很大压力。根据浙江省预算，村庄的拆迁成本和复垦成本，每亩需要5万～6万元；江苏省拆迁医护农宅，需要费用在20万～30万元，所以地方政府希望把指标与城镇建设用地挂钩，以此来增加财政收入。

2. 村庄整治

新农村建设 20 字方针中的“村容整洁”是针对乡村人居环境的改善。2005 年建设部下发《关于村庄整治工作的指导意见》，同年建设部在赣州召开全国村庄整治工作会议，部署了村庄整治的重点和方法。村庄整治作为新农村建设的主要内容之一，是“对乡村居民生活和生产聚居点的整顿和治理，是对已经建成的村庄在房屋、基础设施和环境等方面进行的综合修整，是以‘治旧’工作为主，而不是‘建新’”（朴永吉，2010），其目标是在物质空间上缩小城乡面貌差别。

2008 年住房和城乡建设部发布《村庄整治技术规范》，是新农村建设的村庄整治工作的国家标准。到 2010 年年底，全国完成村庄整治 152 043 个，比 2009 年年底增加 15 641 个①（图 5.41）。全国各地在村庄整治的政策指导、试点示范和实施监管都做了相应工作。江苏省在 2010 年的村庄整治工作中，首先完成了 1 000 个村庄环境整治，这些试点共投入改造资金约 1 亿元，建设村内主次道路 55 km，修建排水管道 46 km，新建垃圾箱约 6 600 个，新建厕所约 400 座，增加公共绿地 65 万 m^2，改善人居环境；其次完成了苏中、苏北地区 150 套农村生活污水适宜处理设施，建成 168 座乡镇垃圾中转站；最后还完成了 2 666 个规划保留村庄的生活污水处理设施建设。村庄整治的具体建设内容包括以下三个方面。

（1）乡村市政设施

长期以来，国家对乡村一级的市政基础设施缺乏投入。新农村建设时期，为改善居住环境，市政设施的完善是建设的主要内容，包括乡村道路及相关设施（道路、桥梁、道路路面硬化、道路排水边沟、路灯及交通标志、公共停车场、库等）；给水工程（供水水源，输配水管网）；排水工程（排水系统布置、污水处理等）；供电工程；电信工程；广电工程和环境卫

① 中国城市科学研究会，住房和城乡建设部村镇建设司，中国·城镇规划设计研究院. 中国小城镇和村庄建设发展报告 2011 [M]. 北京：中国城市出版社，2013：74.

生设施。

2005 年国家以“六小工程”为主的乡村小型基础设施建设开始对乡村的公共基础设施的投入①。截至 2006 年年底，全国 95. 5%的村通公路，水泥路、柏油路、砂石路、砖、石板路和其他路的比重分别为 35. 2%、26. 3%、25. 7%、1. 1%、11. 7%。村内主要道路中，水泥路、柏油路、砂石路的比重分别为 27. 7%、11. 1%，35. 7%。村内有车站或码头的占比 25%，21. 8%的村村内主要道路有路灯，98. 7%的村通电，97. 6%的村通电话。全国 24. 5%的村饮用水经过集中净化处理，15. 8%的村实施垃圾集中处理，33. 5%的村有沼气池，20. 6%的村完成改厕②。2010 年中央明确提出“开展农村排水、河道疏浚等试点，搞好垃圾、污水处理，改善人居环境”③，推进城镇基础设施向乡村延伸。2010 年底，全国供水设施建设投入 194. 08 亿元，有集中供水的行政村有 294 749 个，占比 52. 3%。全国新建排水管道 3. 32 万 km，投入 92. 09 亿元，开展污水处理的行政村比例为 6%，有垃圾收集点的行政村占 37. 6%，对生活垃圾进行处理的行政村占比 20. 8%。

（2）公共服务设施

公共服务设施是乡村和城镇的重要差异点，加强公共配套设施的建设是这一时期统筹城乡发展的重要内容之一。公共服务设施包括公益性设施（村委会、图书阅览室、老年活动室、卫生室、信息服务站、学校等设施）和商业服务型设施（生活超市、集市贸易、食品店、综合修理店、理发店、娱乐场所等）（表 6. 2—表 6. 3）。

---

① “六小工程”是指节水灌溉、人畜饮水、农村沼气、农村水电、乡村道路和草场围栏等农村小型基础设施。

② 中国城市科学研究会，住房和城乡建设部村镇建设司. 中国小城镇和村庄建设发展报告 2008［M］. 北京：中国城市出版社，2009：47.

③ 参见 2010 年《中共中央、国务院关于加大统筹城乡发展力度，进一步夯实农业农村发展基础的若干意见》。

表 6.2　村庄建设投资情况（2006—2012 年）

年份	村庄建设投入（亿元）	村庄房屋建设投资				市政公用设施
		小计	住宅	公共建筑	生产性建筑	小计
2006	2 723.30	2 222.40	1 524.00	203.40	495.00	500.80
2007	3 543.90	2 928.20	1 923.10	286.20	718.90	615.60
2008	4 294.30	3 501.30	2 558.30	312.00	631.10	793.00
2009	5 400.10	4 536.80	3 455.70	337.40	743.60	863.30
2010	5 691.60	4 586.20	3 411.80	380.90	793.50	1 105.40
2011	6 203.90	4 988.05	3 773.20	410.62	804.23	1 215.86
2012	7 420.39	5 760.86	4 311.60	455.18	994.10	1 659.50

表 6.3　村庄房屋建设情况（2006—2012 年）

年份	本年竣工建筑面积（亿 m^2）			年末实有建筑面积（亿 m^2）		
	住宅	公共建筑	生产性建筑	住宅	公共建筑	生产性建筑
2006	4.75	0.56	0.95	202.92	9.06	12.73
2007	3.65	0.46	1.01	222.65	9.55	14.56
2008	4.10	0.38	0.91	227.24	13.45	19.82
2009	4.91	0.40	0.96	237.00	10.98	16.15
2010	4.56	0.41	0.90	242.59	10.53	16.43
2011	4.86	0.41	0.92	245.10	10.49	16.65
2012	5.25	0.48	1.00	247.83	10.41	17.45

（3）公共环境整治

公共环境整治包括公共活动场所、坑塘河道等，主要是指清理村内街巷两侧乱搭乱建的违章建筑物、构筑物及相关设施，还包括主要村庄出入口、街巷、公共活动场地、公用水塘河道、绿化、环境小品等环境面貌的整治与美化。有些地区还包括建筑风貌的整治，对村内历史建筑、传统民居的保护修缮，村内风格统一协调等内容。

（4）安全防灾设施

主要是指防洪堤、泄洪沟、蓄水池、山体和坡地的护坡及挡土墙等各类防洪工程设施，考虑地震时的安全避难场所，还需要在主要建筑物及公共场所设置消防设施等。

3. 危房改造

根据乡村住房更新换代的周期特点，以及住房和城乡建设部对东、中、西部地区的抽样调查估算，预估我国农村危房总量约 15.6 亿 m^2，占全国村镇住宅建筑面积的 5.8%。其中经济较差地区的农村危房比率则更高，西北、西南集中片区的贫困区，部分边远贫困村庄的危房比率可达 80%，因此危房改造是新农村建设的一项重要内容。

2008 年中央一号文件、十七届三中全会和 2009 年中央一号文件分别提出“加快农村危房改造”“扩大农村危房改造试点”。2008 年 11 月，为应对国际金融危机，出台的扩大内需、促进经济增长的十大措施里，列在首位的就包括扩大农村危房改造试点。2008 年年末，中央支持贵州省级危房改造试点 2 亿元。2009 年，中央追加 40 亿元补助改造了 80 万户乡村危房，并扩大到了中西部 950 个县，占全国县总数的一半。2011 年中央危房改造的实施范围继续扩大到中西部地区全部县，规模扩大到 270 万户①，补助资金达到 169 亿元。2012 年中央危房改造试点扩大到除京津沪以外的全部乡村。危房改造的方式分为翻建、新建或修缮加固三种方式，建房面积控制在 40～60 m^2，实行一户一档。2008—2012 年，全国一共完成危房改造 973 万户，中央的补助标准从每户 5 000 元提高到 7 500 元，共计补助资金 782 亿元（图 6.4）。

---

① 中国城市科学研究会，住房和城乡建设部村镇建设司，中国・城镇规划设计研究院. 中国小城镇和村庄建设发展报告 2012 [M]. 北京：中国城市出版社，2013：11.

图 6.4　山西省右玉县邓家村危房改造前后的居住状况

6.1.4　营建特征

1. 自上而下的政府主导为主

(1) 政府财政支持为主的营建

社会主义新农村建设所需资金的来源主要有三种：国家投入即中央和省级财政投入；社会投入即乡村金融体系及民间资金；村民自筹。农业税费改革后，中央政府不但不再向农民征收土地税费，每年还把大量财政资金用于新农村建设，一号文件的"三个高于"的要求确保了新农村建设的资金投入。在社会投入的部分，乡村金融体系主要包括以农村信用社为代表的金融机构的支持①，但除农村信用社外，其他金融机构和民间资金在新农村基础设施建设中几乎没有参与。由于乡村市场化和产业化水平有限，以及国家对乡村土地的限制，资金收益慢，绝大多数乡村对社会资金缺乏吸引力。在村民自筹资金的部分，由于多数留在村里的是老人和小孩，"一事一议"的资金很难筹集，因此财政支农资金②成为新农村建设稳定且主要的资金来源。根据中央财政预

① 中国银监会主席 2006 年 2 月召开的全国合作金融监管暨改革工作会议强调，银行业金融机构要为促进社会主义新农村提供有效支持。农村信用社主要针对农户小额信用贷款、农户联保贷款等。要对两水（饮用水和灌溉水）和三网（电、路、通信网）两气（沼气、液化气）两个市场（境内外销售市场）有政策性的领域加大投入。

② 财政支农资金主要指国家财政用于支持农业和农村发展的建设性资金投入，包括固定资产投资（含国债投资和水利建设基金）、农业综合开发资金、财政扶持资金、支援农村生产支出、农业科技投入等。

算，全国“三农”支出由2003年的2 144亿元逐步增长到2007年的3 917亿元，2008年为5 625亿元，2004—2008年同比分别增长22.5%、13.3%、14.2%、27.1%、30.3%，而实际决算数还要高于这个数目，2007年中央财政“三农”实际支出4 318亿元，2008年则实际达到5 955亿元①（图6.5）。

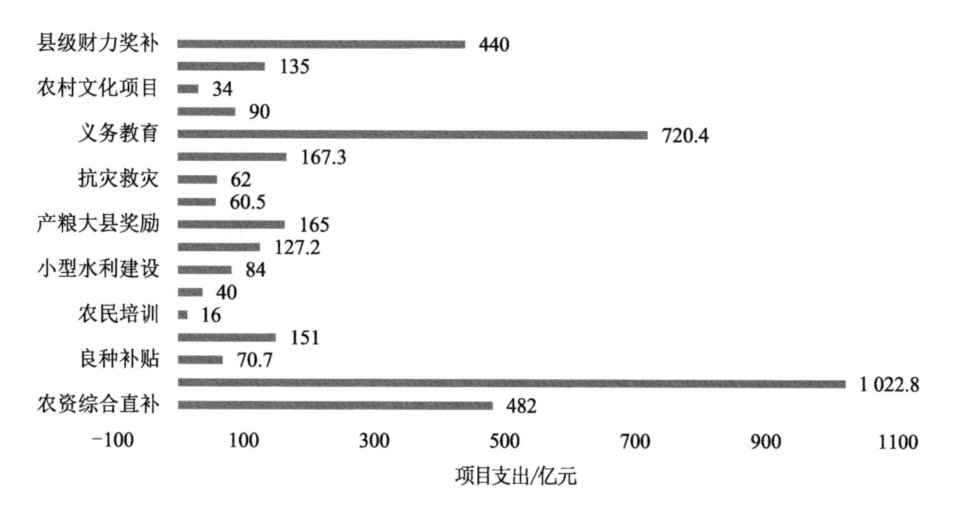

图6.5　2008年中央财政“三农”项目支出

公共财政又分为中央财政和地方财政。在分税制体制下的新农村建设中，中央和地方是分工的，所以根据具体建设内容主要存在四种形式：中央财政全额负担、地方财政全额负担、中央和地方共同承担、中央通过财力转移支持地方负担等②（表6.4）。其中，中央和地方共同承担即中央要求地方

① 易洪海. 财政分权视角下的新农村建设公共财政投入研究［D］. 长沙：中南大学，2009：70-71.

② 自1994年“分税制”改革以来，我国政府总体汲取能力不断提升，但该项改革也导致政府间财权事权的非均衡划分。地方政府的财政收入占整个财政收入的比重逐年下降，从1993年的78%下降到2004年的45.1%；中央政府的财政收入占整个财政收入的比重却明显上升，从1993年的22%上升到2004年的54.9%。而地方政府的财政支出占整个财政支出的比重却没有相应变化，一直徘徊在70%。这说明地方政府45%的相对财政收入支撑了70%的财政支出责任。不同层级政府间如此不均衡的财力安排，就使转移支付在新农村建设财政政策中占有极其重要的作用。数据引自：易洪海. 财政分权视角下的新农村建设公共财政投入研究［D］. 长沙：中南大学，2009：86.

配套是大多数项目采取的形式，而中央通过奖补形式实行转移支付是常采取的重要措施（易洪海，2009），这是因为政府间财权事权非均衡划分的深层制度原因，因此中央财政支农资金不断增加，对不同财政层次“事权”和“财权”的不对称进行校正。审计署对50个县2006年中央支农专项资金的审计调查结果显示，中央支农专项资金的76%用到了县级，成为基层财政支持农业和农村发展的主要资金来源[①]。由于资金主要由政府财政提供，新农村建设的话语权也就转移到了政府部门，这就决定了新农村建设跟随资金自上而下，以政府主导的方向为主。

表6.4 中央财政资金与地方财政资金配套比例（2008年）

分省配套比例	1：2	北京、天津、上海、大连、青岛、宁波
	1：1	江苏、山东、浙江、福建、广东
	1：0.6	辽宁、重庆
	1：0.5	河北、吉林、黑龙江、安徽、江西、河南、湖北、湖南、四川、山西、广西、云南、陕西
	1：0.4	内蒙古、贵州、海南、甘肃、青海、宁更、新疆
	1：0.3	西藏自治区
	1：0.5	新疆生产建设兵团、黑龙江省农垦总局以及广东省农星总局，中央财政资金与自筹资金（项目团、场和群众筹集的现金、以物折资和投劳折资）
地方财政分级配套比例	60%～40%	天津、青岛、宁波3市，市本级总体上承担地方财政配套资金的60%以上，县（市、区）级承担40%以下
	70%～30%	大连、上海、山东、福建4省（市），省（市）本级总体上承担地方财政配套资金的70%以上，地（市）、县（市、区）级承担30%以下
	80%～20%	其他省（自治区、直辖市），省（自治区、直辖市）本级总体上承担地方财政配套资金的80%以上，地（市、州、盟）、县（市、区、旗）级承担20%以下
	各省（自治区、直辖市）自定比例自定	地（市、州、盟）、县（市、区、旗）级财政配套资金具体分担比例由各省（自治区、直辖市）自定，其中国家扶贫开发工作重点县和财政困难县不承担财政资金配套任务，由此减少的配套资金由省（自治区、直辖市）本级财政承担

---

① 审计署. 审计署财政审计司负责人就中央支农专项资金审计调查结果答记者问［EB/OL］.［2008-07-25］. 中央政府门户站.

（2）自上而下的任务层级关系

2006 年的中央一号文件提出了“三个高于”的要求，中央对地方政府的要求也是如此。这是行政体制下自上而下政治任务的层级关系，也是地方政府工作考核内容的一部分，各种任务的下达和考察验收使得新农村建设带有明显政治任务的依附性特征。例如住房和城乡建设部对各地区试点逐级年度检查与定量绩效评价，一方面是为了保证实施进度，但另一方面层级工作考核也会使地方部门为完成任务而使用非正常手段，类似的耕地面积指标的考核工作也是相似，不仅是新农村建设工作的一部分，也成为政治任务的层级考察内容。

2. 乡村精英俘获下的村民失语和外部代言

新农村建设是涉及政府、社会力量、乡村精英及普通农户等各方利益群体，共同参与才能完成的一项重要国家战略。但由于村支部和村民委员会的矛盾致使村民自治机制失效，也造成对乡村自治组织代言权力的质疑。同时由于农民的分化以及各阶层利益的差异化，使得各阶层为谋求利益的最大化，在一定范围内进行博弈，寻求适当的利益平衡点，造成了基层政府的失灵和乡村精英的俘获。而其中占大多数的普通农户，作为真正的乡村主体，在新农村建设过程中被客体化，普通村民难以有效参与，自身利益得不到表达，其主体地位在营建中被边缘化。

进入新时期后，乡村“去组织化”后的公共治理能力衰退，村民个体因不具有市场地位而受利益盘剥。如今村民的去组织化始于家庭联产承包责任制，伴随着市场化带来的经济利益冲击及乡村以及城乡之间的人口流动，使得村民进一步分散化。其结果是公共财政资源的消耗并没有解决大部分村民的生活需求，而让位于乡村之外的“外部力量”来代言和决策。这里的“外部力量”指乡村之外的各方成员，包括政府、非政府组织、企业以及群体或个人。在乡村主体失语的情况下，“外部力量”强势地主导了乡村营建活动，充当了代言人角色，但本质上其无法替代主体村民的真实诉求。只有建立了自我利益表达载体和渠道，才可以在平等对话的条件下实现自我赋权，避免主体地位被客体化。

3. **以土地集约利用为核心目标**

传统乡村在空间上布局分散，各地区地域特征差异明显，形成了独特的乡村聚落景观。在经历了集体化时期、改革开放后的城市化快速发展后，土地资源和环境消耗的高指标已成为制约其发展的重要约束。进入 21 世纪，土地集约利用成为重要议题，并与国家的经济增长方式相提并论。而在城乡统筹发展的背景下，对乡村发展中土地集约化利用的要求逐渐成为规划建设中的重要指标。在国家层面，我国农村土地整治最早从 20 世纪 80 年代开始，包括 1999 年国土资源部出台《关于土地开发整理工作有关问题的通知》，2003 年《土地开发整理若干意见》和《全国土地开发整理规划（2000—2010）》，2005 年《关于加强和改进土地开发整理工作的通知》，2008 年《全国土地利用总体规划纲要（2006—2020）》中，再次强调“积极盘活建设用地存量；探索实施城镇建设用地增加与农村建设用地减少相挂钩的政策，推进农村建设用地整理，加强区内集中成片、高标准基本农田的建设”。

从上述政策的制定，已经看出在国家层面上对乡村土地集约化使用的政策导向，其中在 2004 年底正式提出的增减挂钩政策①是非常重要的政策（图 6.6）。早在 2000 年已开始对城乡建设用地增减挂钩的思考和探索②，进入推进期后，中央明确城镇建设用地增加要与农村建设用地减少相挂钩，之后出

① 政策内涵：“依据土地利用总体规划，将若干拟复垦为耕地的农村建设用地地块（拆旧地块）和拟用于城镇建设的地块（建新地块）共同组成建新拆旧项目区，通过建新拆旧和土地整理复垦等措施，在保证项目区内各类土地面积平衡的基础上，最终实现增加耕地有效面积，提高耕地质量，节约集约利用建设用地，城乡用地布局更合理的目标”。

② 2000 年 11 月 30 日，国土资源部下发《关于加强土地管理促进小城镇健康发展的通知》提出：“县、乡级土地利用总体规划和城镇建设规划已经依法批准的小城镇，可以给予一定数量的新增建设用地占用耕地的周转指标，用于实施建新拆旧，促进建设用地的集中。”同年 12 月 27 日，国土资源部下发《关于加强耕地保护促进经济发展若干政策措施的通知》进一步明确用于解决小城镇拆旧过程的建设用地指标问题。

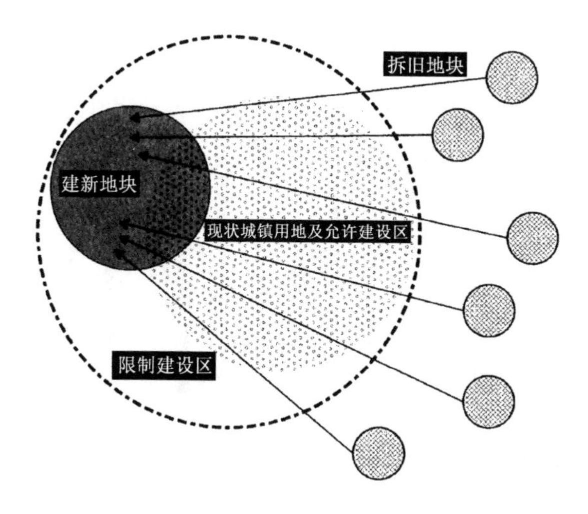

图 6.6　增减挂钩示意图

台了多项政策完善试点工作及管理办法。2008 年 6 月，国土资源局下发《城乡建设用地增减挂钩试点管理办法》，其中“挂钩”政策将村庄整理出的土地由资源变成资产，地方政府可从城乡土地之间的巨大差值获得收益，并将部分收益专项用于农村基础设施建设、村民拆迁补偿和建设用地整理。2008—2009 年又分别批准了 19 个省市加入增减挂钩的试点①。从村庄用地实际面积变化中可以看出土地集约利用的趋势，2008 年减少到 1 311.7 万 hm（图 6.7）。

在增减挂钩运作方面，学界提出了三种探索模式（王君，朱玉碧，郑财贵，2007）②，实践中由于资金和风险问题，绝大多数增减挂钩采取的仍是由政府主导型运作模式，工程从立项到竣工验收由政府统一安排，资金投入也以政府为主，其中监督管理手段以行政手段为主，村民的集中居住是实现城

① 王海卉，张倩. 苏南乡村空间集约化政策分析［M］. 南京：东南大学出版社，2015：87.

② 有学者对此作了探索研究，提出了三种模式：政府主导型运作；市场主导型运作；农村集体自主型运作。引自：王君，朱玉碧，郑财贵. 对城乡建设用地增减挂钩运作模式的探讨［J］. 农村经济，2007（8）：29-31.

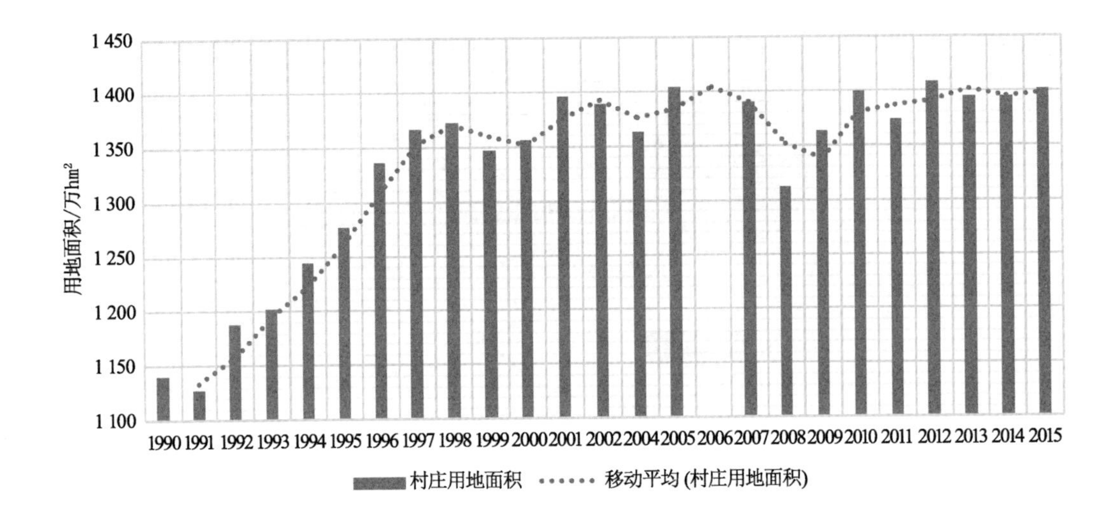

图 6.7 村庄用地面积变化情况（1990—2015 年）

乡建设用地增减挂钩的重要途径。

4. 新农村建设的地区差异性显现

在新农村建设时期，居民点的农房建设仍是一个重要且具体的建设内容，各地农房建设在 2006 年达到一个阶段性高点。在 2008 年汶川地震灾后重建等因素影响下，乡村地区的农房建设仍稳步发展，但在全国各区域不同经济、社会以及政策等因素影响下，东、中、西地区的农房建设差异性已显现。在人地关系已经高度紧张的东部地区的乡村，营建主要表现为集中居民点建设，来获取更高的土地集约率，换取更多的效益；西部地区的乡村营建主要表现为危房改造的形式，通过农房建设带动土地的集约发展和人居环境改善；中部地区则表现为基础设施的配套建设和环境整治，以此带动土地的集约发展①（表 6.5）。

① 中国城市科学研究会，住房和城乡建设部村镇建设司，中国·城镇规划设计研究院. 中国小城镇和村庄建设发展报告 2010［M］. 北京：中国城市出版社，2012：48-49.

表6.5 全国东部、中部、西部、东北地区乡村住房建设水平及差异（2008年）

地区	本年建房户数（万户）	占农村户数	新址新建户所占比	本年竣工建筑面积（亿 m^2）	其中：占年末实有建筑面积	其中砖混结构以上
全国	389.56	2.10%	42.10%	4.39	1.86%	86.19%
东部地区	81.97	1.34%	45.76%	1.10	1.42%	90.39%
中部地区	84.62	1.50%	46.11%	1.27	1.68%	89.89%
西部地区	191.36	3.43%	44.34%	1.75	2.43%	80.76%
东北地区	31.62	2.51%	83.93%	0.27	2.49%	86.89%

5. 集中居民点建设的城市性特征凸显

集中居民点的建设规划一般按照中心村的选择原则，将周边村庄的村民集中到中心村居住，并通过对已有基础设施的扩建或新建，逐步扩大居住规模，这是城乡体系向乡村的延续，也是在与城镇体系协调的基础上建立起“集镇—中心村—基层村”体系，中心村是连接集镇和基层村的纽带，是乡村的重要据点。因此在集中居住的布点规划建设中大部分是选取中心村①，然后对周边村庄进行撤并。撤并村庄成为普遍现象，“一可以节约耕地，二可以集中居住而减少基础设施的投资，三可以推进城镇化”（仇保兴，2016）。通过撤并村庄，将乡村的居住密度提高到城市水平，地方政府可用的耕地转建设用地的指标就相应增加了，造成了中心村的建设密度越来越大，大量自然村落随之消亡，也造成了资源浪费，破坏了乡村的原有特征。

在新农村建设的中心村居民点中，最显著的是整齐划一的布局，笔直宽阔的道路等，传统村落的巷道空间消失殆尽，乡村生活气息丧失（图6.8）。

---

① “空间上已经连为一体的多个行政村应统一规划。规划编制人员在进行现状调查，取得相关基础资料后，应采取座谈、走访等多种方式，征求村民对村庄发展的建议。村庄规划应进行多方案比较，并向村民公示，广泛听取村民意见。县级建设（规划）部门应组织专家和相关部门对村庄规划方案进行技术审查。规划成果完成后，须经村民会议或村民代表会议讨论通过，由乡级人民政府审查同意后，报县级人民政府批准。经批准的村庄规划应在村庄显著位置予以公布。村民有义务对村庄规划的实施进行监督。县级建设（规划）主管部门和乡级人民政府应建立健全村庄规划实施的信息反馈制度，并设立和公布举报电话。”

这是以城市的思维和设计方法进行乡村的建设，认为只有城里的东西才是现代的、优越的，把城市建设模式盲目照搬到乡村。村民对居住点的归属感日渐消失，邻里关系也日趋淡漠，搬进新村的村民不适应新居民点的居住环境，带来了一些社会问题。在住宅设计方面，不少集中建设居民点的农宅户型是照搬城市住宅户型，没有考虑农户的生活习惯，失去了传统村庄的邻里关系，有的地区由于施工前的盲目性和随意性较大，施工技术水平低下，造成施工无监督，质量无检验，导致规划和建设质量不高。但总的说来，这时期的农宅建设质量比改革开放时期还是有明显提升。

图6.8　上海市南桥镇金港村居民点详细规划公示通告（2010年）

6. 营建制度与技术体系的建构期：以法治化与程序化为特征

建设社会主义新农村是一个国家战略，基于城乡统筹发展来推动城市化进程，以及解决“三农”问题，实现城市反哺农村，工业反哺农业的目的，具有强烈的政治性。十六届五中全会通过的《关于国民经济和社会发展“十一五”规划建议》社会主义新农村建设的任务中强调“必须搞好乡村建设规划”，即必须以规划先行，确定了这一时期新农村建设中营建制度和技术的重要性。

（1）国家政策层面营建制度的法治化

城市规划是一个自上而下的规划。进入新农村建设时期，由于政策上的目标要消除城乡二元，实现统筹发展的导向，2008年1月1日我国开始实施《城乡规划法》，在城乡规划法中，城乡规划是由城镇体系规划、城市规划、镇规划、乡规划和村庄规划组成的一个规划体系，打破长期存在的二元结构。《城乡规划法》在总结《城市规划法》和《村庄和集镇规划建设管理条例》的基础上把乡村纳入整个规划体系，进入城乡统筹的规划管理时代。这一法律制度提升了乡村规划的地位，为乡村的规划建设依法管理提供了法律保障。依据国务院批准的住房和城乡建设部的“三定”方案，2008年7月设立村镇建设司，专门负责村镇规划建设管理工作①。乡村营建的规划管理工作逐步走上法治化轨道。根据有关规定，乡和村庄规划建设管理实行法定许可证制度，为了严格法定许可证的发放和管理工作的规范化，住房和城乡建设部村镇司启动了《乡村建设规划许可管理办法》的立法工作，把乡村各项建设活动按法律规定纳入政府的管制范围。

目前《村庄和集镇规划建设管理条例》还在修订中，规范地方村镇建设机构管理。到2010年年底，全国所统计的13 735个乡中，设有村镇建设管理机构的占比63%（图6.9）。住房和城乡建设部村镇建设司亟需加强对村镇建设管理的培训，形成一定的村镇建设管理培训体系：一是定期组织村镇建设管理培训班，主要涉及村镇规划、小城镇建设、危房改造、节能减排、垃圾处理等；二是乡村建筑工匠师资培训，编写《农村建筑工匠培训教材》；三是通过村镇建设领域相关政策、技术标准，提升各地村镇建设管理技术水

---

① 具体包括拟定村庄和小城镇建设政策并指导实施，指导镇、乡、村庄规划的编制和实施，指导农村住房建设、农村住房安全和危房改造，提出进城定居农民的住房政策建议，指导小城镇和村庄人居生态环境的改善工作，组织村镇建设试点工作，指导全国重点镇的建设。来自中国小城镇和村庄建设发展报告2009［M］. 北京：中国城市出版社，2011：4.

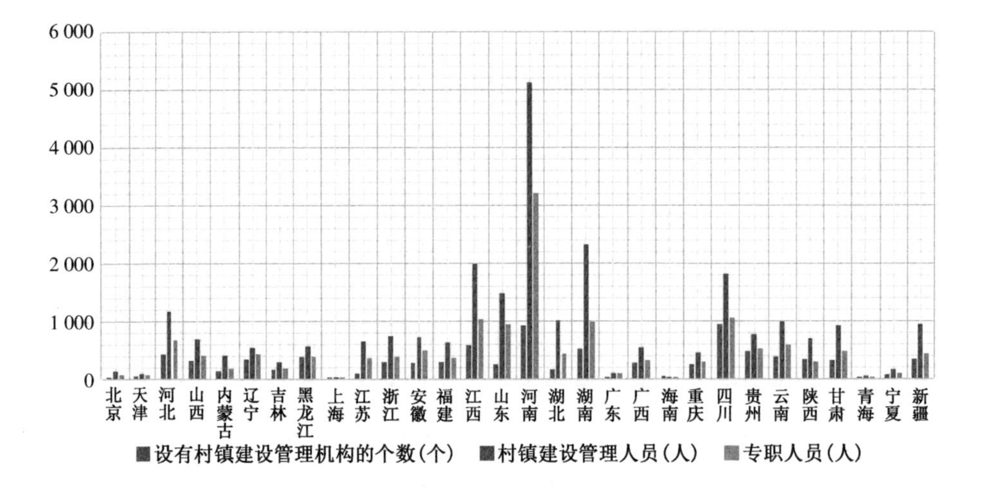

图 6.9 全国各省、自治区、直辖市乡规划建设管理机构设置比较（2009 年）

平。各省市也加强了地方机构的建设，例如北京市构建了市、区、乡、村四级村镇工程建设管理体系，海南省的乡镇挂牌成立乡镇规划建设管理所等。

在农村土地产权制度方面，国家通过法律法规进行规范和调整。2004 年修订的《宪法》再次确认了 1982 年的《宪法》有关集体土地所有的范围及权限的规定。2004 年再次修订的《土地管理法》第六十三条规定，“农民集体所有的土地的使用权不得出让、转让或者出租用于非农建设”，这一条款强化了国家对建设用地市场的垄断地位，也使当前现实中的大量农村集体建设用地流转处在了灰色地带。而根据现实需求状况，国家又出台了与国有土地产权对立的政策，例如 2004 年国务院发布的《关于深化改革严格土地管理的决定》，其中强调“在符合规划的前提下，村庄、集镇、建制镇中的农民集体所有建设用地使用权可以依法流转”。

2006 年的《52 号文》① 标志着中国对农村土地利用严格限制的政策开始

① 2006 年国土资源部发布了《关于坚持依法依规管理节约集约用地》，简称《52 号文》，明确提出两个试点：其一是稳步推进城镇建设用地增加和农村建设用地减少相挂钩试点；其二是推进非农建设用地使用权流转试点。

改变，农村建设用地已成为农村集体用地入市的主体内容。但紧随的第二年，针对一些地区将农村集体用地转为建设用地现象的蔓延，国务院办公厅关于严格执行有关农村集体建设用地法律和政策的通知中，再次明确只有乡镇企业、乡（镇）村公共设施和公益事业建设、农村村民住宅等三类可使用集体所有土地。2008年中共中央十七届三中全会提出，“在土地利用规划确定的城镇建设用地范围外，经批准占用农村集体土地建设非公益性项目，允许农民依法通过多种方式参与开发经营并保障农民合法权益”。这些有关乡村土地制度的法规一直在调整中，其中的矛盾也反映政策处在限制和松动之间。

这个时期是乡村规划体系的形成阶段。除了国家和建设部有关村镇体系规划编制的相关条例，各省市开始了村庄的专项规划，首次以广大乡村聚落空间作为编制的主体对象。为了规范乡村规划编制，许多省出台了村庄规划编制的技术导则（表6.6）。但规划编制组织者多为当地政府、规划局等行政主管部门。由县级以上地方政府确定应当制定乡规划、村庄规划的区域，在对镇、乡村的整体规划上，政府机关具有控制的权力①（表6.7）。因此这种层级的规划程序模型，由决策者确定规划目标，技术人员根据规划目标进行调研，针对问题制定规划对策，由决策者进行决策后进行规划公示和实施（吕斌等，2006）（图6.10）。这种规划流程和决策过程往往体现了决策者，即政府部门的意志，是一种

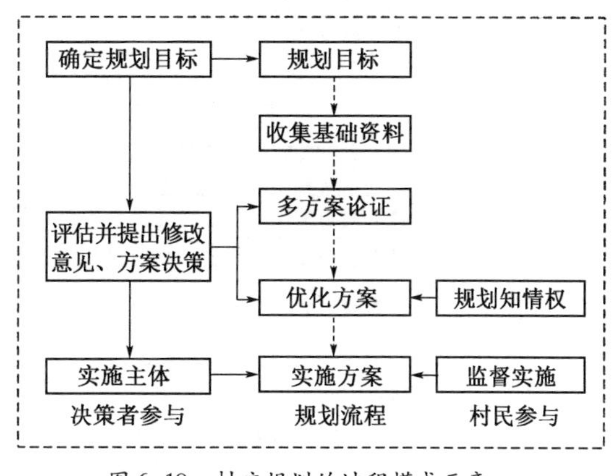

图6.10　村庄规划的过程模式示意

① 在规划建设中，政府管制具体表现在：制定具体的乡村规划；批准乡村规划的修改；对规划区内的建设行为的监督以及对违反规定行为的查处。

表 6.6 新农村时期各省（自治区、直辖市）村庄规划导则目录

省份	导则名称	备注
甘肃	村庄和集镇规划建设管理条例	全省通用
安徽	安徽省村庄布点规划技术要点	全省通用
	安徽省村庄建设规划技术要点	全省通用
	安徽省阜阳市新农村规划建设设计导则	阜阳市
宁夏	宁夏回族自治区村庄建设规划编制导则	全自治区通用
青海	互助县村庄规划编制导则	互助县
山东	山东省村镇建设规划编制技术导则	全省通用
江苏	江苏省村庄规划导则（定稿）	全省通用
广西	社会主义新农村建设村庄整治规划技术导则	全省通用
山西	山西省村庄建设规划编制导则	全省通用
	山西省村庄治理编制导则	全省通用
陕西	陕西省农村村庄建设规划导则	全省通用
云南	云南省新农村建设村庄整治技术导则（试行）	全省通用
重庆	重庆市城乡规划村庄规划导则	全市通用
河北	河北省县域村庄空间布局规划编制要点实施细则（试行）	全省通用
湖北	湖北省新农村建设村庄规划编制技术导则	全省通用
吉林	吉林省村庄规划编制技术导则（试行）	全省通用
福建	福建村庄规划导则	全省通用

表 6.7 村庄规划一般审批程序

流程	内　　容
第一步	确定编制主体：乡、镇人民政府组织编制乡规划、村庄规划
第二步	村庄规划经村民会议或者村民代表会议讨论同意
第三步	采取论证会、听证会或者其他方式征求专家和公众的意见 （即通过专委会审查）
第四步	通过规委会审查
第五步	城乡规划报送审批前，组织编制机关应当依法将城乡规划草案予以公告，并征求公众的意见，公告的时间不得少于 30 日
第六步	报县政府常务会并讨论通过
第七步	由乡、镇人民政府向县政府打报告，请求批复

自上而下的外部干预。在这样的现实下，很多地方的村庄规划是考核指标下的产物，存在追求形式的状况，因此村庄规划从编制到实施是规划管理者的单方运作，忽视实际土地使用者的利益。同时规划编制缺乏针对性的调查分析，忽视主体需求和村镇具体实际情况，过于强调技术合理性，造成规划成果流于形式，缺乏实施性。

长期的就城市论城市，造成了对村庄，特别是中心村以下的基层村及聚落体系的认知方法缺失①。专业技术人员长期从事城市设计的工作，对乡村很多方面的知识缺乏认识，在面对乡村营建的问题时自然就会采用熟悉的城市设计方法来解决，也加剧了该时期乡村设计在内容和步骤上向城市的法治化与程序化模式的借用。

6.1.5 营建结果及影响

社会主义新农村建设是当代中国历史上最大规模的一次乡建活动，其涉及面之广，政府投入力度之大都是空前的。而这次不仅是以物质空间为载体的建设，更是对乡村社会的深刻变革。

国家权力的主动介入和强势推行使这次营建是自上而下的以政府为主导的活动，以土地集约利用为目标的建设使大量自然村落在这一时期消亡。新农村建设本是一种社会经济发展的综合规划，但由于这一时期营建管理制度的不完善，在建设中出现了一些偏离倾向：盲目撤村并点；盲目对农房改造；盲目进行城乡无差别化的建设；盲目安排村庄整治的时序等，产生这些问题的原因，一是乡村精英缺失下的村民失语和外部力量的代言，最常见的是以政府权力意图代替村民需求进行建设，村民的主体性缺失，乡村营建成为自上而下的政治运动，特别是追求“政绩工程”“形象工程”的政绩需求；二是表现为以村容村貌层面的建设代替新农村的全面建设规划，过分追求乡村

---

① 依据《镇规划标准》（GB 50188—2007），中心村庄是指镇域镇村体系中设有兼为周围村服务的公共设施的村，基层村是指镇域镇村体系中除中心村以外的村。

面貌更新，而失去乡村的内在动力，忽视乡村社会的可持续发展；三是乡村营建套用城市模式，以城市住宅小区的规划方法来规划集中居民点，兵营式的布局使地方文化被切断，失去乡村聚落的地域性特征，“千城一面”的危机蔓延到乡村；忽视农户职业特点和生活方式的惯习；这些倾向也在一定程度上反映出规划对乡村的治理逻辑和内生机制认识的缺位，针对新农村建设的规划体系有待完善。

随着城市化进程加快，不同经济发展地区的差异性显现，出现的问题也不同。在偏远经济不发达地区，空心村现象严重，耕地抛荒，空置住宅，宅基地闲置或一户多宅的现象均较常见；在东部近城市经济发达地区，农村建设用地紧张，土地资源冲突，也造成土地资源的浪费。针对以上诸多问题，学界发出质疑，是否新农村的规划与建设又一次地走向了误区？国家权力的强力介入是否能给农村社会带来新生命？新农村建设的实施对农村社会的经济发展提供了政策上的支持，对农村的物质环境和卫生状况也有了一定的改善和提高，但仍没解决中国农村的本质问题，并没有实现乡村发展的内生造血功能。

6.2 规划先导式“设计下乡”(2005—2013 年)

6.2.1 设计的组织形式与特征

社会主义新农村建设是中华人民共和国成立后城乡关系首次进入“工业反哺农业，城市支持农村”的发展阶段。此时的新农村建设已成为国家的战略，所以新农村建设的任务从一开始就是中央与地方政府、基层政府层级之间自上而下的传达，其中村庄规划也是政府下达的任务内容之一，从而开启了自上而下的第三次“设计下乡”。

1. 政府主导的自上而下的任务分配式

2006 年的中央一号文件《中共中央 国务院关于推进社会主义新农村建

设的若干意见》，将村庄规划正式纳入各级政府的工作范畴，并明确要安排资金支持编制村庄规划，这次“设计下乡”延续了前两次的组织模式，是在国家权力干预下的相关职能部门自上而下的介入方式。

以江苏为例，从 2005 年起省建设厅推进“城乡规划全覆盖”行动，将规划范围延伸至乡村，全省统一部署在各乡镇同步开展编制镇村布局规划，即村庄布点规划。在 25 万个自然村中规划出 4 万多个发展村，并在此基础上系统编制发展村布局规划和其中部分村庄的规划。村庄规划的编制由政府主导推进，省建设厅与省辖市村镇规划管理部门签订责任状，市与所辖县签订责任状，各地每月将编制进展向省建设厅汇报，省建设厅负责督查编制工作的进展，而编制多以任务分配的方式由各地规划主管部门分派给省内主要规划和建筑设计院所，组织各设计院所编制村庄规划，整个编制过程分为布置发动、编制、成果验收和成果完善阶段，历时 10 个月完成[①]。

2011 年以来，江苏省政府将村庄环境整治作为重点任务，计划用 5 年时间对省域内全部乡村实行以“新四化”为主要内容的环境整治。该项工作由省财政牵头制定《省级农村环境综合整治专项资金整合方案》，建立专款专用管理机制，由此开启财政投入乡村建设的“江苏模式”。具体组织上，首先成立省村庄环境整治办公室，建立一对一督导工作机制推动市县基层的实践工作，动员组织全省规划院、设计院和研究单位支援市县乡村规划建设，建立一对一技术帮扶机制（周岚，刘大威，2015）。

新农村建设的设计主力军仍然是各地规划建筑设计院所的技术人员和大专院校建筑系的广大师生。由于其为政府职能部门供应技术服务的角色特性，体制内的设计院所在这次新农村建设中承担着主要设计工作，但由于此次建设量和覆盖面极为广泛，到后期也有体制外的设计机构及民营设计院所加入其中。由于这次新农村建设一开始就伴随专业设计的介入而展开，各地

---

① 张泉，王晖，陈浩东，等. 城乡统筹下的乡村重构［M］. 北京：中国建筑工业出版社，2006：118.

区政府自上而下地组织编制各类规划用以指导当地建设，确定具体的村庄建设规划导则，形成了各地区的不同行动规划及成果特色。

例如扬州市建设局根据江苏省委省政府“城乡规划全覆盖”要求，在两年内编制完成约800个村庄建设规划，经研究决定，组织全市规划建筑设计单位开展‘送设计下乡’活动”，主要任务为“全市具有规划建筑设计资质的单位义务为1个市、县级新农村建设示范村编制村庄建设规划，无偿提供2套以上村镇住宅设计方案”，并对设计单位提出时间要求①。

2. 编制村庄规划：规划先行

新农村建设把村庄规划纳入政府的工作范畴，全国各省随后开始编制村庄建设规划导则②，在2008年1月1日施行的《中华人民共和国城乡规划法》中明确，城乡规划包括城镇体系规划、城市规划、镇规划、乡规划和村庄规划，第一次以国家法的形式明确了把镇规划与乡和村庄规划作为法定规划，含在同一规划体系中，纳入了同一法律管辖范畴③，在政策形式上消除城乡二元结构，成为乡村建设活动的依据。但同时又明确指出，在城乡规划体系中镇规划、乡规划和村规划是不同的组成部分，并自成

---

① 2006年5月底前，完成各规划建筑设计单位与有关乡（镇）的对接，有关乡（镇）提供符合技术要求的地形图、发展设想、建设要求等基础资料。2006年6月15日前，各规划建筑设计单位在有关乡（镇）的配合下，完成前期调查和第一轮规划方案，由市建设局、规划局召开的专题会议组织专家进行集中点评。2006年6月底前，各规划建筑设计单位根据专家点评意见调整，提交各县（市、区）村镇规划部门和有关乡（镇）征求各方意见和建议，并形成正式成果。2006年7月15日前，市建设局、规划局邀请有关专家对规划成果和村镇住宅设计方案进行评审、评比，拟评选10个优秀规划和村镇住宅设计方案，并予以表彰。

② 例如：《江苏省村庄规划导则（2006试行，2008年版）》《山东省村庄建设规划导则》《福建省村庄规划编制技术导则（2006）》《山西省村庄建设规划编制导则》《陕西省农村村庄建设规划导则》《长沙市村庄规划编制技术标准》《云南省村庄规划编制办法（试行）》等。另外还有《安徽省村庄建设规划技术要点（暂行）》和《吉林省村庄规划编制技术导则（试行）》《2006—2007年北京市村庄规划编制工作方法和成果要求（暂行）》《北京市远郊区县村庄体系规划编制要求（暂行）》《浙江省村庄规划编制导则（试行）》《县域村庄布点规划纲要（试行）——陕西省》《四川省县域村镇体系规划编制暂行办法》等。

③ 该法规最重要的目的是城乡统筹和城乡一体化发展，废除了1990年颁布实施的我国第一部城市规划领域的基本法规《中华人民共和国城市规划法》。

系统①。

2005 年 10 月，北京市最先启动大规模村庄规划编制工作，在北京市规划委员会的组织下，由北京 48 家设计单位的 200 多名规划师、建筑师和工程师组成的规划设计小组，对北京市 73 个试点村进行规划设计。之后继续组织了 10 余家设计单位的百名设计师下乡义务为远郊区县编制试点村庄规划，规划编制工作以“包村到人”为原则，设计师对各自编制的村庄负责。

自 2005 年起作为政府重点工作之一，江苏省政府发文部署全省编制镇村布局规划，以乡镇为单位编制全省覆盖的镇村布局规划。根据 2012 年江苏乡村调查的数据，2005 年以后编制的自然村占比 78. 17%，可见村庄规划的编制时间集中在新农村建设时期，规划编制覆盖率远高出全国平均水平。浙江省自 2003 年开展“千村示范、万村整治”的乡村建设，3—5 年间从全省近 4 万个村庄中选取 1 万个行政村进行全面整治，并将其中 1 000 个村庄建设成为全面小康示范村。并委托设计院和高校编制村庄整治规划②，指导规划实施（表 6. 8）。

表 6. 8　浙江省村庄整治启动情况（2011 年）

	杭州	宁波	温州	嘉兴	湖州	绍兴	金华	衢州	舟山	台州	丽水
村庄个数	2 081	2 576	5 405	816	988	2 188	4 807	2 029	345	5 028	3 040
启动整治个数（个）	1 937	2 338	1 955		868		3 410	1 193	212	1 331	1 000
启动村庄个数占村庄总个数比例	93. 1%	90. 8%	38. 8%		87. 9%		70. 9%	58. 8%	61. 4%	26. 5%	32. 9%

① 镇、乡和村庄规划的目的是为社会主义新农村建设服务，从满足乡村广大村民和居民需要出发，因地制宜。所有的镇必须制定规划，而乡和村庄并非都必须编制规划。乡规划可按《镇规划标准》执行，其中明确了乡规划也属于镇规划的工作范畴。目前乡的建制还存在，主要是更依托第一产业为主的农村地区，乡规划更注重为农村人口服务，因此乡中心集镇的规划可以按《镇规划标准》参照镇区的编制方法，也可以依据《村庄和集镇规划建设管理条例》采用类似村庄规划的方法编制。

② 村庄整治规划编制的过程一般为：收集阅读相关资料—现场调查、拍照、发放调查问卷—资料整理、分析—进行方案设计—与村委工作人员交流讨论方案—修改方案—交流—完成方案。

截至 2012 年年末，全国有建设规划的行政村个数有 307 763 个，占总数的 55.81%。有建设规划的自然村个数为 694 840 个，占全部自然村比例的 26.03%。其中行政村编制规划比例最高的是江苏省，达到 88.04%，自然村编制规划比例最高的是湖北省，达到 49.42%[①]（图 6.11，表 6.9）。

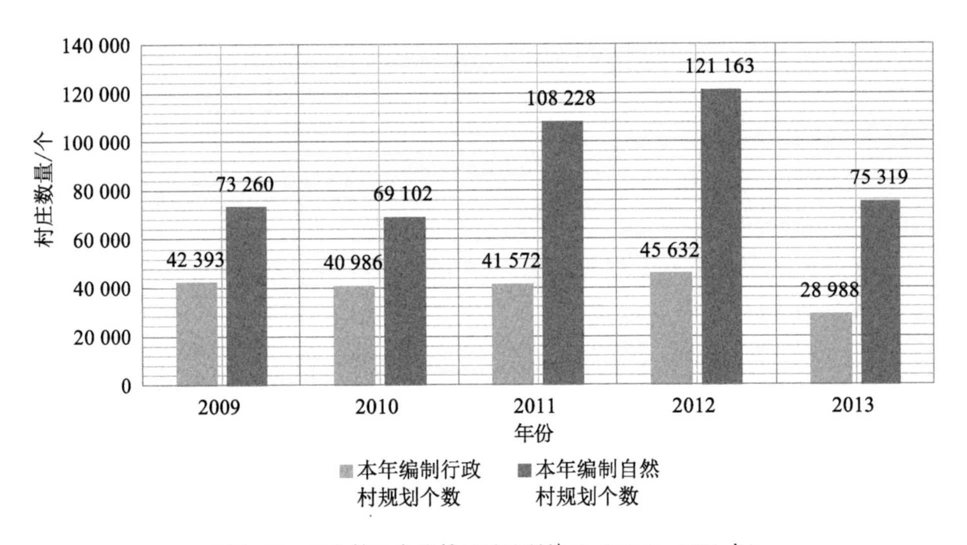

图 6.11　行政村和自然村规划编制情况（2009—2013 年）

表 6.9　村庄规划编制情况（2009—2013 年）

年份	有建设规划的行政村个数	本年编制	占全部行政村比例	有建设规划的自然村个数	本年编制	占全部自然村比例
2009	260 457	42 393	45.89%	492 027	73 260	18.13%
2010	269 849	40 986	47.88%	525 239	69 102	19.24%
2011	291 964	41 572	52.73%	612 257	108 228	22.94%
2012	307 763	45 632	55.81%	694 840	121 163	26.03%
2013	320 050	28 988	59.58%	737 892	75 319	27.85%

① 中国城市科学研究会，住房和城乡建设部村镇建设司，中国·城镇规划设计研究院. 中国小城镇和村庄建设发展报告 2012［M］. 北京：中国城市出版社，2013：192—193.

2012 年重庆市已建成国内首个乡村规划综合信息数据库，该数据库主要内容包括全市域各行政村的基本地理信息、人口信息、建筑物信息、基础设施信息、公共服务设施和公益事业设施等各种现状空间数据和属性数据，共计 31 个中类，149 个小类，范围覆盖了 39 个区县，1 002 个乡、镇，8 558 个行政村。为乡村规划和管理提供了有力的基础数据支撑。

3. 提供技术指导和编制图集

建筑师主要参与集中居民点的农宅和相关公共配套服务设施的设计。工作方式主要有两种：一是直接参与具体建设项目，各地区在具体操作方法和实施程度上有所不同；二是提供技术指导，而技术指导常用的方式是编制成图集供各地区乡村建房时选用和参考，这是该时期建筑设计常采用的方法，也是对改革开放初期的技术扶贫模式的延续。

在住建部出版的村庄整治技术手册以及一系列针对农村编制的规范图集的技术支撑下，对于大多数一般村而言，设计人员提供通用技术图纸。例如北京市组织编制了《农村民居户型图集》《农村民居构造图集》和《北京地区农村民居建筑抗震设计施工规程》，广东省编制《广东省新农村住宅通用设计图集》，河北省制定了《农村民居设计导则（试行）》，以及陕西省建设厅分批公布了《陕西省新农村住宅设计图集》等。

4. 规划师与建筑师参与度的差异

从各地组织新农村建设的方式可看出，这次“设计下乡”是政府自上而下的介入，设计主力军仍然是各地规划建筑设计院所的技术人员以及大专院校建筑系的师生。而此时建筑师与规划师之间的工作性质开始发生差异。规划作为政策空间实现的手段，与政府关系密切，对规划师的影响和号召作用明显。

而建筑师在多年的市场化中逐渐脱离了政府的直接干预，加之新农村建设时期也是房地产行业最红火的时期，因此在这一轮“设计下乡”的组织中，建筑师的反应总体上并不热烈，参与度意愿并不高。相比城市项目，乡村设计的低廉酬劳及其有限的创作空间，催生出这一时期建筑设计主体作为第三方技术输出立场和采用模块式复制的设计介入方式。

6.2.2 设计内容及解读

从这个时期设计内容来看，乡村规划是最主要的内容之一。不仅是在规划编制上向完整的体系建构发展，而且新农村建设从一开始就伴随着规划先行的思路而展开，在实践中也呈现了大量设计成果。在繁荣的新农村规划成果中，由于规划内容分类标准的不同，再加上法规制定对规划内容边界缺乏清晰界定①，出现了各种不同名称的相似内容或有相同名称规划内容却不同的复杂现象。

1. **乡村规划②**

由于国家层面对乡镇、镇村的定位和规划名称一直随着经济水平和建设阶段的变化而变化，导致了规划界对于其不同层次、不同边界的规划出现了不同提法和定义。我国采取的条块状行政管理体制也造成了同一个时期对同一地区编制的规划实践类型重复，规划的具体内容在不同主体的编制过程中又出现交叉与重叠，虽然《城乡规划法》确定了乡和村庄规划的法律地位，但对于乡村规划的内容和体系并没有明确。在规划实践中，为了满足乡村实际情况和发展需求，规划分类多且呈现出不同的理解和规划名称：村镇体系重构规划、迁村并点规划、村庄整合规划、村庄布点规划、村庄布局规划、

---

① 在我国的城乡行政体系中，国家统计局《关于统计上划分城乡的暂行规定》中对城镇和乡村做出明确定义：城镇是指我国市镇建制和行政区划的基础区域，乡村是指城镇以外的其他区域。将我国的地域划分为城镇和乡村，这与《城乡规划法》中的划分体系基本一致。城乡规划包括城镇体系规划、城市规划、镇规划、乡规划和村庄规划。2008 年 1 月施行的《城乡规划法》把镇规划与乡和村庄规划作为法定规划，含在同一规划体系中，纳入了同一法律管辖范畴，但又明确指出在城乡规划体系中，镇规划、乡规划和村规划是不同的组成部分，并自成系统。镇、乡和村庄规划的目的是为社会主义新农村建设服务，从满足广大村民的需要出发，因地制宜。所有的镇必须制定规划，而乡和村庄并非都必须编制规划。乡规划可按《镇规划标准》执行，其中明确了乡规划也属于镇规划的工作范畴。

② 关于乡村规划在各种文献中的提法均不统一，又称为“村庄规划”“村镇规划”“农村规划”等。

村域规划、村庄综合规划、村庄规划、村庄总体规划、村庄专项规划、村庄建设规划、近期建设整治规划、村庄整治规划、村庄行动规划等。本文尝试从村镇/村庄体系规划层面；乡/村庄规划层面以及近期村庄整治规划三个层面梳理新农村建设中常见的设计内容。

（1）村镇/村庄体系规划层面

在建设早期，村镇体系规划尚未建立，县域村庄体系规划层面的工作并没受到重视，有的地方甚至还没有编制村庄体系规划就进入村庄建设规划层面。我国 2006 年启动县域村庄体系重构规划的试点工作，当时很多地方县域村庄体系规划尚未完成，有的地方甚至还未开始编制村庄体系规划，大部分乡村已做的居民点规划也仅进行到中心村规划，基层村规划并未开展，村庄体系规划层面的实践进度缓慢。之后各地编制办法差异较大，设计内容也不统一，参照各地区村庄规划编制中的规定（表 6. 10），在没有村庄规划编制办法的地区，村庄规划的要求一般参照镇规划编制办法。

表 6. 10　新农村时期部分省市地区村庄规划编制体系及内容

地名（省份）	规划编制体系及内容
北京市	分为建制镇，集制镇和村庄规划两个部分
天津市	分为村庄、集镇总体规划和建设规划两个阶段，建设规划要求近期建设工程和重点地段内容
河北省	包括村镇规划体系和村庄规划
山西省	分为保障村庄安全和村民基本生活条件、改善村庄公共环境和配套设施、提升村庄风貌三个阶段
内蒙古自治区	分为保障村庄安全和村民基本生活条件（包括村庄安全防灾整治，农房改造，生活给水设施整治，道路交通安全设施整治）、改善村庄公共环境和配套设施（包括环境卫生整治，排水污水处理设施，厕所整治，电杆线路整治，村庄公共服务设施完善，村庄节能改造）、提升人居环境质量（包括村庄风貌整治，历史文化遗产和乡土特色保护）三个阶段
辽宁省	分为村庄、集镇总体规划和建设规划两个阶段，村庄集镇总体规划要求防灾、环境保护等专业规划建设规划提出文物古迹，古树名木的保护和环境建设要求

（续表）

地名（省份）	规划编制体系及内容
吉林省	分为乡规划的乡域规划，乡规划的乡政府驻地规划和村庄规划三个阶段，其中乡域规划包括有关乡政府驻地规划区范围、建设用地规模，乡域空间管制分区、基础设施和公共服务设施配置、自然与历史文化遗产保护、生态环境保护、防灾减灾等强制内容
黑龙江省	包括乡村体系规划，乡村用地规划，乡村基础设施建设规划，公共服务设施建设规划，乡村风貌规划，村庄人居环境整治指引六个阶段
上海市	促进村庄集中，推进新市镇建设，形成中心区、新市镇、居住点的城镇体系，新市、居住点直接编制控制性详细规划
江苏省	一是自然村庄分类规划，二是优化镇村布局规划，三是公共服务设施和基础设施强化
浙江省	分为乡（镇）域总体（布局）规划和村庄（域）总体规划
安徽省	包括乡村体系规划，乡村用地规划，乡村重要基础设施和公共服务设施建设规划，乡村风貌规划，村庄整治指引五个阶段；其中乡村体系规划包括生态空间规划——空间管治规划，生产空间规划——产业发展规划，生活空间规划——村镇体系规划
福建省	分为村镇总体规划和村镇建设规划两个阶段
江西省	包括建制镇总体规划和详细规划、集镇总体规划和建设规划、村庄建设规划
山东省	包括集镇域规划、集镇总体规划和详细规划、村庄建设规划三个阶段
河南省	分为乡镇域总体规划和村庄、集镇建设规划两个阶段
湖北省	分为村庄、集镇总体规划和建设规划两个阶段
湖南省	分为镇（乡）域村镇布局规划、村民住宅建设、公共服务设施建设、基础设施建设四个部分
广西壮族自治区	分为村庄整体规划，配套设施规划建设和风貌规划三个阶段；包括村庄整治规划、公共设施规划、住宅规划、基础设施规划、竖向规划和景观环境规划六部分
海南省	分为镇（乡）总体规划和村庄规划两个阶段，其中镇（乡）总体规划包括镇（乡）域规划和镇区（集镇）规划，村庄规划包括自然村和行政村的规划
重庆市	分为镇规划、乡规划和村规划三个阶段
四川省	分为村庄、集镇总体规划和建设规划两个阶段
贵州省	分为村庄、集镇总体规划和集镇建设规划两个阶段

（续表）

地名（省份）	规划编制体系及内容
云南省	包括镇规划和乡规划两个阶段
西藏自治区	包括镇总体规划和村镇建设规划两个阶段
陕西省	分为保障村民基本生活条件、治理村庄环境、提升村庄风貌几个规划阶段
甘肃省	分为村庄布局规划和村庄建设规划两个阶段
宁夏回族自治区	包括村庄安全和村民基本生活条件规划，村庄公共环境和配套设施规划，人居环境规划三个阶段

2005年，北京市在全国最先开始编制《北京市村庄体系规划》，该规划重点内容包括：村庄分类；制定分类指导的居民点整合策略；合理把握农村居民点整合时序。目的是通过村庄整合，实现上位规划中的村庄布局，集约利用土地，并有效配置公共设施。以通州区为例，综合村庄的规模、区位、交通、生态、区域性基础设施等条件，把村庄分为城镇化型、迁建型和保留型村庄三类，其中保留型分为就地城镇化型、保留发展型、保留改善型。中心村就地城镇化，形成城镇居民点；保留发展型吸引周边迁建型村庄向其集聚，形成新村；保留改善型在相当长时间内保持稳定状态。

山东省作为全国最早推行城乡建设用地增加挂钩的试点省份，其村庄体系规划的重点内容在“撤村并点规划”。以政府主导的诸城为典型代表，其村庄体系规划的内容主要是规模化整合，按地域相近、规模相近，将3～6个村庄合并为一个社区，通过“多村一社区”化零为整的方法，对村庄进行大规模合并，减少投资成本和维护费用，本着“大村并小村，强村并弱村，交通便捷的村并交通不便的村，合并邻近村的原则”来撤并村庄①，同时产生大片集中的可开发耕地。

---

① 山东省建设厅. 山东省村庄建设规划编制技术导则（试行）[Z]. 2006.

辽宁省的村庄体系规划称为“市域村庄布局规划”。以沈阳为例，首先制定市域村庄空间引导规划，将市域空间分为禁止发展区、控制发展区、引导发展区和积极发展区四个类型，确定村庄适宜发展建设的区域，参照引导规划建构村庄限制条件评价和发展潜力评价体系，对村庄进行分析和分类，确定迁建村庄和保留村庄，并通过评价条件最终确定村庄的发展方向。广州市的村庄规划体系分为村庄布点规划和村庄规划两个层次，遵循总量控制、事权下放的原则。村庄布点规划以镇（区）为单位，从区域角度明确各类村庄的发展策略，以及村庄的总体规划。村庄规划以行政村为单位，包括确定村庄范围、用地布局、新村建设及旧村整治等内容。

村庄布点规划在江苏被称为“镇村布局规划”，江苏省自 2005 年以来组织开展“江苏省镇村布局规划”① 编制，规划的主要内容是村庄布点，把村庄分类为规划保留村庄和规划撤并村庄，规划布点村庄和一般自然村庄两类，确定重点发展的规划布点村庄②（图 6. 12）。通过集中居住和统一规划配套设施，将分布零散的自然村逐步集中布局，同时工业也向工业集中区集聚，使土地得到集约利用，同时严格控制村民在规划居住点外翻建、新建农

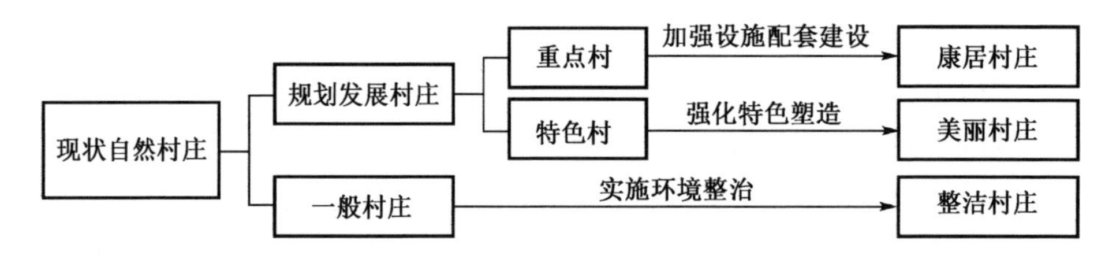

图 6. 12　江苏省镇村布局规划技术路线（分类实施整治）

① 镇村布局规划是村庄布点规划在江苏的提法。根据《江苏省镇村布局规划技术要点》（2005 年版），镇村布局规划的基本任务是在县（市）域城镇体系指导下，进一步明确村庄布点，统筹安排各类基础设施和公共设施。

② 规划确定可直接明确作为重点村的村庄包括：规划不作为城镇建设区的被撤并镇镇区，已评为省三星级康居示范村的村庄，行政村村部所在村庄。可直接明确作为特色村的村庄包括：历史文化名村或传统村落，特色产业发展较好的村庄，自然景观、村庄环境、建筑风貌等方面具有特色的村庄。

房。规划成果归纳为“三图一书一表”，即现状图、规划图、基础设施规划图、文本和规划成果汇总表。

句容市到 2006 年底已全部完成 15 个镇的镇村布局规划，将现有的 1 880 个自然村拆并成 319 个集中居民点，拆并率达到 83.0%，总人口约 25 万人，规划后建设面积为 2 256 hm^2，节约了建设用地 7 553 hm^2。高邮市镇村布局规划包括市域和镇村两个层面：市域层面确定规划发展村庄的选取原则以及总量范围；镇村层面确定布局规划方案。根据战略、区位、经济、资源等要素分析评价，综合叠加的空间分析技术，确定发展村庄 453 个，其中重点村 441 个，特色村 12 个和一般村 1 783 个[①]（图 6.13—图 6.14）。

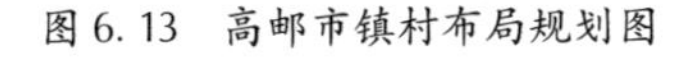

图 6.13 高邮市镇村布局规划图

图 6.14 高邮市卸甲镇村庄布局规划图

这一层面的体系规划在各地区出现的内容和形式有一定差别，但设计核心的内容在于如何对保留村庄以及中心村进行选择。常用的规划方法有定性和定量两大类。定性的村庄职能分类和评价，定量的评价体系建构，如指标

① 闾海，许珊珊，张飞. 新型城镇化背景下江苏省镇村布局规划的实践探索与思考—以高邮市为例[J]. 小城镇建设，2015，2 (6)：35-40.

评价法[①]、空间分析法[②]等。而在评价体系中，要素选择没有统一标准。

在规划实施中，有些地方仍以行政村为建设单元，按照行政范畴的村庄体系“建制镇—行政村—自然村[③]”来进行。所以在城乡一体发展的背景下，存在行政范畴的村庄体系和城乡规划范畴的村庄体系在建设中的错位现象，甚至造成规划和实施上的矛盾（图 6.15）。

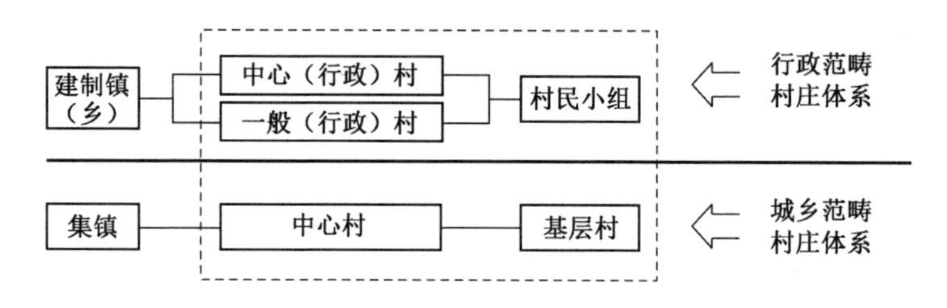

图 6.15　城乡规划范畴与行政范畴的村庄体系等级结构

从数据上看，土地虽得到了高度集中，但很多地区在实施中困难重重，存在各方面原因，其中一个重要原因便是技术层面的规划更多考虑了行政上指标的要求以及形态上的分析，忽视了实施层面上对规划实践的引导控制。

（2）乡/村庄规划层面

2008 年《城乡规划法》实施后，乡村规划得到重视，各地区开始组织编制乡村规划指导建设。由于《城乡规划法》中缺少相应的实施细则和办法，大部分地区仍按 2000 年颁布的《村镇规划编制办法（试行）》的要求编制村庄总体规划和建设规划。但在不同类型村庄的实践中，常出现多种形式的规划，且名称众多，无统一标准，例如村域总体规划、村域发展规划、村庄建

① 指标评价法指利用村庄区位、交通条件、规模、经济和服务设施水平等要素建立综合评价体系，对村庄进行打分，根据所得分值的高低来确定不同等级的村庄。

② 空间分析法指以耕作半径或公共服务设施的服务半径为控制要素，在规划区内划分多个空间单元，在靠近空间单元形心位置的附近选择村庄。

③ “村庄”是一个由各种形式的社会活动组成的群体，具有特定的名称，而且是一个为人们所公认的事实上的社会单位。村庄由行政村和自然村构成，行政村是政府为了便于管理，而确定的乡下一级的管理机构所管辖的区域。自然村是由村民经过长时间聚居而自然形成的村落。

设规划、村庄详细规划、村庄建设整治规划、村庄整治规划、村庄行动规划，还有地区在村庄规划层面进行创新改革，例如重庆市把乡村规划分为村域规划、集中居民点详细规划。这个层面的设计实践主要是在村庄体系规划层面指导下确定村庄的规模、范围和界限；包括综合部署村庄各项建设，明确村庄的路网系统、基础设施定位，规划公共建筑及新建建筑的位置等内容，并明确近期村庄建设整治项目和时序。在具体各地区的实践中根据地区特点和差异，具体设计内容有所区别。一般情况下，村庄规划的设计成果可概括为“六图两表”，即区位分析图、现状平面图、总平面规划图、道路交通规划图、公共设施规划图、基础设施规划图以及现状村庄建设用地构成表、规划村庄建设用地构成表，各地区的图纸要求不尽相同（表 6.11）。图表式也是早期新农村建设时期面对巨大规划设计任务而采取的一种设计策略。

表 6.11　新农村时期部分省市地区村庄规划成果

地名（省份）	成果要求
北京市	1. 村庄区位图、相关上位规划图；2. 村域土地使用现状图、村庄土地使用现状图；3. 村域发展规划图；4. 村庄建设规划图；5. 村域道路交通规划图；6. 村庄公共服务设施规划图；7. 村庄市政设施规划图；8. 村庄绿化景观规划图 9. 历史文化保护规划图
河北省	1. 村域规划图（含区位图）；2. 村庄建设现状图；3. 村庄建设规划图；4. 村庄工程规划图（含竖向及各类工程设施）；5. 村庄近期建设整治规划图（含建筑单体）
山西省	1. 村庄现状及位置图；2. 建筑质量评价图；3. 规划总平面图 4. 道路交通及市政工程管线规划图；5. 景观环境规划设计及竖向规划图
吉林省	1. 村庄（乡政府驻地）综合现状分析图；2. 村庄（乡政府驻地）用地布局规划图；3. 村庄（乡政府驻地）道路系统规划图；4. 村庄（乡政府驻地）工程设施规划图；5. 村庄（乡政府驻地）环保与防灾规划图；6. 村庄（乡政府驻地）分期建设规划图。 乡规划还应包括以下图纸（比例尺一般为 1∶5 000 至 1∶10 000）： 1. 乡域村庄分布现状综合分析图；2. 乡域空间管制规划图；3. 乡域村庄发展布局规划图

（续表）

地名（省份）	成果要求
黑龙江省	1. 县（市）域乡村建设现状图；2. 空间管制规划图；3. 产业发展规划图；4. 村镇体系规划图；5. 村庄分类指引图；6. 基础设施规划图；7. 公共服务设施规划图 8. 乡村风貌规划图；9. 村庄整治指引规划图；10. 近期建设规划图 11. 乡（镇）域乡村用地现状图；12. 乡（镇）域乡村用地规划图
浙江省	1. 村庄位置图；2. 村庄现状图；3. 村庄现状建筑质量分类图；4. 村庄建设用地功能布局图；5. 村庄整治规划总平面图；6. 村庄道路交通及公用工程整治规划图；7. 重点地段（节点）的建筑环境景观规划设计平面图；8. 整治（改建、扩建、新建）项目的建筑设计方案平立剖面图；9. 整治项目分期实施图；10. 村庄整治项目的定位和竖向设计图
安徽省	1. 乡村用地现状图；2. 用地适宜性评价图；3. 空间管制规划图；4. 产业发展规划图；5. 乡村体系规划图；6. 乡村用地规划图；7. 综合交通规划图；8. 基础设施规划图；9. 公共服务设施规划图；10. 乡村风貌规划图；11. 农房建设引导图、分片区一般村庄整治指引图
福建省	1. 村庄现状分析图；2. 村庄建设规划图；3. 道路交通及竖向图；4. 市政工程管网规划图；5. 景观环境规划设计图
山东省	1. 村庄位置图、现状图；2. 村庄规划总平面图；3. 道路交通规划图；4. 竖向规划图；5. 综合工程管网规划图；6. 住宅群体设计图以及单体选型图；7. 选作村庄绿化图、村庄景观图、村庄建设透视图和鸟瞰图
湖南省	1. 村镇现状分布图；2. 空间管制规划图；3. 规划布局图；4. 村民住宅参考建筑设计图
广东省	1. 区位分析图；2. 村域现状分析图；3. 村域总体规划图；4. 村域三区四线控制规划图；5. 村域基础设施布置图
广西壮族自治区	1. 现状图；2. 规划图；3. 设施布置图
海南省	1. 村庄现状分析图；2. 村庄建设规划图；3. 村庄基础设施规划图
四川省	1. 乡（镇）域现状分析图；2. 村镇总体规划图；3. 镇区现状分析图；4. 镇区建设规划图；5. 镇区工程规划图；6. 镇区近期建设规划图
陕西省	1. 现状及村庄位置图；2. 建筑质量评价图；3. 规划总平面图；4. 道路交通及市政工程管线规划图；5. 景观环境规划设计及竖向规划图；6. 主要公共建筑透视图；7. 单体民宅平面选型图和透视图等
甘肃省	1. 村庄和集镇现状图；2. 村庄和集镇建设规划图；3. 村庄和集镇公用工程规划图
宁夏回族自治区	1. 现状分析图；2. 村庄规划图；3. 说明书

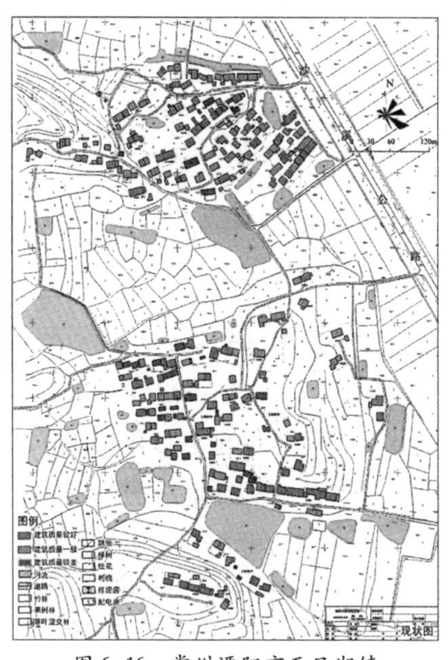

图6.16 常州溧阳市天目湖镇桂林村村庄现状图

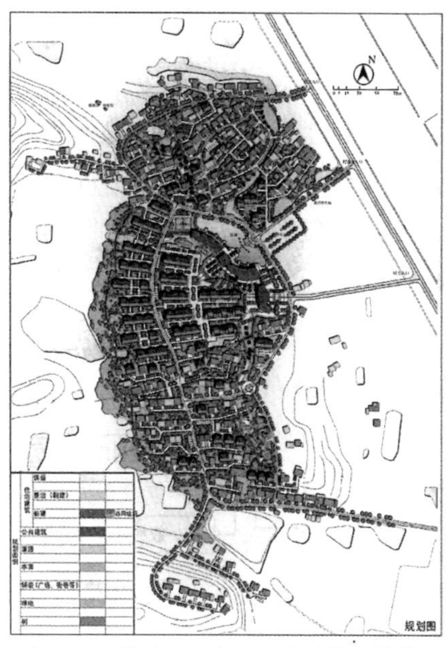

图6.17 常州溧阳市天目湖镇桂林村村庄规划图（一般规划发展村庄）

江苏省在镇村布局规划基础上编制村庄规划，编制完成了近5 000个规模较大的三类重点村庄的规划以及3.5万个一般规划发展村的规划（图6.16—图6.17），实现全省的规划发展村庄规划全覆盖。此外，各地区村庄规划内容还存在村庄建设用地的问题，因为村庄建设用地的国家标准一直缺失，目前各省、自治区、直辖市制定了有关村庄规划的技术文件，通过统计部分省、市的村庄规划技术文件，发现村庄用地分类大同小异，深受《城市用地分类与规划建设用地标准》和《村镇规划标准》的影响，同城市建设用地和镇建设用地分类内容相同的有4～5项。而这些用地指标无论是对建设用地规模，还是建设用地比例均缺乏实际指导意义。以北京市为例，按照《村镇规划标准》村庄人均建设用地指标上限为150 m^2/人，而2008年北京农村现状人均建设用地约为280 m^2/人，有些村庄的现状人均建设用地甚至达到1 000 m^2/人以上，以至于规划实施难以落实。

(3) 村庄整治规划层面

2005年的“全国村庄整治工作会议”后①，各地展开了村庄整治规划的编制工作，主要参照建设部编制的《村庄整治导则》与《村庄整治标准》。但各地区整治规划层面的设计内容差别较大，有的包括了上一层的规划设计内容，涉及从总体布局到环境整治的内容，称之为“村庄建设整治规划”，有的则指狭义的物质空间整治，主要包括基础设施和环境美化等内容。

浙江省的村庄整治是2003年由政府启动的，整治规划的模式包括撤村并点型和提高完善型，涉及广义和狭义整治规划内容，分别占总数的26%和74%。村庄整治规划的构成要素总结为：村庄整治范围的确定、现状调查和村庄咨询、村庄用地布局调整、公益性基础设施整治、公益性服务设施整治、环境卫生设施整治、减灾防灾设施整治、环境面貌整治和传统建筑文化保护9个方面（李硕，2012）。江苏省村庄整治工作主要以环境整治为主。2010年已完成1 000个村庄环境整治，其中省级试点200个村庄，并制定了《江苏省村庄建设与环境整治试点指导标准》和《江苏省村庄建设与环境整治试点村庄申报表》，完成编制《村庄建设整治系列技术指导图集》。200个省级村庄建设整治内容包括：村内主次道路55 km，修建排水管约46 km，新建垃圾箱约6 600个，新建厕所约400座，增加公共绿地约65万m^2。在无锡市阳山镇朱村的整治规划中，以户为单位编制“整治与管理责任书”(图6.18)。

新农村建设时期的实践虽经历了一段时间，但由于缺乏系统全面的技术标准，导致新农村建设从规划过程到成果表达上的形式多种多样。在大量新农村规划成果中可以看到，规划成果内容各异，少的仅包括村庄现状、总平面布局等几张主要图纸以及2～3页说明文字，多的则包含了规划结构图、功能分区图、交通分析图、绿化景观系统分析图、环境保护图、建设时序图

① 2005年，建设部在江西赣州召开了“全国村庄整治工作会议”，会后建设部下发了《村庄整治指导意见》，各省、自治区和直辖市政府相继出台了村庄整治规划指导意见。

图 6.18　朱村整治规划管理责任书样表

等多达 30～40 页内容。

由这些规划实践反映出：一是各层级的规划编制之间缺乏承上启下的规划衔接，宏观层面的布点规划与操作层面的村庄规划存在一定程度的脱节。各个村庄在规划编制时缺乏上位规划的针对性指导，或与上位规划不符，导致村庄规划的衔接流于形式，在实施中又难以相互协调；二是成果内容呈现出较为明显的城市规划特征，设计成果基本在城市规划的框架下进行，把村庄规划等同为城市中的住宅规划；三是设计内容与村庄实际需求间的错位造成的规划不落地问题。由于各地新农村建设规划的编制工作主要是由城乡规划设计院及部分建筑设计院承担，专业设计人员对乡村的具体情况及乡村规划的特殊性没有全面的认识，并在市场业务的压力与低价设计报酬的双重约束下，各编制单位对新农村规划缺乏足够重视，导致新农村建设规划水平良莠不齐。这些因素造成了新农村规划最终设计的结果在“低价”和“低质”之间恶性循环。

这一时期的乡村规划体系在不断改进过程中，出现了不同层次法规依据的不清晰和设计内容上的重叠和模糊等问题，规划管理的各环节之间存在诸多衔接的问题，所以我国的乡村规划技术体系仍处于待完善阶段。

2. **建筑层面设计内容**

(1) 集中居民点住宅及公共服务设施设计

新农村建设时期的居民点中农宅建设方式的类型主要包括统建和自建两种，各地区根据具体情况，采取不同的营建模式，对应的设计内容有所区别。面对自建为主的居民点建设，在符合规划编制的条件下，符合分户条件且需新建房屋的农户经有关部门批准后，无偿取得宅基地，自筹资金建房。面对自建的居民点，设计内容主要是提供技术引导，延续了改革开放的图集模式。各省市组织编制农房设计图集，并免费提供给建房的农户供其参考。浙江省开展了“全省农房设计竞赛”，针对山区、丘陵、平原、水乡、海岛等不同地形特点提供农房建筑方案，供农民选用，还组织编制了《新农村住宅设计优秀方案》《农村住宅建设施工基本知识读本》《农村房屋建筑抗灾常识（挂图）》，重庆市继续开展《巴渝新农村民居通用图集》宣传和免费送图纸下乡活动[1]。到新农村建设的后期，政府也开始鼓励有工程建设执业资格的建筑师、建造师等人员以个人身份从事农房建设活动。

统建居民点的设计一般由建筑师来完成，遵循“统一规划、统一安置、

① 中国城市科学研究会，住房和城乡建设部村镇建设司. 中国小城镇和村庄建设发展报告 2009 [M]. 北京：中国城市出版社，2011：11.

统一设计和统一建造”的原则。统建的新村居民点建设在村庄规划中基本套用了城市中住宅小区的设计模式，多采用行列式、组团式的方式进行布置，户型平面功能也大多参照城市住宅的户型设计，很少考虑乡村生活不同于城市的地方，以及村民的真实诉求。设计院也并未采取积极的应对，更多的是城市居住模式的照搬，例如获 2005 年度建设部优秀勘察设计二等奖、2006 年全国人居经典建筑规划设计竞赛“人居经典综合大奖”的金海湖镇将军关村新村居民点修规设计（图 6. 19）。在批判与质疑中，2010 年后的一些乡村

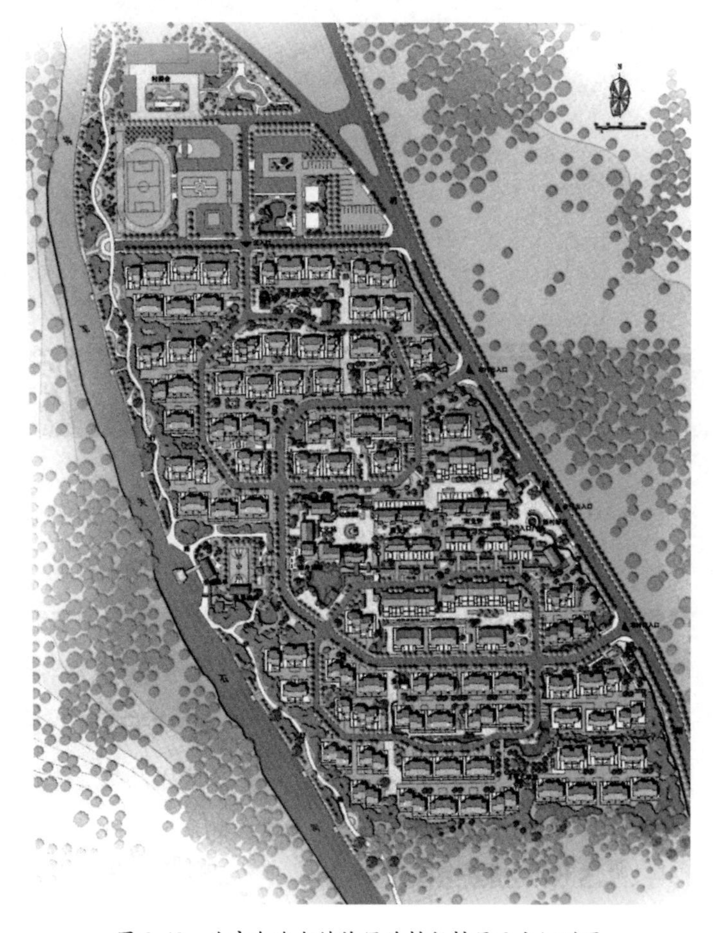

图 6. 19　北京金海湖镇将军关村新村居民点规划图

设计有了一定改观（图 6. 20），但总体上新农村建设时期乡村居民点的设计成果差强人意。

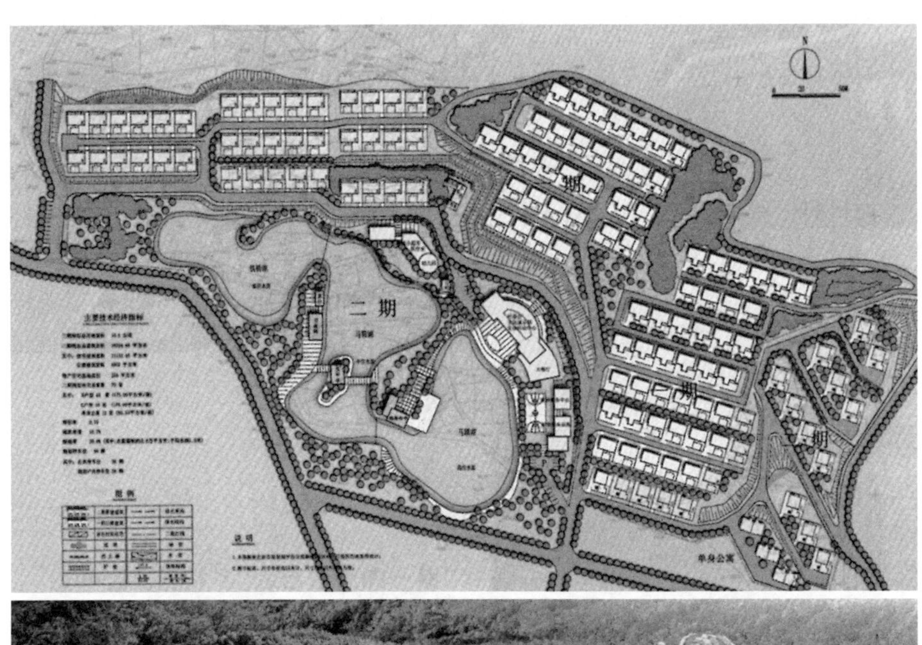

图 6. 20　北京大华山镇挂甲峪新居民点规划设计图

(2) 农村危房改造设计

2008 年汶川地震后，农村房屋质量安全再次成为中央关注的问题。2009 年中央增加 40 亿元补助改造 80 万户农村危房。这是新中国成立以来第一次对乡村农宅改造的大投入。中央资金的补助范围扩大到中西部近千个县，占全国县总数的三分之一，也启动了农村危房改造的工程项目。从 2008 年贵州省的改造试点地区，扩大到 2009—2011 年陆地边境地区、贫困地区和民族地区，然后到中西部地区全部农村，2012 年试点地区进一步扩大到除京、津、沪以外的全部农村。建设主管部门通过制定建筑节能、抗震安全等技术标准要求，编印发放农房抗震设防手册或挂图，编写农村建筑工匠培训、建筑节能等教材，组织专家指导与检查提高农村建筑工匠的农房建设技术水平，同时也面向农民提供危房改造技术服务。农村危房改造的设计工作主要由两类人完成：一是城市规划及建筑设计技术人员，参与部分农村危房改造；二是各地方培训的建筑工匠队伍。

考虑到改造实施的公平性，最初住建部规定以 40 m^2 的框架结构为基本单元，维护结构的材料根据各地经济水平和气候条件不同而由村民自行选择。其他类型根据危险程度不同采取不同的加固措施。这一时期的设计工作主要是根据各地区农房的实际情况，组织技术人员编制相应的图集和技术手册，以解决基本的房屋质量安全。2010 年住建部村镇司编制了《农村住宅改造》技术手册，从结构体系将我国农村住房大致分为四类，并从自建农房的安全性、适用性、节能及水电系统等方面阐述了农房改造的具体技术措施和方法。山西省在 2010 年由省住建厅组织全省 44 家设计单位，编制了《农村困难群众住房优秀设计图集》和《山西省农村住房围护结构节能技术实用手册》，供农户在危房改造中参考。重庆市则免费向农民提供农房标准设计图集和危房改造施工方案，供改造建房户使用。云南省临沧市根据佤族民居的特点及当地风俗，编制了指导农民建设的抗震设防及加固技术指南，为实施加固和危房改造提供了必要的技术支持。上述技术成果在农村危房改造实践中起到了一定的积极作用，但由于我国乡村地域广阔，农房建设量巨大，建造的地域差异明显，单凭通用的设计图集很难完全满足广大乡村地区民房改造的需求，这也是自上而下的当前危房改造中所呈现出来的现实境遇。

6.2.3 新农村建设中的特殊案例

在主流建设模式之外，也出现了一些新的探索，这些个案在建设资金模式、组织方式以及设计内容出现变化，建筑师也开始关注和介入宏观层面的乡村营建，探索以村庄为单位的复兴，为新乡村时期的乡村营建和设计下乡的多元化奠定了基础。

1. 以乡村度假为形式的乡村产业重构——莫干山

早期的乡村旅游普遍采用低版本的农家乐形式，以农户为单位经营餐饮住宿，通过对农宅的简单装修或改造达到在同一空间中生活和农家乐经营的需求。随着对乡村价值的再认识，以莫干山为代表的德清模式，将乡村营建与旅游度假产业发展契合，遵循市场经济的规律，以社会资本为主导，根据市场需求进行建设，开启了该时期的新模式。

从经济学角度，追逐产品价值最大化必定是社会资本介入乡村的持续动力，莫干山已然成为了中国乡村民宿的代表。在当时乡村旅游业同质化与低端化现象严重，产品类型单一性与市场需求多样性之间矛盾凸显的背景下，裸心谷项目开创了“洋家乐”新业态，将德清的乡村旅游提升。商业资本与乡土环境以及现代传媒的联姻，将“乡村营建”迅速转化为“在乡村的营建”，并在之后引发了大量专业设计人员介入到莫干山的营建活动，其中还包括不少规划师建筑师出资建造和经营的乡村案例。

莫干山民宿大致分为三类：第一类是“洋家乐”模式，主要代表就是裸心谷和法国山居；第二类模式就是非当地村民的外来城市居民到此开发的民宿，代表的民宿有清境原舍、大乐之野、翠域、无界等；第三类是本地村民开发经营的民宿。目前这三类民宿绝大部分是由职业设计师完成的。

莫干山裸心谷是一个典型个案，裸心谷地处德清县筏头乡莫干山内，占地 24.28 hm^2，包括了整个山谷和原生态的森林。项目包括 40 栋夯土屋、30 栋树顶别墅以及马场、水疗中心、宴会中心、会所、餐厅等。设计由伍德佳帕塔设计咨询（上海）有限公司完成。设计采取了小规模低密度的策略，使建筑融入周边自然环境。选址在已被砍伐的地区，顺应地势布局。场地规划上把机动车交通禁止在基地外围，转换内部电动交通工具，形成完整的步行系统。入口用大片的草原和树林构成自然进入式空间，121 间客房散布在独栋树顶别墅和夯土小屋中，四周环绕翠竹水库和一望无际的茶园（图 6.21—图 6.22）。

树顶别墅是设计在山脊上架空的独栋两层建筑，第二层标高在树冠之上，通过整面落地玻璃观赏全画幅的自然景色（图 6.23—图 6.24）。不同的建筑单体采用相同的模数化尺寸提供拥有 2～4 间卧室的套房供选择，模数化的目的是采用预制结构隔热板技术（structured insulated panels）① 作为墙体材料、屋面板和楼板，达到在场地人工挖掘基础后现场仅用拼装完成整栋建筑，5 天时间可完成一栋别墅搭建，从而减少土地开挖土方以及现场干扰。夯土屋采用稳定绝缘夯土墙技术，配料从模板到黏土混合都在当地完成，这种承重墙技术的建造减少了混凝土工程，也更环保，屋顶用就地取材的竹茅草搭建②。可以看出设计在客房主体的两部分做了不同处理，一种是用新材料、新技术实现绿色环保，对场地自然环境的破坏减到最低；另一种用当地传统的茅草材料和现代隔热夯土墙技术（Stabilized Insulated Rammed Earth

---

① 结构保温板的概念源于美国威斯康星州麦迪生市（Madison，Wisconsin）的林产品实验室（FPL，Forest Products Laboratory，1935）。FPL 的工程师们设想用胶合板和纤维板做的板材可能在墙体的应用中承受部分载荷，他们用结构板加上框架及隔热材料制作出实验用的结构隔热板。SIP 发展成为高性能建筑材料，SIP 由两层定向结构刨花板（Oriented Strand Board，OSB）和一层隔热泡沫板构成，是绝热性能优异的复合板材。

② 莫干山上种植的竹子种类超过 400 种，交错年间生长，每隔一年竹子丰收一次，春天里的毛竹仅五天左右就可以达到 21 m 高度，这种当地盛产的竹子成为主要的建筑材料。

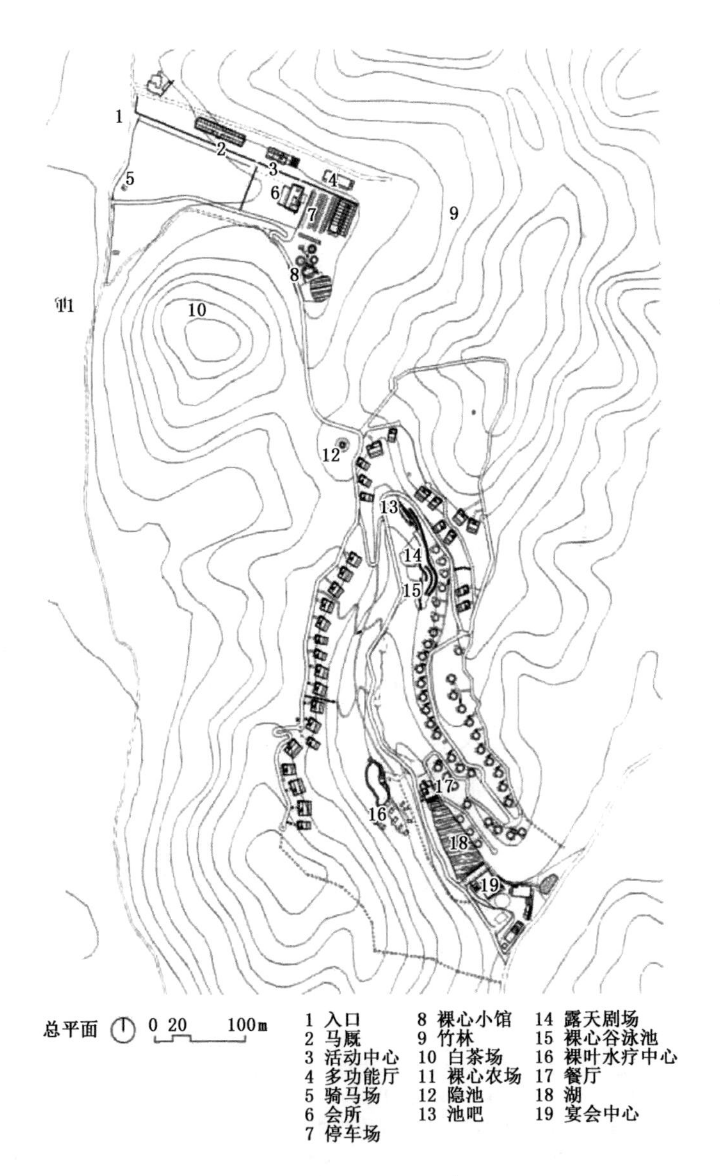

图 6.21 莫干山裸心谷总平面

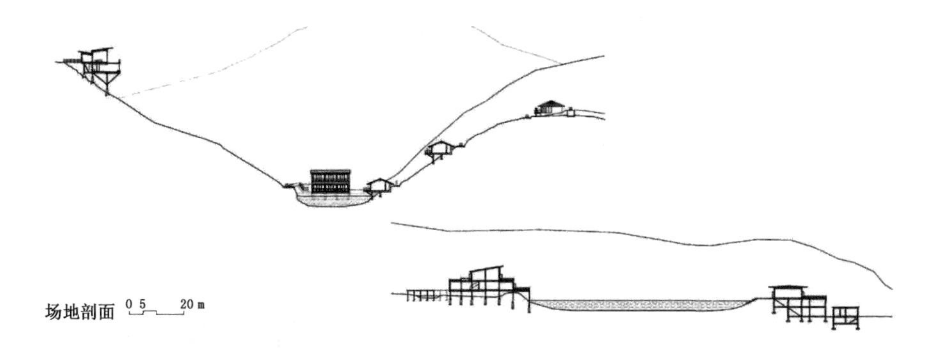

图 6.22 裸心谷场地剖面图

图 6.23 树顶别墅

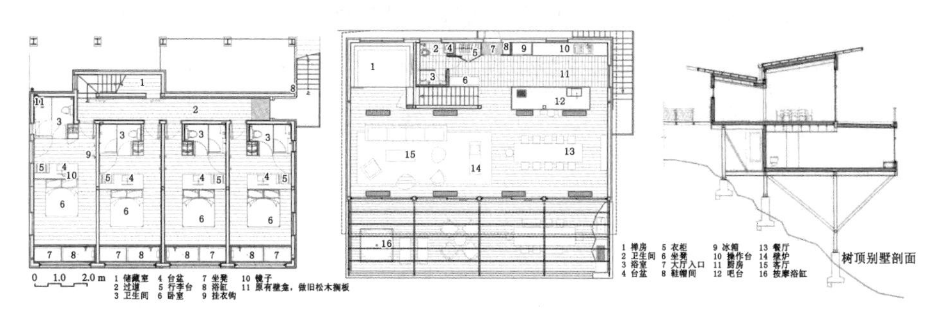

图 6.24 树顶别墅平面图和剖面图

Wall)① 创造出亚非洲混合特征的建筑原型风格（图 6.25）。还使用当地濒临消失的传统手工艺建造乡土性的构筑物，例如水疗中心和裸心小馆采用村民自制的茅草屋顶，马厩采用了当地石匠建造的石头墙。

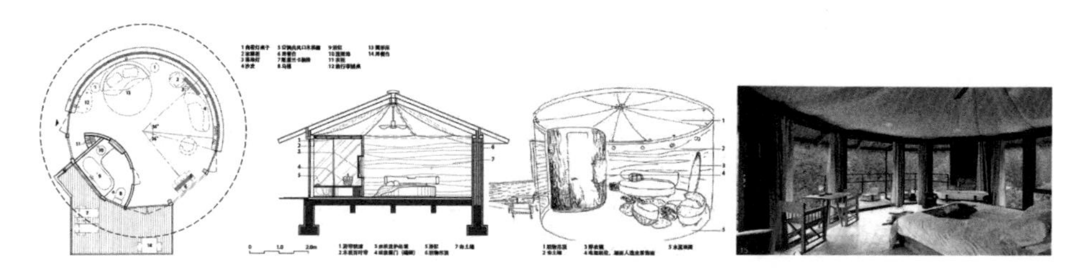

图 6.25　夯土小屋平立剖面

莫干山是基于乡村旅游而引发的营建，设计介入的过程和形式也是多样化，然而设计介入与乡村营建的内在逻辑关系却需要深入思考。建筑师在乡野场景中精心处理建筑与环境的关系；在田间地头寻找体现地域性的建造材料；在传统民居和建造技术中提炼民间建构的精髓。原本平凡的乡村元素在建筑师的笔下经过解构和重构，为商业资本赢取了丰厚的回报，也博得了建筑业界的赞誉。可以说在德清的乡村设计过程也是当代建筑师寻求乡土建筑改良与再利用的探索实践，但乡村由于其话题性，只被用于表现设计的实验性立场，这些焦点是建筑师和建筑，无关乡土社会。项目中设计介入的方式根据投资者要求和设计者工作思路而异，设计的服务对象是来度假的城市人，设计委托方也是从城市来到乡村为实现资本运作的投资商，从建设过程与结果来看，设计介入只是变换了具体营建场所而已，最终是为了实现物质性建造成果和资本的高额回报。

① 建筑师在利用夯土这一传统建筑材料基础上，结合现代可持续建筑隔热夯土墙——石迹墙技术，钢筋混凝土的加入改进了传统夯土墙不耐久的缺点，其建造所需要的水泥远少于传统混凝土工程，所有配料从模板到黏土的现场混合都是在现场完成，并排除了对化学密封剂和加工处理的需求。建成后的夯土墙完成面，无需再用人工材料如黏合剂、油漆等进行墙面装修，减少了室内装修的建筑材料和可能产生的装修污染。

社会资本驱动下的莫干山模式是成熟的市场行为，乡村场所加上城市资本，这是对当下很多厌烦于城市，怀揣设计理想的职业建筑师极大的诱惑。但是商业资本的目标是城市人，设计也是服务于城市人群，因此设计的立场远离了乡村社会的主体需求，建筑师积极主动介入乡村的行为更多的是借助乡村特殊的场域环境来实现自身的设计理想。乡村成为绝佳的实验田，满足了设计师的个人诉求，这种诉求与资本对吸引眼球的设计需求与谋求更高额回报的目标是完全契合的高端的消费定位与低廉的场所成本之间巨大的价值落差为资本的置换提供了理想的空间，乡村空间成为帮助商业资本攫取环境价值的场所和工具，而资本拥有者才是最大赢家。

2. 以内置金融为载体的乡村社会组织重构——郝堂村

郝堂村是信阳城郊一个资源禀赋极其普通的乡村①，与大多数普通村庄类似，都有老龄化、空心化等现实问题。村支书采纳了“三农”学者李昌平的建议，在 2009 年成立由部分村民资金和社会慈善资金组成的养老资金互助合作社②，并以此为基础开始村社共同体重建的郝堂实验。第一阶段是 2009—2011 年以内置金融③为切入点，使村庄的产权、财权、事权和治权统一，发展村庄的经济、社区建设和社区治理的三位一体。经过几年村集体资金的运转和积累，2011 年启动了第二阶段“郝堂 • 茶人家”村项目，以郝堂一号院改造为起点，开始了包括建筑和环境在内的乡村空间的系列改造与建设，让这个本已萧条的普通村庄重获生机，目前郝堂村已成为以乡村社会组织重构为目标的成功案例。

首先，郝堂的乡建模式是以养老资金互助合作社的乡村内置金融作为经济资本动力，不同于以金融机构下乡及土地权抵押为主要内容的“外置金

① 郝堂村位于河南信阳市平桥区五里店镇东南部，约 16 km^2，地处大别山的余脉，总人口 2 140 人，全村 18 个村民组，离信阳市区约 20 km，交通可达性一般。

② 村主任胡静接受了来郝堂村调研的“三农”学者李昌平的建议成立养老资金互助合作社。

③ “内置金融”是指组织治理与管理的主权在农民的金融机构，即区别于乡村社会之外的资本力量所主导的商业金融（外置金融）而言。

融”，开启了以内置金融为突破口的乡村建设。内置金融在土地集体所有制下配套建立村社合作金融，是重建村社共同体的切入点，也是内部资本运行动力的源泉；其次是设计介入作为技术资本与经济资本的联袂，充分调动了村社共同体的主观能动性和参与性。有了村社主体的协作，乡村营建能改善乡村人居环境，促进乡村持续发展，乡村才真正具有造血功能，成为村民为主体的自主建设、治理和发展的乡村社区。

所以乡村规划和设计并不是先行介入郝堂的，而是先通过内置金融来重塑村社共同体，并在此基础上组织第二阶段的物质营建。孙君为主导的设计团队负责以“郝堂茶人家”为主题的规划设计工作。经村干部的协商，2011年营建的第一个试点选择了村组小组长的家，原本他是准备拆掉旧房重建，这也是村民对建造理解的方式，不愿意为老房子花钱，经过与农户的协商，从拆掉房屋围墙开始，进行了一系列改造：包括增加室内卫生间；把原本室外的楼梯改到室内；平屋顶改成坡屋顶以解决屋顶漏水的问题，同时改变房屋的建筑风格增加乡土性；去掉二层阳台的窗户改善房间的通风采光，改造后的阳台又承担了晒台的功能；用当地的石头和砖为材料改造农宅的立面，并保留了二层立面上原有的白瓷砖贴面；院落的景观格局不仅考虑地形现状高差设计出围墙拆除后的室外空间的不同界定，还为以后发展农家乐考虑增设一个小型家庭污水处理作用的湿地生态水池。整个改造花费了7万～8万元，完成了建筑结构、功能更新及院落景观、生态系统的重建（图6.26）。

整个改造设计是在解决农户对功能需求的基础上，孙君加入了他作为设计师的审美引导，并通过反复交流采用村民能理解的方式，让村民逐渐转变固有思维，接受新的审美意识，重新认识老房屋的价值。设计师认为应该从农户入手展开对整个村庄的改造规划，反对新农村建设整体规划后全面实施的方法，因此其设计立场是把规划与设计看作文化和理念的载体来实施营建活动，强调体现对乡村文化自信心和信仰的修复，也要体现面对未来的乡村发展的社会责任感。

图6.26　一号院改造中和改造后实景照片

除了农房，还包括了村内公共空间的建造：孝道的郝堂乐龄养老服务中心，郝堂宏伟小学，以及村民活动室等，建筑师谢英俊也参与完成了廊桥、岸芷轩茶室和郝堂小学的尿粪分离式厕所的设计。郝堂的设计是由综合的团队完成的，既有农民艺术家孙君，也有三农学者李昌平，既有工科出身的乡建院的专业建筑设计人员，也有文化工作者和社区管理人员，还包括村干部、政府官员和村中老人。其中构成比例显示：40%为专业设计人员，20%为艺术和文化工作人员，10%为社区管理人员，15%为村干部，10%为政府官员，5%为村中老人①。设计人员中不乏对乡村有着热爱，有一定社会理想和文化责任感的返乡志愿者，他们介入乡村营建的立场和目标是乡村社会的重塑，而非完全停留在营建的物态上。郝堂的设计介入用专业技术的视角来看并不够专业，没有系统的设计图纸，没有施工图技术深化，更没有专业施工方的技术保障等。但设计似乎又无处不在，贯穿乡村营建的全过程，似乎没有清晰的开始和结束，而且参与乡村营建的设计人员的组成也是综合的，他们参与乡建来共同设计自己的家园，而设计则更多的是对乡建过程中各方复杂关系的引导与协作，是和农民们一起商量讨论"画"出来的草图，没有设计文本和鸟瞰图的表现，在动态过程中不停调整设计，看似在做很不专业

---

① 佚名."郝堂茶人家"总规摘要［J］. 绿色乡建，2014（2）：6-9.

的事情，但是这种基于内部资本驱动的设计体现了乡村社会的属性，使设计能参与乡村本体中，这是一种可能并不被专业人士认可的设计，因为它完全回避了所有规划的程序和报批，没有专家评审会和修改意见，而带有明显社会性的实践（图 6. 27）。

图 6. 27　设计实施后的郝堂村

尽管郝堂村可以代表许多的普通乡村，但郝堂村的乡建模式在当时还是一种实验，存在着很大风险且未必能够推广。首先内置金融方式在当时本身存在资金管理的风险，其次郝堂的成功有其偶然性，能力强有公益心的发起人和协调者、政府的支持、村民自主和 NGO 的参与，多元要素缺一不可。在新农村建设的背景下，诸多先决条件限制了郝堂模式的可复制性，但作为以乡村社会组织重构为目的的乡村营建模式是有意义的，是对新农村建设模式的有益补充，启发了之后对新农村建设的反思。有趣的是，郝堂村这个新农村时期的反主流个案在 2013 年建设部的美丽乡村宜居村的评比中排名第一。在进入新乡村时期后，国家在乡村政策上的改革促使了这种基于内置金融的乡村共同体建设模式的推广，而这种“陪伴式”的设计方法也衍生出多种乡建的新型设计组织。

3. 以艺术介入为路径的乡村文化重构——许村

山西省和顺县许村位于太行山最高峰，有着 2 000 多年的历史，自春秋时期一直发展至今。许村有从明、清、民国到“文革”时期的老建筑。虽然各时期的建筑形态得到了一定保留，但整个村庄被破坏得较严重，新建农宅都将老房子拆除，取而代之红砖房。还在村落西侧出现大批集中建设的新房，破坏了许村原有的肌理。像大多数村庄一样看似传统又现代，看似现代又落后，多为老年人留守，村庄显现出衰败趋势。最初是在 2007 年偶然被发起人渠岩拍摄采风时发现，引发了对如今乡村问题的思考，“因为长期被乡村的危机所困惑，也为新农村建设的误区所担忧”，“政治家有责任去唤醒沉睡的社会，艺术家也不能装聋作哑……艺术家必须有现实关怀，并勇于面对社会现实，发出自己真实的声音，并且要身体力行地去行动”①，所以渠岩发起了以保护许村古村落为目的的“许村计划”。

“许村计划”首先包括对古建筑的抢救和修缮，并起草了古建筑和民居的修缮和保护方案，得到了当地政府和文化部门的认可和支持，试图通过艺术修复乡村的方法，来实施村庄古建筑的修复和村落复兴计划。其次以当代艺术激活乡村文化，避免盲目城市化和无序的建设给古村落带来负面影响。渠岩策划通过定期举办“和顺乡村艺术节”，邀请艺术家在活动后留下两件作品，在许村改造后的老粮仓里展出。第一届艺术节在 2011 年 7 月 18 日至 8 月 2 日举行（图 6. 28），艺术节期间，在中外艺术家的共同倡导下签订保护古村落的《许村宣言》②，倡导政府和社会保护有价值的古村落，对古村落进行详细的普查，建立古村落档案。此外，艺术家们还创办了“许村国际艺术公社”，每两年举办一届国际艺术节和许村论坛，也希望通过修复老建筑告诉村民老建筑与现代生活可以共存，停止村民们拆除老建筑的行为。

---

① 渠岩. 艺术乡建：许村重塑启示录［M］. 南京：东南大学出版社，2015：113-114.

② 2011 年 7 月 19 日，在许村创办的“创造新文化，激活古村落”研讨会上，中外学者在讨论古村落保护的紧迫性问题后，在渠岩、沈少民、王长百、孟建民的共同倡议下，现场发布《许村宣言》。

图 6.28　许村艺术节艺术公社地图

许村艺术公社由拍摄《大山的儿子》电视剧的影视基地改建而成，当时的影棚是按传统建筑样式搭建的，通过对影棚的改造，满足许村国际艺术公社功能空间。围绕中心广场建造艺术公社的办公和接待中心、创作展示中心、图书馆、新媒体会议中心、陶艺工作坊、艺术家工作室、山西民间艺术研究基地及乡村餐馆等（图 6.29）。设计的第一步是专业建筑师对原有古建

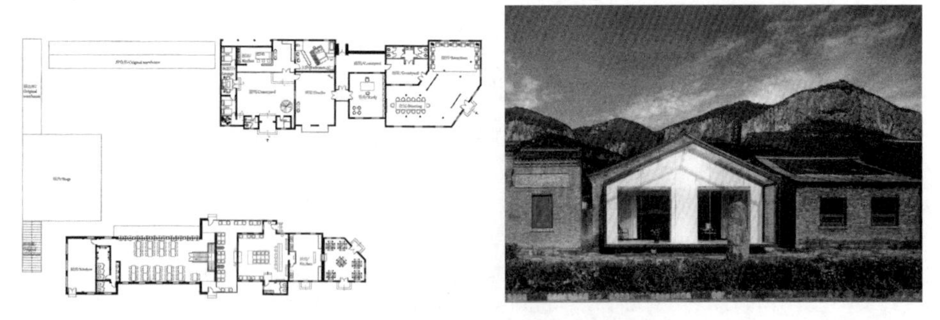

图 6.29　艺术公社和艺术家工作室

筑进行修缮，恢复其传统的建筑空间，包括室内的梁柱等结构构件和立面的传统地域性建筑符号。第二步是通过家具的现代设计风格产生现代与传统的对话。目的是向村民展示，在不破坏老建筑的前提下，通过内部空间的加固和改造可以满足现代生活的需求。

"许村计划"是一个艺术修复乡村并推动乡村复兴的实验，是基于"乡村修复"原则对接历史脉络，为被毁坏的乡村提供一种修复方法，这也是对"新农村建设"的修正，采用艺术的方式及谨慎的态度修复乡村，让许村成为探讨乡村艺术的现场"国际艺术村"，吸引国际社会的目光和艺术家的参与。通过一系列国际艺术节活动与许村论坛等事件，及艺术家驻村计划，以许村为样本讨论中国百年乡村的出路。这里的"设计"概念似乎需要扩大化，不仅限于村庄规划和单体建筑领域，而是一个更综合性的概念，拓宽了乡村营建的领域边界，启发乡村修复的思维。但为了实现艺术修复乡村的成效，资金来源和持续推动力的保证仍将是在凌驾于设计之上需要解决的难题。

4. 以协力造屋为理念的乡村物质空间重构——原型设计

另一类个案是以建造技术体系革新为切入点引发的乡村设计建造的实验和思考，以谢英俊的"协力造屋"最为典型。谢英俊的常民建筑团队在地震等特殊灾害后，在灾区协助重建工作，例如台湾"921"大地震和四川"5. 12"地震后均参与了新村重建的设计和建造，因此谢英俊常被认为是一位专门从事灾后重建的建筑师。其实谢英俊的常民建筑团队对在乡村的设计和建造实践形成了清晰的工作体系，不断实践其"就地取材、协力造屋"的设计理念，主要方法可以概括为简化构法①、开放建筑②和以轻钢龙骨结构

---

① 简化构法具体包括：降低对高级工具的依赖性；更多暴露节点，让连接的技艺更加清晰易懂、易操作和更换；降低工艺精度要求，减少出于精确的审美要求带来的多余工艺；利用天然能源；设计简单装置。

② 谢英俊所指的开放建筑是面向直接需要住房的使用者，建构系统中每个组件都可以抽换。整个结构系统设计为皮加骨分离的体系。"骨"的部分可为木、竹、轻钢；"内皮"的部分分为土、石、砖、竹、木、稻草、麦秆等；"外皮"的部分为土、石灰、布、植物编织、面砖、金属等。

为主体的“原型设计”。

谢英俊团队在大陆乡村的协力造屋模式可分为三个阶段：一是在河北定州翟城村晏阳初乡村建设学院的生态农房建设研究（2004—2006 年），建设了地球屋 001，地球屋 002，这是推广协力造屋的起点。这两栋示范房均采用了三开间两层坡屋顶的原型，地球屋 001 增加了半间进深，增加了农宅中缺少的厨房、卫生间和楼梯间，地球屋 002 则保持当地三开间的平面布局，在结构体系上从轻钢结构出发，综合各因素确定 1. 1 m、1. 2 m 和1. 22 m等模数尺寸，这是为了体现开放性及用户自行划分的需求，同时模数的自由组合也体现多样性，但在屋顶形式的选择上没有考虑当地村民晾晒的场地需求，村民对 450 mm 厚填充墙体的材料草土填充墙接受度较低①。

第二个阶段是生态农房的推广（2006—2008 年）。主要是对分散农户进行协力造屋的推广，这个阶段是在协力造屋的结构体系和节点构造上定型。项目分布在河南、北京、安徽和西藏等地，代表性的有北京东新城村的农宅和北京工作室。谢英俊使用了较为成熟的“加强冷弯薄壁型钢”为骨架的轻钢结构体系，包括主体钢结构、连接件和配件部分（图 6. 30）。该体系在建

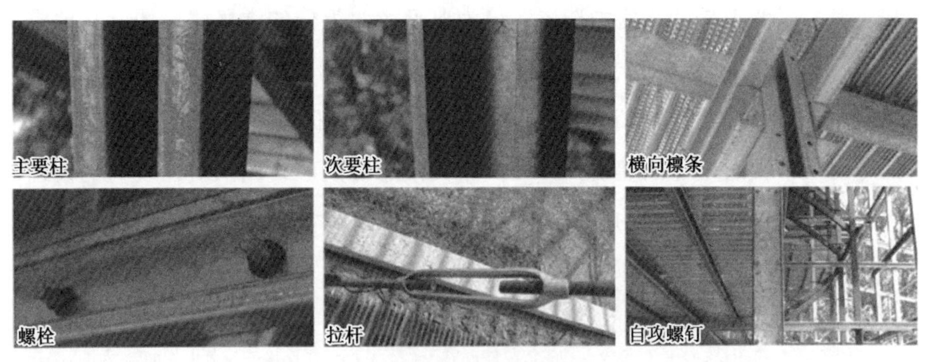

图 6. 30　北京工作室的轻钢结构体系组成

① 房屋设计土墙为 450 mm 厚，其中混合起保温作用的稻草和麦秸秆，草土比例比 001 号高，体积比约为 1∶1，内隔墙直接采用竹皮编织墙，楼板采用竹筏，切成小块，插入 c 形钢的槽内。施工周期较长，大约 1 年，地球屋 002 号用钢量达 30 kg/m²，总共 3. 6 t。

造方面的改进表现在结构体系工业化，维护材料多样化。

第三阶段是灾后重建及与农房建设的结合（2008 年以后）。汶川地震后，谢英俊团队组织建造了 500 余套轻钢结构农宅，在西南地区开展以灾后重建为主的针对性推广，代表性的有四川碧峰峡镇七老村。在这阶段，谢英俊提出互为主体的原则，建筑师建构开放平台后，由施工者和居住者参与提出设计构想。在重建中的工作包括前期准备、设计生产和协力建造三个部分。设计需要协调多方，包括政府、建设基础设施的施工队、村民等。户型选定后得到户型配比清单，由工厂生产轻钢构件，设计需与施工队保持配合，在建造阶段设计团队参与召集劳动力、指导建房和监督工作，村民可以通过观摩了解整个建造过程。

谢英俊团队在设计方法、工作模式和收费标准各方面与普通的建筑师表现出很大差别（图 6. 31）。首先在设计方法上，不同于现代建筑设计从功能平面入手，其利用单线图进行屋架剖面设计，确定进深方向的尺寸、结构以及房屋样式，然后根据场地和使用要求确定开间尺寸，最后得到主体结构的轻钢结构。这种轻钢结构的原型式设计被广泛运用到各个项目中，屋架剖面成为设计的起点和标志，设计团队通过对屋架剖面的整理形成系统的信息资料，简化了建筑师的重复劳动。其次在工作模式上，把设计工作从传统的图纸扩展到建造全过程，增加了建筑的社会属性，建筑师不再只是设计者，而是通过优化原型设计建构开放体系，变为建造的协助者，与使用者共同完成整个设计和建造过程。而在设计收费上，设计费用包含在轻钢结构中，通过节省开放体系人工费、简化构件种类标准化生产等方式降低建房造价。

谢英俊的常民建筑团队至今仍是乡建中的非主流，一方面由于其不同于既有建筑学的工作方法而接受度较低；另一方面也有不适应当下中国乡村社会分工及组织方式的原因，更多还存在结构体系、外观形式的接受度问题。但谢英俊的常民建筑团队也开启了一种新的设计生产行为，并丰富建筑学话语体系的方式。

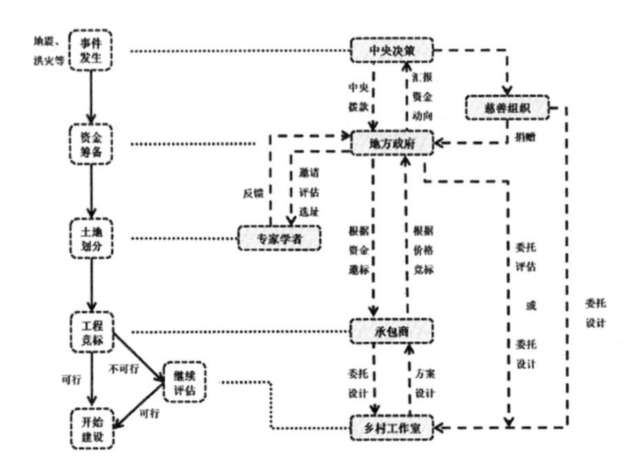

协力造屋的前期筹备阶段

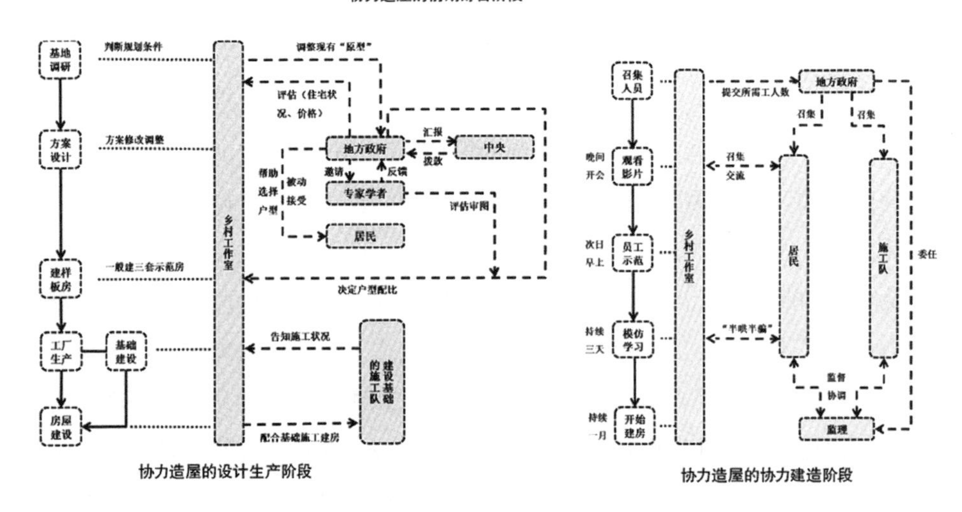

协力造屋的设计生产阶段

协力造屋的协力建造阶段

图 6.31 协力造屋的筹备—生产—建造阶段程序

6.2.4 第三次“设计下乡”行为的主客体影响

1. 对乡村客体的影响

新农村建设是国家战略，乡村已进入了“工业反哺农业，城市支持农村”的时期。因此此次设计介入乡建的涉及面广且力度非常之大。其目的是在乡村地区重新建立系统的空间法则，对乡村建设进行类似城市的法治化管控，这一出发点从一开始就决定了此次设计下乡将成为一种强势的技术工具，实现政府对乡村空间和人居环境的改造和控制。因此这次的设计下乡在“城市支持农村”的背景下，将大量图纸上的设计成果转化为现实。

第一层面，以土地集约化利用为目标导向的村庄体系规划，对于集中居住、改善基础设施及公共品供给、提升村民生活质量起到了一定的指引作用。然而规划设计的落实，也直接导致了大量自然村落的消亡。其中以东部经济发达地区最为明显。江苏省计划将全省25万个自然村拆并成约4万个集中居民点。这些长久以来依靠农耕形成的村落遵循着因地制宜的原则，人口的增长与环境容量之间实现平衡，在长期自然选择的机制下呈现出乡村的聚落形态。新农村体系规划是自上而下的人工选择的机制，规划师的主观判断决定了哪个村该保留，哪个村该拆并，这样的人工选择通常都是在很短的时间内做出的，因此新农村建设时期设计对于乡村客体的影响首先就表现在乡村存在的选择机制发生了根本性改变，从而造成了大量村落的消失。在东部人口密集的经济发达地区，规划中被拆并的村庄不仅是国家政策的具体落实，更是土地经济的货币体现。随着土地增减挂钩制度的出台，拆并村落后集约出来的建设用地指标才是地方政府最希望得到的。正是有了政治和经济的双重驱动，此轮设计下乡比起前两次，付诸实施的数量更多，影响面更广，产生的负面影响也更大。乡村规划设计再次成为工具，成为地方政府转化建设用地指标的实现手段。因此新农村建设的实施在某些方面有悖于顶层设计的初衷。

第二层面，集中居民点建设是新农村建设空间落实的重要抓手，由于适度集中居住，原有的村落规模势必须要扩充。由于专业设计人员的介入，经过设计的新建民宅质量安全，建筑本身的节能节材方面均优于村民自发建造的房屋。然而在现有乡村治理框架下，对于统建型村庄，唯一公平的居住分配方式就是绝对的均等化，因此集中居民点建设中大量出现行列式的居住形态和模式，与传统村落的格局和生长肌理不相融，由此造成的不仅是村落肌理的突变，也使新迁入村民与原有村民在空间上产生明显差异，在生活中融合困难。建筑方面的设计成果大多套用城市模板，正是这种简单直接的处理方式给这一时期的聚落形态及乡土风貌环境造成了不小的破坏。从物质空间形态和功能组织上解构了乡土生活方式。从某种意义上，这种了外化的“新”加剧了乡村社会的内在衰败。

第三层面，村容整治提升了乡村人居环境，专业设计的介入营造了一些物质环境，但由于乡村数量巨大，绝大部分自上而下开展的设计演变成了简单的“打扫卫生”。在很多地区，“刷墙”任务把所有房屋外表都变得雪白，也将长期乡村日常生活的痕迹瞬间磨灭，外部空间环境设计则植入了类似城市公园式元素，硬质化的广场铺地，图案化的绿化植栽，这些原本属于城市环境中的元素被生硬套用在乡村，从而给乡村风貌造成另一种破坏。

尽管这一时期以自上而下的国家介入为主，但是市场化及资本的力量开始显现，已出现了一些在新农村建设的框架外，更加灵活多样的乡村营建个案。

2. 对设计主体的影响

新农村建设时期，乡村规划是主要设计内容。对于规划师，在乡村地区长期规划体系不健全、不完善的情况下，新农村建设为乡村规划开启了一个新阶段。由于各种规划交叉，使得本应清晰明了的规划体系变得复杂而难于操作，乡村规划体系的建立过程中经过多种探索，规划成果对实际的指导作用却不是很明显，而规划师在乡村的各类规划中所承担的角色和发挥的作用又是非常重要的。按照交往型规划理论，在村庄布点规划中，规划师可以在村庄调研的表述上进行选择性陈述，并将自我主观的判断加入规划成果中，这都将间接和隐含地决定村庄未来的命运。因此在乡村规划过程中，规划师有较强的参与热情，设计主体希望将自身的技术话语转化成法规与制度，从而建立起更高层级的话语权。相对于规划师群体，新农村时期的设计下乡却没有对建筑师产生过多的影响，因为此次设计下乡的主要目的是建立乡村规划建设的体系，具体到建筑设计层面，除编制图集，主要参与居民点的住宅设计，而在同期城市地产业一派红火的时期，少有建筑师会对新农村建设模式下的居民点设计感兴趣，更多是对乡村设计的慵懒态度，这一点也是与规划师群体产生了强烈的反差。

市场经济环境下的设计介入的本质是技术雇佣。在乡村地区，设计介入的立场态度和雇佣的主体有着密切的关联。由于雇佣主体是政府，设计的立场更多站在政府的角度而非乡村，或者说地方政府的态度决定设计介入的深度。这种模式下，设计介入本质是被动式“向乡村的技术输出”。在住建部出版的村庄整治技术手册及一系列针对农村编制的规范图集的技术支撑及要求下，对绝大多数一般村而言，设计人员的工作并未深入乡村内部，相比城市项目，低廉的酬劳且有限的空间，更加催生出在乡村营建中粗放的技术输出和模块化复制的模式。

第 7 章
新乡村建设时期的乡村营建与设计介入

7.1 多元型的乡村营建（2013 年—）

7.1.1 社会动因

乡村的地位在新型城镇化时期得到了极大重视，新型城镇化也给乡村的转型和复兴提供了条件和机遇，中国的乡村掀起了新一波营建热潮，但这一时期营建开始转变，本书把这个正在进行时的阶段称之为新乡村建设时期，“新乡村”是对新农村建设的升级和优化而表现出的新时期的新阶段。

1. **政策的开放性变化**

（1）乡村产权制度改革

就农村土地制度而言，中华人民共和国成立后，先后经历了私有（1949—1962 年）、公有私用（1962—1978 年）、强化管理和限制流转（1978 年—）的阶段。宅基地的流转受到严格的限制，政策上有相应的限制性规定①，农民的房屋可以在村集体内部流转，但限制城市居民的购买权，也不

① 2004 年 10 月，国务院《关于深化改革严格土地管理的决定》再次规定：“禁止城镇居民在农村购置宅基地”。2004 年 11 月，国土资源部《关于加强农村宅基地管理的意见》规定：“严禁城镇居民在农村购置宅基地，严禁为城镇居民在农村购买和违法建造的住宅上发放土地使用证。”

能购置和占用宅基地建房，其衍生问题就是小产权房[①]。概括起来，现行农村宅基地法律和政策规定的主要特征是：一宅两制，即房屋归农民私有，宅基地归集体所有；农村宅基地使用权人必须是本集体经济组织成员；一户只能拥有一处合法的不超指标的宅基地；不能向本集体组织外的单位或个人转让，禁止城镇居民在农村购置宅基地等。这些土地政策都限制了乡村营建主体身份的多元化。

2013年十八届三中全会《中共中央关于全面深化改革若干重大问题的决定》指出，要建立城乡统一的建设用地市场。在符合规划和用途管制前提下，允许农村集体经营性建设用地出让、租赁、入股，实行与国有土地同等入市、同权同价。中央一号文件提出要建立“归属清晰、产权完整、流转顺畅、保护严格”的农村集体产权制度。2016年10月国务院印发《关于完善农村土地所有权承包权经营权分置办法的意见》，把家庭联产承包制的土地所有权和承包经营权的分设改革为所有权、承包权、经营权的三权分置并行，是新时期的又一重大土地制度改革。“三权分置”有利于促进土地资源的合理利用，发展多种形式的适度规模经营[②]。哈尔滨已在2017年2月全面完成土地承包经营权的确权登记颁证任务。而如今土地的经营权已得到政策保证，宅基地的流转也是要推行的，关键点在于流转的受让人范围，以及入市后的收益分配办法，不管具体政策的内容如何确定，但土地改革的最终目的是赋予村民对集体资产的占有、收益、有偿退出及抵押、担保和继承权，土地制度释放出来的活力很大程度上也激发了营建形式的多重可能性，对乡村营建而言是产权制度改革赋予的新机遇。

（2）乡村户籍制度改革

2013年全国政法工作会议把户籍制度改革列为四项重点工作之一。同年

---

① 2007年12月国务院办公厅在《关于严格执行有关农村集体建设用地法律和政策的通知》中，重申农村住宅用地职能分配给本村村民，城镇居民不得到农村购买宅基地、农民住宅或“小产权房”。

② 中华人民共和国国务院新闻办公室. 农村土地《“三权分置”意见》政策解读［EB/OL］.［2016-11-03］. http：//www. scio. gov. cn/34473/34515/Document/1515220/1515220. htm.

11 月，中央指出要全面改革落户条件，加快户籍制度的改革[①]。2014 年 7 月，国务院公布《关于进一步推进户籍制度改革的意见》，规定要“进一步调整户口迁移政策，统一城乡户口登记制度，全面实施居住证制度”。2016 年 1 月《居住证暂行条例》施行，9 月国务院印发《推动 1 亿非户籍人口在城市落户方案》。政府以“人地钱”挂钩加快实现户籍城镇化[②]，把财政转移支付与乡村转移人口市民化挂钩，城镇建设用地新增指标与农业转移人口落户数挂钩、基建投资安排与农业转移人口市民化挂钩，调动地方政府转移乡村人口落户的政策机制。户籍制度的改革使农民的身份特征发生了改变，而将成为同“工人”一样指代从事某一特征职业的人，也将通过建设与户口迁移政策相适应的社会管理和公共服务体系来减少农民数量，这样市民化后的社保体系的健全[③]将乡村土地的社保功能削弱，促使村民进一步出租、转让甚至有偿退出乡村土地的相关权益，从而加速土地的流转速度，间接带动乡村的进一步发展。

（3）金融体制改革

长期以来我国的乡村金融体系不发达，导致乡村金融供给不足，造成了乡村和村民生产经营和生活所需资本投入严重不足。

近年在乡村农业产业化发展后，连接单个农户与市场的机制之间产生了大量新型乡村经济组织，即民间的非正规金融，改善乡村金融状况。例如自发资金互助社等内生金融组织。十八届三中全会提出“允许合作社开展信用合作”，

---

① 《中共中央关于全面深化改革若干重大问题的决定》指出：“创新人口管理，加快户籍制度改革，全面放开建制镇和小城市落户限制，有序放开中等城市落户限制，合理确定大城市落户条件，严格控制特大城市人口规模。”

② “人地钱”挂钩政策是在 2016 年两会政府工作报告中提出的。报告原文：“深化户籍制度改革，放宽城镇落户条件，建立健全‘人地钱’挂钩政策。扩大新型城镇化综合试点范围。居住证具有很高的含金量，要加快覆盖未落户的城镇常住人口，使他们依法享有居住地义务教育、就业、医疗等基本公共服务。”

③ 新的户籍制度、迁移政策及公共服务体系落实后，农民外出打工更加方便，而且可以“不管到哪干，养老保险接着算”成为现实，为农民工选择更适宜的区域和行业创造了更好条件，有利于工资性收入的加速增长。

建立新型农村合作金融组织。之后每年的一号文件均提出要探索新型农村合作金融发展的有效途径，稳妥开展农村合作社内部资金互助试点。2014 年中央一号文件明确提出“丰富农村地区金融机构类型”“推动社区性农村资金互助组织发展”①。金融体制的改革将给乡村营建提供金融资本来源的多样性。

2. 社会资本向乡村的转移

长期以来，因为乡村市场化和产业化水平有限，加之国家对乡村土地的限制，资金收益慢，绝大多数乡村对社会资金缺乏吸引力，但随着新型城镇化的开展，乡村的价值被重新认识。2013 年中央的一号文件中提出要培育新型农业经营主体，创造良好的政策和法律环境，鼓励工商业资本到农村发展合适的种养业，鼓励和支持承包土地向专业大户、家庭农场②、农村合作社流转。2013 年中国农业产业发展基金成立③，这是第一个国家级农业产业资金，基金的成立是财政促进金融支农的探索，也意味着新一轮的社会资本投资热正在兴起，希望凭借社会资本下乡调整国民收入分配格局和财政支出结构，推动中国乡村现代化。

2016 年国家出台推进乡村第一、二、三产业融合发展的指导意见，提出“以新型城镇化为依托，推进农业供给侧改革，着力构建农业与二三产业交叉融合的现代产业体系，形成城乡一体化的农村发展新格局”。以近期乡村旅游的发展为例，如今乡村旅游成为投资消费热点领域，不仅为富余劳动力提供就业渠道④，还推动旅游产品向观光、休闲、度假并重转变的转型升级。

---

① 2014 年中央一号文件提出：“在管理民主、运行规范、带动力强的农民合作社和供销合作社基础上，培育发展农村合作金融，不断丰富农村地区金融机构类型。坚持社员制、封闭性原则，在不对外吸储放贷、不支付固定回报的前提下，推动社区性农村资金互助组织发展。”

② 家庭农场是指以家庭成员为主要劳动力，从事农业规模化、集约化、商品化生产经营，并以农业收入为家庭主要收入来源的新型农业经营主体。

③ 中国农业产业发展基金经国务院批准成立，存期 15 年，总规模 40 亿元，重点支持农业产业化龙头企业。该基金由财政部、农业发展银行、中国信达资产管理股份有限公司、中信集团有限公司出资组成。

④ 根据数据分析，到 2016 年，乡村旅游每年为城乡居民提供 1 000 万个就业岗位。

2015年《关于大力改革创新力度加快农业现代化建设的若干意见》中指出“积极开发农业多种功能，挖掘乡村生态休闲、旅游观光、文化教育价值”。2016年的上半年旅游投资报告中显示，乡村旅游投资成为亮点，仅上半年乡村实际完成投资1 221.3亿元，较2015年同期增长了62.3%[①]，资金主要源于社会资本。国家相关政策鼓励社会资本投入乡村，把能够商业化运营的乡村服务业向社会资本全面开放，并积极引导外商投资乡村产业融合发展[②]，这将是新型城镇化背景下乡村发展的新趋势和新热点。与此同时，东部地区和大城市的资本出现过剩现象，而资源短缺却越来越严重，因而具有丰富资源的乡村将成为资本投资的重点转向。

3. 乡村价值的再认识

新时期乡村的发展应当基于新型城镇化背景下对其价值进行再认识。

首先是乡村的农业生产价值。乡村是农业生产的基地，农业生产的食物供给是乡村的价值载体，不仅是满足城乡人口的生活供给，也关系到粮食自给率的国家主权安全的问题，所以不能脱离农业生产的价值去谈论乡村的价值。其次是乡村空间的价值，表现在生态、社会、经济等方面。在城市边界日益扩大的现实中，乡村提供了与城市空间互补的生态空间，以及应对城市社会、经济问题的巨大弹性的保障作用，通过城乡之间的流动性可以抵御社会风险和维护社会稳定。2008年金融危机后，广大农民可以返乡务农抵御危机反映了乡村的家庭小微经济体的巨大优势。最后是乡村的文化价值，在新型城镇化背景下，乡村文化价值的重要性被意识，乡村作为中国延续数千年的聚落形态承载着深厚的人文价值，祖先的智慧，民族的集体记忆，其意义超越了功能主义的价值，成为如今最宝贵的非物质遗产。在快速发展和变化的现代城市社会中，在各种城市病的困扰下，“乡愁”是在传统文化影响下

---

① 数据来源：中国市场调查网。

② 2015年国办发93号国务院办公厅关于推进农村一二三产业融合发展的指导意见的第14条：鼓励社会资本投入。

的归宿，对逝去的生活形态和空间的怀念，而作为如今唯一的载体，乡村的文化价值得到了再认识，也是新时期乡村再生发展的强势动力。如今很多乡村由文化复兴带来的振兴就是很好的证明。

7.1.2 营建进行时

2013 年之后，中央一系列文件对乡村的规划建设、居民点、公共服务以及要求都做出了一些指导性的变化。2013 年一号文件提出，“科学规划村庄建设，严格规划管理，合理控制建设强度，注重方便农民生产生活”“农村居民点迁建和村庄撤并，必须尊重农民意愿，经村民会议同意”“不提倡、不鼓励在城镇规划区外拆并村庄、建设大规模的农民集中居住区，不得强制农民搬迁和上楼居住”。在之后的城镇化工作会议中提出“在促进城乡一体化发展中，要注意保留村庄原始风貌，慎砍树、不填湖、少拆房，尽可能在原有村庄形态上改善居民生活环境”，2014 年 1 月提出“开展村庄人居环境整治”，“推进城乡发展一体化体制机制”。可见，乡村营建从之前的大规模拆村并点，集中居民点的建设转向更多地尊重和继承乡村特色基础上的人居环境改善的方向。2013 年农业部开启了“美丽乡村”活动①，2014 年 2 月发布美丽乡村建设十大模式②，并提供建设范本和借鉴。由于两者在时间和政策上具有连续性，美丽乡村建设被视为社会主义新农村建设的升级版，社会主义新农村建设和生态文明建设的综合体，“新农村建设”的名称逐渐被“美丽乡村建设”取代。

由于处在对自上而下的新农村建设时期结果的反思阶段，新乡村时期

---

① “美丽乡村”最早是浙江省安吉县提出的，出台《建设“中国美丽乡村”行动纲要》，提出 10 年把安吉县打造成中国最美丽的乡村。“十二五”期间浙江省制定《浙江省美丽乡村建设行动计划》。2013 年中央一号文件提出“加强农村生态建设、环境保护和综合整治，努力建设美丽乡村”，2014 年中央一号文件再次提出“要建设各具特色的美丽乡村”。

② 美丽乡村的十大模式分为：产业发展型模式、生态保护型模式、城郊集约型模式、社会综治型模式、文化传承型模式、渔业开发型模式、草原牧场型模式、环境整治型模式、休闲旅游型模式、高效农业型模式。

乡村营建进入了一个微观实践活跃且形式多元的新阶段。由于乡村各项政策改革的快速推进解除了之前对乡村营建的桎梏，并提供了多种可能性，来自乡村内部和外部的各方主体都积极尝试并参与乡村营建，这个时期是对乡村社会各方的巨大挑战，同时也是发展机遇。在全国各地很多乡村都出现了营建热潮，其热度被称为又一次的“上山下乡”运动。“乡建”一度成为高度关注的热词，乡建运动在全国范围内又一次轰轰烈烈地展开。“到农村中去，到农村中去!”，“越来越多的中国建筑师从城市的浮华中唤醒，他们怀揣各异的心思抱负，奔赴农村开始新一轮‘上山下乡’运动。放眼未来可以预计，中国的‘刷城’大潮尚未平歇，‘刷村’热浪又将掀起”（周榕，2015）。

7.1.3 营建内容

由于美丽乡村建设强调通过产业、服务、文化的整体推进来实现人居环境和自然生态、产业发展和社会保障等服务提升的目的，这一时期美丽乡村的营建内容与新农村建设时期相比，有延续的部分，也有差异性，表现在以下几方面：一是关注原有村庄的人居环境整治。这一内容主要是由地方政府来主导，基本上是新农村建设内容的延续，主要包括村庄整治、垃圾和污水治理等内容①。以江苏省为例，2015 年完成省域范围内 18.9 万个自然村“村庄环境整治”计划，这是以政府主导的自上而下的方式推动乡村地区发展的“美好城乡建设行动”，营建内容主要包括村容村貌整治、城乡一体化基础设施建设，实现供水管网的无缝对接、垃圾收运处理体系、乡村公路及公共服务设施的配套。采取“规划引导、分类整治”，将村庄分为规划布点村庄和非规划布点村庄，分别按“六整治、六提升”和“三整治、一保障”的标准

① 《住房城乡建设部村镇建设司 2017 年工作要点》中筹划第三次全国改善农村人居环境工作会议，公布第一批改善农村人居环境 300 个示范村并予以补助，完成第四次农村人居环境调查，公布全国改善农村人居环境工作白皮书。

建设为康居乡村（一星级、二星级和三星级康居乡村）和环境整治村，这是政府主导的以空间治理为主要内容的营建。政府整合 9 类涉农资金，财政直接投入超过 1 100 亿元①。但在实施中一些村庄在整治完成后由于缺乏维护的人力和资金，空间改造成果难以保持，因此江苏省正在摸索“后整治时代”下与自下而上结合的乡村营建模式。

二是乡村中危房改造工作。2013 年以来，一直继续推行 2008 年以来的农村危房改造项目，住房和城乡建设部村镇建设司建立了全国范围扩大农村危房改造试点农户档案管理信息系统，并对改造活动进行监督和管理，会同财务部及时下达任务和资金计划，监督完成 314 万户农村危房改造。在国家标准下，再由地方政府制定年度具体实施计划，开展质量安全管理省级试点。

三是乡村相应公共服务设施建设。在新型城镇化时期，完善城乡一体化的公共服务设施是营建的重要内容之一，例如乡村学校、卫生所、供销社商业服务站等功能的和市政设施。

四是乡村中新兴产业带来的以商业运作为目的的经营性空间的剧增，例如乡村农场、酒店及民宿、客栈等，成为新乡村时期乡村营建的重要内容。浙江莫干山就是一例，被纽约时报评为全球最值得去的地方之第 18 位，CNN 把莫干山列入 15 个必去的中国特色地方，这些都是因为莫干山的乡村里的一系列民宿。乡建热浪席卷周边的城市人来此生活、定居、开业，民宿风格渐渐多元化、差异化，整个莫干山在该时期已提前进入百家争鸣的“后民宿时代”，量变积累产生了质变，被称为乡村民宿界的“北京 798”。莫干山的乡村民宿已成为一张名片，早期的一代有最初的南非人高天成投资的“裸心谷”、法国人司徒夫的“法国山居”、建筑师改造并经营的“大乐之野”、农宅改造的“香巴拉”、设计师夫妇经营的“清境原舍”、集装箱酒店

① 朱东风. 乡村空间治理的系统效应研究——基于江苏省村庄环境整治的实证分析 [J]. 中国发展，2015，15 (4)：7-9.

"溪地99度假别墅"等，不断有新鲜力量涌入，一代接一代的特色民宿脱颖而出，例如翠城木竹坞（莫干山翠域木竹坞 Emerald hills）、陌野乡墅、清境原舍、山水谈、云溪上、在双桥、无界莫干、蕨宿、山中小筑、尚坡 Arcadia、LaCaSa、后坞生活、莫干山西坡山乡度假、莫干山湖州竹里馆别墅、莫佳客栈、莫干山林栖谷隐度假酒店、莫干山天籁之梦别墅、隐居莫干、莫干山老树林度假别墅（395老外村）、莫干山觅幽兰度假酒店、由杜月笙的别墅改造的德清雷迪森国际会所莫干山别墅、160别墅酒店、颐园别墅、莫干山白云饭店以及被称为最有文化之"莫干山居图"。目前莫干山的民宿已超过100家。

7.1.4 营建特征及趋势

1. 乡村营建资金来源的多渠道

长期以来，乡村营建的资金来源单一，主要以政府公共财政和乡村农户家庭资金为主。而当前对乡村农用地确立的所有权、承包权、经营权的三权分立的体系，可以实现城乡要素的流通，外来资本的进入可以给乡村带来适度规模经营，管理技术和附加值。国家政策对乡村第一、二、三产业融合发展的现代产业发展的推进，以及鼓励社会资本的进入，向社会资本全面开放能够商业化运营的乡村服务业，这些都使这一时期乡村营建的资金不限于长期的单一限制性渠道，转而向城乡共同开放。

（1）以政府公共财政为主：地方政府主导型建设

国家对乡村的政策和资金扶持仍然继续，首先反映在城乡一体化全局视角下开展了大范围的乡村规划，为乡村的近期与长期建设提供指导。从2016年起，中央财政按照每村每年150万元，支持2年，计划在五年间建成6 000个左右的美丽乡村。以江苏省美丽乡村建设示范资金为例，资金渠道主要来源于省财政预算、省辖市财政预算和县（区）财政安排的美丽乡村建设示范资金。

（2）村集体资本为主

以村集体资本投入的营建活动主要包括乡村的公共设施、配套服务等为中心的建设，例如村内环境的一些改造、公共活动中心、卫生站等。在一些内生集体经济主导型的村庄，还包括对村民建房的一部分资助的建设。在美丽乡村背景下，村集体资本主要用于改善村民人居环境的建设上。

（3）民间个人资金为主

以个人资金为主的营建主要包括以农户为单位的农宅更新。无论是改造、扩建还是新建，主要资金来源于家庭成员的个人积蓄。除此之外，乡村营建中的个人投资还包括乡村内部和外部的精英投入的乡村公共服务设施的建造和乡村产业发展相关的营建活动。例如后来加入莫干山的民宿主人多是以设计师、建筑师、艺术家等为主，个人资金是民宿的很重要的来源。

2014 年在杭州临安市（现临安区）太阳镇双庙村建成的太阳公社，它是由创始人陈卫[①]在太阳镇双庙村投资建了一个 500 亩的农场。由于村里青壮年都在城里打工，有一半土地当时处于抛荒状态。他从 300 户村民手中租用土地[②]，利用土地所处山地的相对封闭性和距离杭州 70 公里的区位优势，建立乡村生态农场，全部采用天然有机的饲养和种植方法的有机农业，对耕种方式进行研究，管理农业生产，从农民那里购买农产品，通过互联网与城市居民的消费直接对接，实现城乡互动发展模式的农场产业，技术人员下乡对农民进行培训，恢复当地的人口劳动力。农场公社的中心和学校对村里儿童开放，并邀请其建筑师朋友设计建造了猪圈、鸡舍和长亭，其设计充分利用山地的竹子等自然材料，村民参与整个建设过程，逐步通过乡村生态农场的建立和生产用房的营建，恢复乡村的活力，也促进了乡村多产业融合的发展和经济的转型。这种通过个人资金的投入，以单个乡村问题为切入点的方式

① 太阳公社创始人陈卫出生在一个农业世家，父母都是农大教授。工作后做过四年农场管理者。

② 一方源. 太阳公社——城市和乡村互动的桃花源［EB/OL］.［2016-11-07］. https：//sanwen8.cn/p/4bdXIZL. html.

提供了乡村营建的另一种可能性（图 7.1—图 7.2）。

图 7.1　临安双庙村太阳公社猪舍

图 7.2　临安双庙村太阳公社鸡舍

浙江松阳县古村落的第一家精品民宿“过云山居”由三名同学合资创办，选址在西坑村里 500 m 悬崖旁的两栋浙西南夯土民居。最初的想法是由作为旅游杂志记者的潘敬平挖掘，三人租下民居，并改造成有八间客房的精品民宿，2015 年 8 月营业，如今已成为当地乡村新的旅游景点。

(4) 社会资金为主

这一时期社会资金对乡村的投资日益重视，分为多种来源：一是慈善机构或公益捐赠，主要用于乡村希望小学、爱心卫生站等建设，例如华润集团捐资的广西百色华润希望小镇以及一系列乡村公共服务设施，2014 年东方卫视媒体策划公益项目四川甘孜藏族自治州泸定县蒲麦地村的牛背山志愿者之家；另一种是商业资本在乡村的投入开发逐渐增多，促进了乡村新兴产业的迅速发展，例如乡村休闲旅游产业、乡村农场、乡村酒店、民宿等。黄山脚下黟县碧山村的猪栏酒吧客栈开启了一种新的乡村度假体验模式，由最初 2008 年老油厂改造的本店发展到西递、碧山共三家连锁店，这种以社会资本注入乡村而开启的营建新模式慢慢在全国范围出现，目前浙江莫干山民宿发展呈现出的井喷现象中很大一部分是社会资本的投入所带来的。据德清旅委统计，到 2016 年，已开业的精品民宿的平均投资额为 570 万元，2015 年引进的新建民宿项目，平均投资额达 660 万元。2015 年德清的特色民宿接待游客 28.8 万人次，接待境外游客 9.3 万人次，实现了直接营业收入 3.5 亿元①。高端的消费定位与低廉的场所成本之间巨大的价值落差为资本的置换提供了理想的空间，乡村空间逐渐成为商业资本的投资聚集点。

此外还出现了全新资金渠道的营建，即由互联网众筹平台资金资助的乡村民宿建设，除了“过云山居”外，松阳的另一家精品民宿“茑舍”就是通过国内“开始众筹”平台上的活动为大众所知。苏州阳澄湖清水村的“村上湖舍”民宿是在“开始众筹”上发布的第一个建筑项目，在发布后的 36 个小时筹集到 400 万元的建设资金②，经过一年的建造，众筹的参与者和志愿者参与到实体建筑的策划、建造到运营的全过程。新的资金模式甚至开始改变传统项目的开发和营建，在松阳的榔树村正在运作一个更为综合的开发，计划来自各方建设主体的混合投资额达到 2.1 亿元，其中也包括当地政府的投入。莫干山民宿群里的品牌，如“大乐之野”“山舍”“白云书馆”，以及“茑舍”二期项目将集中在这一个村，改变民宿零散开发和建设的状态，开启了新的营建模式。

（5）混合资本的联合

伴随着乡建主体的多元化趋势，乡建资金来源也趋于多种资本的复合，例如政府带动下的与社会资本的联合，社会资本进入与村集体资本的联合等交叉的状况。一个由多方资金共同参与乡村营建的典型案例就是河南信阳市郝堂村及其资金互助合作社，这是李昌平“内置金融”实验，即在土地集体所有制下，配套建立村社内部的合作互助金融，可实现村民承包地等产权的金融资产化，既促进农户家庭经济、合作经济和新集体经济的发展，又有利于帮助村民有偿退出村集体，并完善统分结合的双层经营体制和村民自治制度。

---

① 史一方. 一群设计师的民宿让莫干山变成金山 [N]. 钱江晚报（杭州），2016-06-16（4）.
② 王斌. 重看建筑作为社会事件的可能性 [J]. 时代建筑，2017（1）：84-93.

2. 乡村营建组织形式的丰富性

到新农村建设后期，全国范围开始出现不同内容及组织模式的建设活动，各省市地区制定了乡村相关的建设指南和美丽乡村的建设导则，促进乡村发展，谋求新思路。乡村营建的组织形式逐渐呈现多元化趋势。按组织形式的不同，大致上可分为两大类：一类是乡村内生型的组织，包括村两委、乡村精英和村民自发组织等；另一类是介入型组织，组织主体包括地方政府、企业、第三方（包括非政府组织、个人）等，而更常见的是两者结合的组织形式，例如政府＋村集体合作型模式、政府＋企业模式、村集体＋企业合作模式、市场主导下第三方介入和乡村精英联合模式等。但随着改革的深入和乡村营建热潮愈发强势，营建组织形式还出现一些新方式，例如黔东南一个布依族楼纳村的乡村营建方式既非传统，也非房地产开发。2016 年 2 月，义龙试验区与 CBC 国际建筑师公社举行投资规划讨论会暨签约仪式①，CBC 国际建筑师公社落户义龙试验区顶效镇楼纳村大冲组。通过“2016 年义龙楼纳国际山地建筑艺术节”、楼纳国际高校建造大赛、“为乡村而设计”高峰论坛等活动为契机，楼纳国际建筑师公社成为第一个以建筑师为主体村民的社区。计划将建设建筑师工作室和他们经营的民宿、咖啡馆、书店、餐厅、农场等，还包括美术馆、博物馆等公共设施，以此激发乡村活力，吸引年轻人回归。公社再发起“一村一大师”的公益计划，通过长期的深度技术服务，实现乡村的复兴”②。2017 年 1 月举办“VILLAGE VISION 未来乡村”——楼纳国际山地建筑艺术节③，公社已建设一期项目：接待中心、动物农场、露营基地、民宿、咖啡馆、未来乡村馆、婚礼教堂、公社餐厅和童

---

① 楼纳国际建筑师公社投资规划讨论会暨签约仪式由义龙试验区党工委委员、管委会副主任李启明与中国建筑中心主任、《城市·环境·设计》（UED）杂志社主编彭礼孝先生签署合作协议。

② 彭礼孝在楼纳国际建筑师公社宣言中的《我的楼纳国际建筑师公社计划》。

③ 楼纳国际建筑峰会包括由崔愷院士作为学术召集人的“蔓藤城市——城市规划与设计学术研讨会”“楼纳国际建筑高峰论坛·地文”以及西泽立卫的 UED 大师讲堂三部分。“VILLAGE VISION 未来乡村”系列活动则由楼纳实践启动会、圆桌会议及“VILLAGE VISION 未来乡村”主题展组成。

行书院（表 7. 1）。楼纳的营建进行时是以建筑师公社为载体的政府与社会组织合作的新型组织模式，以乡村为场所，自然和文化为线索，是一次对乡村社会，乡村价值与产业发展的复兴试验。

表 7.1　贵州楼纳村建筑师公社实践项目列表

实践案例	项目地点	项目功能	建筑师及设计团队	协作团队（作者单位）
露营基地服务中心	贵州楼纳村	服务中心	李兴钢	中国建筑设计院有限公司
乡村咖啡馆	贵州楼纳村	咖啡馆	李兴钢	中国建筑设计院有限公司
乡村音乐厅	贵州楼纳村	音乐厅	西泽立卫	SANAA 事务所、西泽立卫建筑设计事务所
公社接待中心	贵州楼纳村	接待中心	承孝相	履露斋工作室
公社整体规划设计	贵州楼纳村	公社整体规划	赵大鹏	天津市城市规划设计研究院
公社木构工坊	贵州楼纳村	公社木构工坊	刘恩芳	上海建筑设计研究院有限公司
未来乡村展示中心	贵州楼纳村	未来乡村展示中心	章　明	同济大学建筑与城市规划学院
乡村茶室	贵州楼纳村	茶室	王维仁	香港大学王维仁建筑设计研究室
建筑师婚礼堂	贵州楼纳村	建筑师婚礼堂	刘　珩	香港南沙原创建筑设计工作室
公社综合服务中心	贵州楼纳村	公社综合服务中心	那日斯	天津博风建筑工程设计有限公司
牛棚餐厅	贵州楼纳村	餐厅	那日斯	天津博风建筑工程设计有限公司
童行书院	贵州楼纳村	书院	李　烨	Studio Dali 建筑工作室
楼纳当代艺术馆	贵州楼纳村	艺术馆	赵海涛	楼纳建筑师公社

2016 年 9 月，在浙江丽水龙泉宝溪举办“隐居龙泉・国际竹建筑双年展”。来自 8 个国家的 11 位建筑师用当地常见的竹子建造了一系列建筑。这是建筑师葛千涛在发现了这个有着 11 座古龙的村庄后策划的活动，试图帮助村庄走出困境（图 7. 3—图 7. 4）。

3. 从单一的空间营建转向乡村社会营建

新型城镇化背景下，乡村营建从就空间论空间的建设模式转向乡村社会、产业、经济、文化和空间等多要素的统筹，从单一的空间营建行为向更全面的社会营建转变。具体转变方式表现在：一是从以土地集约利用为目标

图 7.3　村口双螺旋桥（葛千涛设计）

图 7.4　龙泉宝溪村接待中心（武重义设计）

的建设模式转为以公共服务提升优化为主导的模式；二是从蓝图式的规划建设转变为以蓝图为目标，渐进式优化实施的规划建设；三是从地方和基层政府决策主导的规划建设在向自主性多元化的模式转变。楼纳的试验也正验证了这个转变的进行不仅仅是公社的物质空间营建，而是一次对乡村社会营建的试验，通过引入新兴力量，集结设计师的力量和当地民众的参与，利用乡村的特色开展一系列植入生产、生活、经营的自主性的、渐进式模式的社会营建，重新塑造新乡村的无限可能。

4. 精英复兴与乡村营建的主体多元化

新乡村时期，国家在乡村领域已经完成的和正在进行的制度改革给中国的乡村组织治理提供了扩大化的自主性空间，再加上全社会对乡村的关注以及非政府组织的发展都促使了乡村精英的复兴和再生。精英的复兴对于新乡村时期乡村的复兴与转型是极其重要的，而新乡村时期的精英也被赋予了时代含义，既包括乡村内部的精英，还包括乡村外部的精英，精英的格局已逐步走向开放和多元，不仅参与乡村组织的自治，并开始成为营建的主体，从而形成了继传统时期之后的再一次乡村精英参与并主导的乡村营建场域。

另一个值得注意的是，这一时期乡村精英与政治、经济、社会和文化精英的不同角色间的协作和资本转化，给新乡村时期的乡村营建的主体带来多元的角色变化，也使乡村营建模式更加多元，具体反映在资金来源的多元渠道、乡建的多元组织模式和营建的实施途径。可见乡村精英复兴和再生意味着在新乡村时期营建中的重要角色和作用的回归，是这一时期乡村营建的特征。

5. 新乡村营建制度的完善期以及实施途径和方法的多元趋势

2013 年后，中央对乡村的政策改革使乡村营建活动指向整体推进的人居环境改善，重视乡村价值复兴的方向。在这样的新型城镇化背景下，中央和地方政府的权力后退和乡村自治空间的增大，使各地区政府在着力探索建构乡村营建的不同制度，例如广东、浙江等地区进行的尝试。广东省在实施城乡规划管理时，建立分级责任制。要求“省管到县、市管到镇，县管到村”，强调建设部门在乡村营建中的作用，强化规划引导建设的龙头地位。江西省赣州市将村镇规划的经费纳入财政预算，动员规划设计人员深入乡村编制规划，组织技术人员送技术、送设计下乡。成都市在推行乡村技术岗位的职业化，成立了专门针对乡镇规划的乡村规划师制度，政府招募从事规划建设行业五年以上经验的职业规划师，主要负责向基层政府提出规划建议书，及对乡村规划设计方案的审核和建议，但还不能替代相关职能部门的行政审批和监督①。可见政府主要还是强调规划对于营建的引导和控制作用。

在营建制度和规范的层面，目前一直处于反思和完善期，一方面对于新农村建设中出现的问题进行总结和归纳，对现行法规和规范的不合理之处进

---

① 2010 年成都市首创乡村规划师制度，乡村规划师是一个新兴的专门针对乡镇进行规划的职业，首批上岗五十名。截至 2011 年 6 月，首批乡村规划师共向当地党委、政府提出规划意见书 92 份，改进规划工作的建议和措施 117 条，其中被相关乡镇采纳的建议措施共 96 条，对 108 个乡镇建设项目方案和 162 个乡村规划设计方案进行初审，参与农村新型社区规划建设，提出改进建议 385 条。另一方面，政府对于社会招募人员，年薪的标准以及往返乡镇和住处的生活成本使其对从事规划建设行业五年以上的规划师吸引力不够。对于中国庞大的乡村数量来说，这些人数的乡村规划实施还不够。此外乡村规划师是事权分离的，他们的主要任务是代表乡镇党委，政府履行规划编制职责，不替代相关职能部门行政审批和监督职能，由此可见，乡村规划师还不能算真正进入乡村，为村民村政府办事。

行调整，另一方面对未明确的领域进行规范和完善。2015 年质检总局、国家标准委发布《美丽乡村建设指南》[①]，试图引入标准化管理理念和手段，提供框架性和方向性的技术指导，使建设有据可考，在总结的基础上不断完善标准体系，2015 年 6 月 1 日起已实施。其次在新乡村时期，建筑师、规划师以及各界文化人士均积极以各种身份参与乡村营建中，成为推动乡村建设重要的力量之一。营建活动在微观营建层面上的实践呈现出极其活跃和多样性的特征，达到一个无法概括出其共同特征的阶段。其中值得一提的是，近年来出现了一批建筑师以个体身份强势介入乡村，从微观功能空间的营建实践开始进入乡村，出现了一批有影响力的乡建作品，例如 2015 年浙江省松阳县四都乡平田村进行的乡村营建实验就是由建筑师参与并主导的对平田村的改造。2014 年，登记在册的 300 多人的平田村只剩下十几位老人，面临着严重空心化的问题，老村长江根法和小儿子江斌龙租下村里的 23 栋老房子，在以县长为代表的政府的支持下，在松阳做整体规划的清华大学建筑学院的罗德胤组织了一次小型的建筑师集群设计，开始改造平田村，徐甜甜、王维仁、何葳、许懋彦都参与平田村的营建中，2015 年平田村“云上平田”一期的改造项目包括何葳设计的“爷爷家”青年旅舍，王维仁设计的山家清供餐厅，许懋彦设计的木香草堂的精品民宿，徐甜甜设计的平田农耕馆和手工作坊。如今这些专业设计师的营建活动使平田村成为了松阳重要景点，这是一场通过建筑师介入并主导的乡村复兴实验（建筑学报 2021 年第 1 期专辑）。传统的主流纸媒和新兴的互联网媒体对乡村营建作品的报道和讨论也越来越频繁，但在这些作品中，不难看到这些设计师在乡村的工作方法迥异，其实践作品反映出的差异性也表现出目前乡村营建的介入方式和实施途径的多样性。值得庆幸的是，对于乡村营建与城市的差异性的自觉认识已使在下乡的营建主体开始反思，但乡村的复杂性给营建带来的问题并没有解决，也未形

---

① 标准由 12 个章节组成，基本框架分为总则、村庄规划、村庄建设、生态环境、经济发展、公共服务、乡风文明、基层组织、长效管理等 9 个部分。

成一个统一的认识和策略方法上的总结。此外，这一时期还有艺术家和其他一些文化界人士的参与更加丰富了营建方法的多样性，正在努力复兴和传承的乡村工匠制度也成为营建重要的技术力量之一。

所以这个时期，自上而下看仍处于营建制度的完善期，政策和营建制度和规范仍在研究中。自下而上，乡村营建的实践热潮反映出的实施途径和方法的差异性仍是当下乡村营建的真实写照。乡村营建项目在性质、内容和周期上的巨大差别，以及营建主体之间各方力量的博弈，其本质就是机制尚待健全的营建条件与要求走向完善的市场发生的碰撞。

7.1.5 营建影响

新乡村时期有关乡村的各种产权、户籍、金融等制度的改革和新型城镇化的政策导向，使乡村走向了不同于新农村建设时期单向追赶城市的路径，而是在乡村复兴和转型的道路上探索。在这样的背景下，乡村营建热潮实现了在微观层面大量建造，也带来新一轮城市人“上山下乡”的现象。营建的受众群体从村民扩展到市民；营建目标从大规模拆村并点、集中居民点建设转向以尊重和继承乡村价值基础上的人居环境的改善；营建具体内容从农宅为主的营建扩展到包括农宅更新的各类功能空间，特别是乡村民宿、酒店、客栈为特色的营建；营建的模式从技术扶贫和输出扩展到设计、艺术的主动介入和乡土文化的复兴，这些变化都直接影响这时期乡村营建的场域构型变化，并促发营建的设计场形成。

这一时期的乡建出现了新时期的特征变化：一是资金来源从单一向混合的多渠道转变；二是营建从单一空间营建转向乡村社会的营建，其组织形式也呈现出多样性，乡村精英的复兴和多元结构使得乡村营建的主体也随之多元化，同样促使了乡建模式的多元化，全国各地已发生和正在发生的各类乡建实践正是最好的证明。

7.2 多元复合式“设计下乡”(2013 年—)

2013 年中央首次明确提出新型城镇化与建设美丽乡村，这不仅变更了“新农村建设”的提法，更是对新农村建设内涵的修正和完善。2014 年中央一号文件再次提出“要建设各具特色的美丽乡村”，在各地掀起美丽乡村建设的新热潮。在这一背景下，本书将 2013 年至今的这段时间表述为“新乡村建设时期”。这一时期乡村营建进入了一个微观实践活跃且形式多元的发展新阶段。乡村政策改革的快速推进为多元化的乡建模式提供了可能性，来自乡村内部和外部的多元主体都积极尝试并参与营建，在全国范围内又一次轰轰烈烈地展开新一轮乡建热潮。

7.2.1 设计组织形式与特征

2013 年后，随着美丽乡村建设的开展，乡建组织模式逐渐多样化。相比新农村建设时期，主要反映在国家权力有意识的回收、内生型乡建组织增多、社会资本力量加强等，这些都直接影响了新乡村时期乡村设计的组织形式。一方面，村庄规划编制仍采用自上而下为主的方式，但在新农村时期编制内容和方法的基础上均做出了调整，目的是要达到村庄规划编制的全覆盖，以及在乡村地区建立完善健全的规划管理体系，此工作已在经济发达地区基本实现；另一方面，资金来源与组织的多元渠道也使近十年来的乡建设计模式呈现出明显的自下而上或自下而上与自上而下结合的趋势，不仅出现了很多乡村主题的设计竞赛、学术论坛和乡村建设的培训，还出现了设计师群体的主动下乡、自行投资参与乡村营建的设计行为，从某种意义上也实现了真正的“设计人下乡”。

7.2.2 多元主体的设计实践

新乡村时期，随着营建类型和营建主体的多元化，设计类型也趋向多元，不仅规划师仍继续着各种乡村实践的优化探索，建筑师表现得更为积极，纷纷主动下乡，在乡村地区开展各类实践活动，本节将具体分析不同类型设计主体的乡村实践。

1. 传统型设计机构

自 2013 年中央明确提出要留住乡愁以来，各级地方政府相继出台了一系列的文件落实美丽乡村建设，新的政策导向并不鼓励村庄大规模的撤并拆迁。美丽乡村建设对于乡村价值、乡村风貌、乡村社会都有所呈现。但从设计的角度，仍然延续着新农村建设时期规划编制的体系和内容。以江苏省的美丽乡村规划为例，仍采用政府主导、主流规划设计机构参与的自上而下地编制美丽村庄规划的设计模式。政府主导下，各地规划设计院对美丽乡村建设进行任务分解。截至 2014 年 6 月，已完成 14.9 万个村庄的整治工作，到 2015 年底全省财政累计投入约 1 100 亿元。这一时期的规划工作更多结合保留居民点进行，而环境整治规划成为乡村规划的重要抓手和呈现形式，由于其工作内容与新农村时期的性质基本相同，在此不再赘述。

2. 综合型设计机构

随着乡村日益受关注，国家政策引导与城乡统筹提供给乡村发展所需资源，美丽乡村的建设上升到战略意义，开始吸引综合性设计机构的参与。例如以悉地国际（CCDI）、联创国际设计集团（UDG）、杰地设计（Gad）为代表的综合性设计机构在市场化和资本运作的推动下，参与乡村营建的设计中。CCDI 表态不局限于乡村规划设计，以及建造实体的房屋，而开始关注到传统规划设计需要改变，将社区营造的概念融入乡村设计，关注不同的内容载体，通过专题集合同样关注于此的业界人士，建设组织起协同平台，将设计、投资和客户整合成一条完整产业链，从产业策划开始，以经营乡村为理念，而非画出专业的设计图纸，设计概念得到拓展，成为建构业务生态的策略①。设计师在此扮演的角色已不是纯粹的建造技术提供者，而是乡村营建的发起者和协同者。

（1）UDG·田园东方

2013年，UDG设计无锡阳山镇田园东方项目，选址拾房村，试图通过利用老村落空间和新建景观，营造田园式的集农业产业、乡村旅游、田园主题乐园、田园建筑群和生态社区为一体的“田园综合体开发”。开村营业后引起了一定反响。设计主要包括几方面：一是在调研后保留拾房村7栋老建筑进行加固和改建，二是利用一部分原有道路与场地，在原址新建3栋新功能建筑。在改扩建部分采用钢结构、板材玻璃等现代设计手法，形成与老建筑的对比（图7.5）。建筑师认为“对于传统要创造性地继承”，需要与现代价值观相一致的创新②。这是把现代美学和价值观带入乡村满足城市人群消费需要的设计方法和策略。建筑师通过技术转译，将乡村资源空间资本化，让城市人消费乡村空间。

（2）Gad·东梓关村安置农居

杭州市富阳区场口镇东梓关村安置农居项目是在政府主导下，由Gad介入的乡村实践。东梓关村作为古代水陆交通的要塞有着悠久历史和底蕴，村内遗留了近百座明清古建筑，由于水运和农业的衰退，乡村面临凋敝。当地政府通过村域规划、旅游规划、村庄规划梳理村庄资源，决定从历史建筑中迁出50户到古村落的南侧进行集体回迁安置，采用农户集资、政府代建和政策补贴的模式。设计师首先需要面对的是乡村营建中的常见问题，即组织决策者、农房使用者以及建造者完全分离，这种现象也是新农村建设时期的集中居民点建设时，造成由于要平均分配而采取行列式兵营布局的重要原

① 潘灵秀. CCDI董事长赵晓钧：乡建不只是情怀 更是策略［EB/OL］.［2015-06-13］. http://finance.huanqiu.com/roll/2015-06/6677512.html

② 钱强. 浪漫田园——无锡阳山田园生活示范区设计［J］. 建筑学报，2015（1）：72-73.

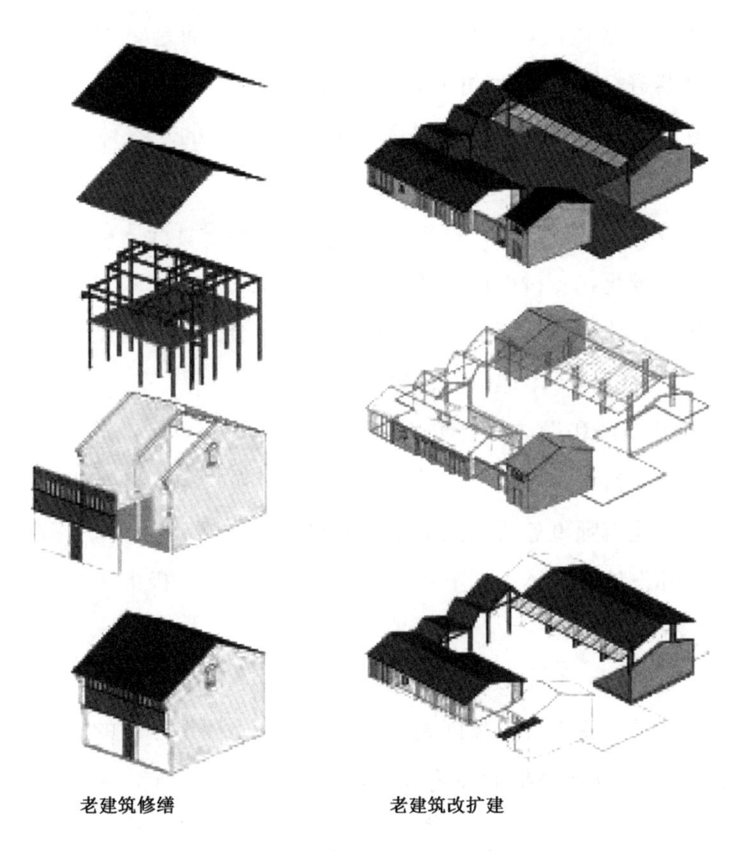

图 7.5　拾房村保留及改造建筑

因。设计尝试改变这种状况，第一，在宅基地不超过 120 m^2 的先决条件下，确定小开间大进深（11 m×21 m）和大开间小进深（16 m×14 m）两种基本单元，两种单元的基底通过变化衍生出四种基本类型，形成带公共空间的合院群体，若干合院的组合形成了聚落的空间关系，建筑师试图回应传统村落生长模式的逻辑，通过对标准单元的边界设计，营造出迂回转折的空间层次。第二，在处理与老村之间的关系上，在新老村的交界处设置了开放的村民活动中心，也是红白喜事和交流活动的场所，并且在新村的中心改造一栋老房子作为乡村图书馆。第三，考虑村民大部分还是电瓶车出行，规划中没有采用城市别墅的做法，在每户农宅中设计车库，而是集中设置三处停车场，在保证巷道空间的尺度的同时留出最大使用空间给农户（图 7.6）。虽然这个项目在营建模式上延续了新农村时期政府主导的现有体制下的推进方式，但设计师在介入乡村的立场、态度和方法上比新农村时期都有了很大改进，尝试为乡村营建提供应对策略。而这种有力的设计介入的确为东梓关村带来了不小的变化，乡村论坛的举办、设计公司的进驻、农家乐以及生活配套设施的跟进，使乡村从凋敝走向了复兴。从社会效应的角度看，设计力量得到了放大，远超越了本体空间营建的意义。

3. **小型事务所和设计师个体**

乡村建造项目大多规模小、设计收费低，但乡村空间环境为许多有情怀的个体或小型建筑师事务所提供了创作的空间和土壤。近年来，越来越多的小型事务所和设计师个体主动下乡参与乡村营建，这也极大丰富了新乡村时期设计。

(1) 佚人营造 · 乡村农宅

佚人营造是由建筑师王灏创立，从小住宅开始探讨居住的本质和空间的若干问题，从 2009 年最早的库宅开始，到 2013 年的柯宅、砖宅、王宅、再到 2015 年的五号宅，都是在乡村中的农宅，其中库宅、砖宅和柯宅都在他的家乡春晓村。库宅以形态操作为切入点，把民居中双坡屋顶作为原型来唤起人们对“家”的向往，把原型根据基地现状进行布置，再正交十字垂直重复叠加三层，完成村里水塘边的奇观建筑。在此表达了当下城市与乡村对峙的空间效果，把城市的垂直发展与乡村水平发展的不同空间策略用共置的手法呈现。用城市主义的设计手法放在普通乡村之中，以库宅与周边民居形态的巨大反差、内部空间紧张感与农宅的差异性来获得对当下城乡关系失衡的反讽意义（图 7.7）。砖宅作为其自宅是设计的第一个“自由结构”探索系列，线性的梁柱关系完全游离于框架体系之外，与墙板和楼板分离，游离的梁柱控制着所有的空间要素，遵循了中国传统建筑立面的搭梁、托柱的原

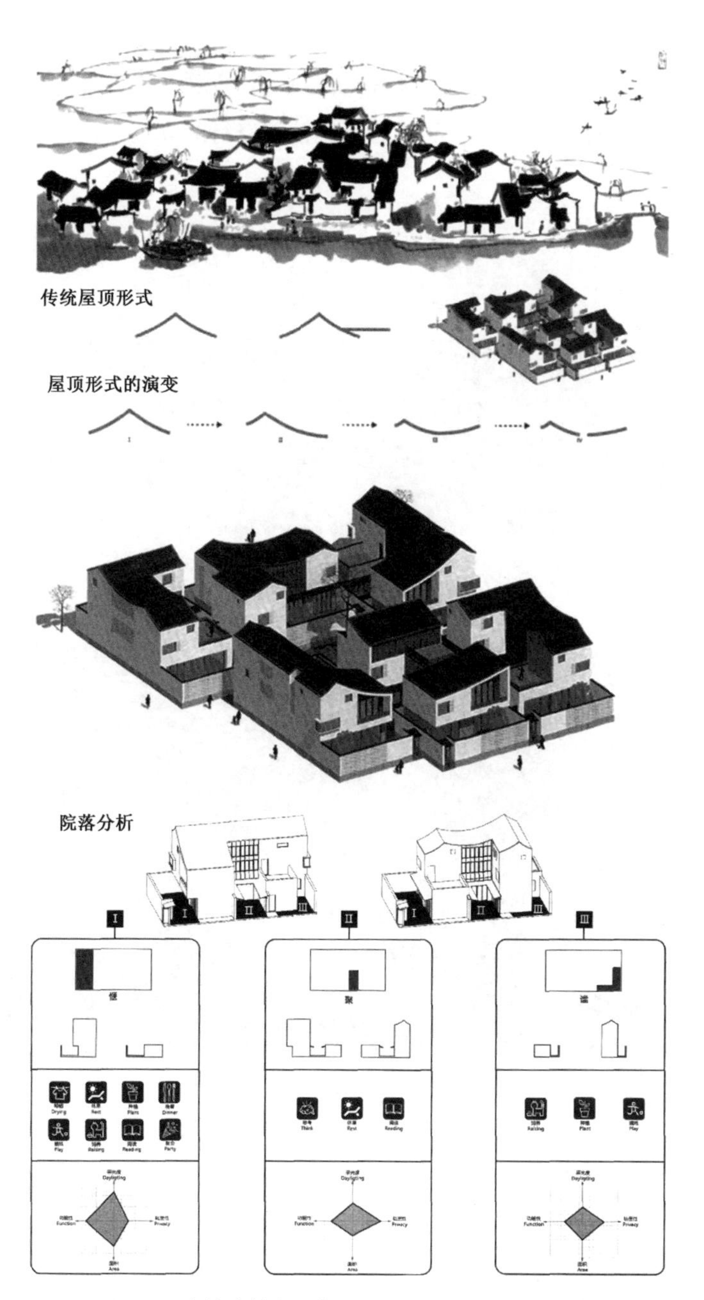

图 7.6　东梓关村安置农居设计构思与院落空间分析

理，结构在符合一定力学原理的基础上被赋予了新美学可能。设计追求的内向性，追求的精神空间是把空间体验当作精神修行的立场（图7.8）。

图7.7 春晓村库宅

图7.8 春晓砖宅客厅空间

柯宅是继砖宅后第二个“自由结构”原型，在这个设计里讨论光与结构融合的方法，达到“从有限的室内转向无限的室内”，结构在这里有关键的作用。在他的一系列乡村住宅的设计中可以看出建筑师对传统建筑的结构特征和空间特性的继承，结构体系被纳入到审美体系中，这种思考赋予乡村实践更多的意义，也是对乡村传统文化的现代转译探索（图 7. 9—图 7. 10）。

图 7.9　柯宅室内空间与光

图 7. 10　柯宅建成实景

设计师个体下乡的另一种常见类型便是乡村民宿。近年来，越来越多的以莫干山为代表的乡村民宿是由设计师下乡完成的实践，互联网给民宿和专业设计间搭建了平台。在互联网和商业资本的双重动力下，莫干山已成为设计师的天堂（图 7. 11）。还有其他地区经营的乡村民宿也在打造和孵化中。例如浙江桐庐的“岩朵”“秘境山乡”，后者也是由 80 后设计师经营。近年在广西阳朔也出现老房子被外国建筑师改造为精品酒店的实践，瑞士建筑师 Franca 修复了阳朔县白沙镇旧县村遇龙河边的 7 栋老房子，改造为“瑞华庭院”的精品民宿客栈，设计中最大程度保留修复了原状，使用了当地材料和老工匠的施工技法解决了功能和技术上的问题，反映了不同文化背景下的方法和理念的差异，提供了鲜活的营建样本（图 7. 12）。

图 7. 11　莫干山西岑坞村开业的“山水谈”改造前与改造后

图 7. 12　阳朔县白沙镇的旧县村老宅改造前与改造后

（2）徐甜甜·松阳平田村

2014 年浙江省松阳县平田村兴起了由建筑师发起和介入的乡村改造实验“云上平田”。设计师大多来自小型建筑师事务所。平田村优美的自然风景、自由的建造环境和传统乡土文化可能是吸引建筑师的原因。由徐甜甜创办的 DnA 事务所从 2014 年开始在松阳的大木山茶园设计了竹亭，用当地盛产的毛竹作为建构材料，建造 4 个单体亭子和 2 个平台，围合成 3 个庭院模仿村落的尺度和序列。

2015 年的大木山茶室，在基地条件和具体功能要求下做出了先收后放的空间形态，强调引导人们穿过茶室基地到达堤坝的体验。之后又改造了平田农耕馆和手工作坊（图 7. 13），设计保留两栋建筑的原有墙体，调整空间格局，使建筑的内部流线延伸到第二排手工作坊和南侧的四合院餐厅，从而将公共功能延伸到村庄，通过这片房屋的改造，重启了村落中建筑群的紧密关系，实践与城市设计相对的“乡村设计”，并把改造中的施工经验在松阳县推广。建筑师认为设计赋予传统村落的自信和价值再现是最有意义的部分，而作为建筑师下乡做设计的初衷和作用仍是为乡村的复兴。

值得一提的，建筑师黄印武从 2003 年开始担任云南大理白族自治州剑川县沙溪复兴工程①的瑞士方代表，这是以文化遗产保护为切入点的乡村可持续发展的试点，复兴工程分为古村落保护、沙溪坝可持续发展、生态卫生、四方街修复以及地方文化保护等子项，包含了从遗产保护、环境保护、区域规划、生态景观到社区建设等层面的内容。作为一名受过正统建筑学教育的建筑师，十几年来一直在乡村工作，从现场设计、施工组织到基金管理，工作的内容已远超出建筑本身，他指出对于下乡的设计师首先需要对

---

① 沙溪镇位于云南大理白族自治州剑川县以西的山谷地区，地处丽江和大理古城之间。沙溪山谷被群山环绕，占地约 270 km^2，有 8 个村庄，约 2 万村民居住。沙溪古镇位于云南通往西藏的传统经济交通线茶马古道上。沙溪复兴工程是由瑞士发展合作署、瑞士 atDta 基金会、瑞士中国文化遗产保护协会、美国运通公司、美国威尔逊遗产保护基金等多家国际性机构提供慈善基金，通过瑞士联邦理工大学和剑川县人民政府共同实施。

图 7.13　平田农耕馆和手工作坊

“为什么乡建”统一认识，而不是迎合潮流的多样性，其次需要从设计师的场域中切换到乡村的社会系统，了解并认知乡村。而乡村的设计也不再是单纯建筑意义上的设计，包含了社会参与的综合性设计。沙溪复兴工程打破了专业分工，系统整合设计师的能力，更完整地传达了设计的基本意义，也扩大了设计的外延。

4. **高校教师**

高校教师一直是研究型设计的重要力量，特别在面对乡村问题时，从理论层面展开探讨，例如乡村规划的体系与方法、乡村的建筑设计方法问题等。高校教师介入乡村营建并不始于 2013 年，但近几年研究也宣告了这一群体在乡村实践中表达自身对乡村的态度和认知。从 2015 年起，同济大学栾峰团队对上海青浦区金泽镇的岑卜村出现的大量来自全国各地的新村民现象进行调研，分析新时期乡村社会新老成员构成及转变带来的对乡村社区规划的挑战及设计方法的规划应对。除此之外，还有众多知名建筑师的作品引发了社会各界对乡村营建的关注。

（1）王澍 • 文村

王澍一直非常关注乡村。2010 年起，王澍长期调研浙江省传统村落，其中包括富阳区的 200 多个村庄。富阳区远郊富阳洞桥镇文村至今已有 940 年历史，古时村民建房大都就地取材，以本地杭灰石、黄泥土、纸筋灰等为主，目前在村东部和南部有 40 多栋遗留的明清古民居。原本村民要拆掉老房子新建农宅，王澍通过与多方交涉，主动要求承担文村更新设计。在对老房子进行评估后与政府协商，他做出了“不拆而迁”的方案，最后改造计划确定为一部分从老房子迁出的农户新建 24 户农宅，外立面整治 16 栋，老建筑保护修缮 3 户。设计中新建和改建均延续沿山势、水势的走向。新农房集中在村庄西侧临河区域，延续原有弄堂肌理。新建部分遵循应“像在老村上自然生长出来的一样”，继承了老村里“逼仄的巷道”，体现了前人珍惜土地的生态意识。新农居点的方案在集约的土地上置入了 24 户农宅，从而达到对土地的高效控制（图 7. 14）。24 户农宅包括了 8 种民居户型，每种又设计了三种变化。设计中每栋农宅有堂屋和院子，恢复了传统院落和自建房中被客厅所取代的“堂屋”，堂屋用于供奉祖宗，这是“中国人的一个宗教和信仰”。每个农房都有一个精心设计的入口，代表了这户人家的形象和尊严，入口空间有助于村民间闲聊，在具体功能的设计上，充分考虑农户生活习惯，例如各种储存空间的设计：入口边侧设计有小空间用于放锄头；墙边设计一个檐晾柴用于放置柴火；厨房空间适当放大用于放置土灶台；堂屋旁有可看电视的小空间。同时农宅的设计还考虑了家庭的代际关系，大部分农宅楼梯的设计有意识地分隔开每一层的使用空间，各层相对独立，可以每层住一代人，但通过天井又可以使他们之间有“声音上的交流”，设计的空间已经成为设计者对乡村居住理想的原型。改造的农宅部分遵循老房子的特征，

图 7. 14 改造完后富阳洞桥镇文村肌理（2016 年）

原是夯土建筑的用新夯土技术改造，是砖结构的就去掉立面上的瓷砖，用研发的抹泥技术改造，部分老建筑也增加了入口空间，加了坡屋顶，有的立面也做了重新粉饰。建筑的材料都是本土化的杭灰石、黄黏土和楠竹，其工艺本源是夯土技术，但这次在黄黏土的水洗、粉碎、筛选后加入了现代化学配方增加其强度，古老材料与建筑工艺被重新使用，设计成为连接传统和现代的纽带，对古老工艺的重拾及就地取材是设计师一贯的态度。王澍在文村的设计中严密地规定了乡村需保留和摒弃的内容，将有着精神性的空间放在核心位置，用设计营造平等的代际关系。人与自然的关系、人与人及与历史的关系被放入对空间的思考里。他总结为是一种“隐形城市化”的状态，同时拥有生态的环境、传统的历史和现代化的生活（图 7. 15）。

在文村的设计工作也被称为社会性工作，在设计中需要处理很多设计背后的社会问题，例如出挑檐口的宽度，厕所的位置都需要考虑邻居的意见，这里包括了复杂的人际关系及风水问题。每户农宅的个性化要求使得设计需

图 7.15 改造更新后的文村

采用高级定制的模式。而建筑师希望设计后的农宅能用建筑的语言重构对方的生活和文化方式。在这里，设计成为文化和意识形态的载体和传递者。从文村开始，大溪村及其他若干个村庄形成一个类似微型城市的乡村聚落。文村的更新设计表明了对乡村的强烈企图，有着更本质的关于乡土性的精神性表达，因此设计是以强势的姿态指引着文村的方向，文村的设计得以实现是有政策和规划的支持为前提的，因为农户主体对农宅的追求与设计主体的追求之间存在的矛盾就是由独一无二的文村建房政策来调和的，一是设计中坚持的 10 m^2 的院落是没有计算在农房最后的建筑面积中，二是设计采用的夯土墙比普通砖墙厚出的 21 cm 也不计入面积中，因此设计对院落、传统材料与记忆的追求是通过设计强大的符号资本换取的行政支持来化解的。同样也是得益于强大的设计中的符号资本，文村吸引了包括阿卡农庄在内的投资者的加入，“阿卡·文村”项目将农业和第二、三产业融合，把文化创意、旅游等融入农业，重塑文村。目前阿卡在利用“互联网＋”的优势，汇集各方优质资源，在互联网上传播乡村生活方式、乡村美学，吸引城市人的加入。之后搭建民宿托管运营服务平台，组织设计师与农户一起参与老房子的设计装修，阿卡还把王澍设计建造的民宿布置出样板房，邀请当代设计师为首批的 5 户农户定制了民宿方案。阿卡项目的启动吸引在外村民返乡创业，加入文村的发展中。

（2）张雷·莪山实践

张雷与其所在的南京大学建筑与城市规划学院可持续乡土建筑研究中心近年来在浙江桐庐县莪山畲族乡开展了一系列乡土建造实践，称为“莪山实践”，主要包括先锋云夕图书馆、深澳里书局、云夕戴家山乡土艺术酒店、畲族乡山哈博物馆、雷氏住宅等项目。

云夕深澳里一期的书局是“莪山实践”第一个落成的项目，位于距离桐庐县 17 公里的江南镇深澳里村。书局是由一栋清末古宅景松堂为主体改造而建，包括了对村民开放的图书馆、人文民俗展示、地域文创商业等复合业态。设计最大可能地保留了古宅的历史形态，把老宅的结构构件暴露体现空间美感，局部采用新砌筑的砖墙进行结构加固。设计将景松堂一侧的猪栏拆除后的卵石收集，在原址新建了两层的建筑作为书局的入口，外墙的立面用传统人工的方式把卵石砌筑勾缝，在建造中，地方工匠与设计师之间合作，赋予建筑历史文化内涵（图 7. 16）。加建部分包括：一是新建入口体量与景松堂以玻璃廊连接，与老宅之间形成张力的对比下提供了悦读老宅的新视

图 7. 16　云夕深澳里书局

角；二是在新建的入口卵石立面上施以白色涂料，呈现出艺术装置式的视觉效果；三是通过与改造前景松堂的 6 户人家的协商和一段时间的相处，设计师最后实现把分户用的木板拆除，在地上用红线的方式示意木板曾经的位置代表的分户线，记录了原住民的老宅历史，也是设计后空间中的组成部分。张雷曾说这是他做建筑师来最有成就感的房子，在这里已成为乡村里“有归属感的开放场所”，也可以给留守儿童提供书籍。在书局之后，深澳里的营建项目还包括“云舍”“云料理”“云造”“云客栈”等，通过一系列营建活动来复兴乡村的实践尝试。

同期建造完成的还有位于戴家山村的先锋云夕图书馆。戴家山村和中国很多乡村一样，村里大部分青壮年都外出务工，只剩下老人与小孩留守。在外打工赚到钱就在城里买房，不会再回到只有老旧土坯房的村里。新农村时期戴家山村计划拆去旧房搞土地整改，之后结合美丽乡村建设启动了莪山畲族乡戴家山古村落保护与开发项目，所有的泥墙房得以保留，并让闲置老房子焕发新活力，乡里把靠近主街的两栋毗邻的闲置畲乡农房租下来，委托张雷设计云夕图书馆。作为先锋书店入驻的第十一家店，意图凭借“先锋和书店”的文化理念以及独特的“畲族”山村的地域自然人文背景，成为当地村民和“异乡读者”的公共生活纽带，成为乡村文化创意的聚焦点①。这也成为可持续乡土建筑研究中心的乡村实践起点（图 7. 17）。租用的畲族农宅是位于村落主街一侧的闲置院落，包括两栋黄泥土坯房和一个突出于坡地的平台。设计保持了原有房屋和院落的结构和空间秩序：一幢改造为艺术咖啡馆；一幢为图书馆；一条 Z 字形走廊连接彼此。为适应图书馆这一功能的注入，设计采取将屋顶抬升的策略，支撑屋顶的建筑内部梁柱框架整体加高了约 60 cm，

---

① 先锋书店的创始人钱小华先生总结：“云夕图书馆是先锋探索乡村乌托邦书局的实践，先锋是想在当下互联网时代、实体书店走向衰落的大背景下，探讨如何生存下去的一种可能性。复兴中国文化首先复兴乡村，中国文化的根在乡村，乡村书局树立了中国人的文化自信。在逆城市化的中国，先锋未来的命运将与乡土文化紧密结合。”

利用这个高度的高窗构造把光、气流以及竹林景观自然地引入室内阅读空间。屋架抬升的实现主要依赖地方工匠的传统技艺中的榫卯技术，加长局部的柱子来实现。同步小青瓦屋顶翻新在望板之上附设的保温构造提高热工舒适性。在建筑外部，原样保存的土坯墙和青瓦屋顶由于侧面高窗的加入呈现出封闭而开放、厚重而轻盈的效果。形成村落新的空间和视觉焦点（图 7. 18）。

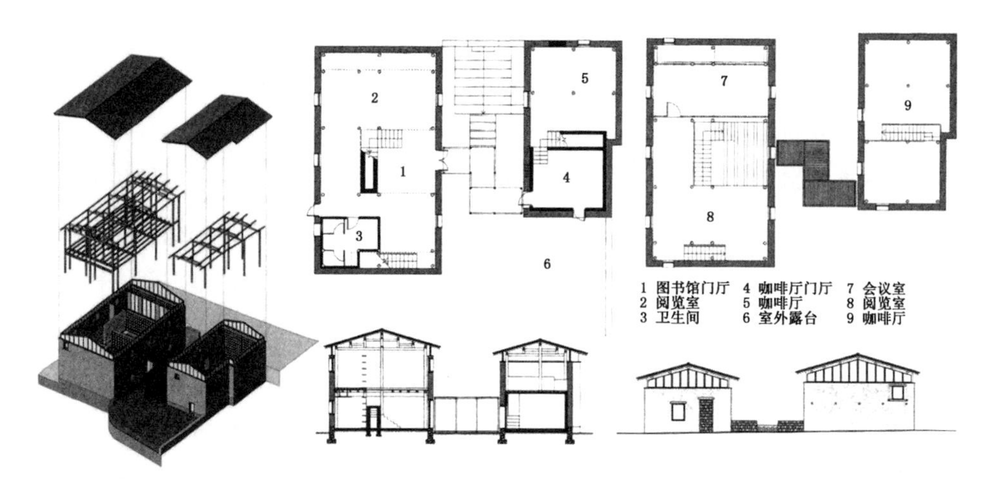

图 7. 17　戴家山村先锋云夕图书馆平立剖面图

图 7. 18　云夕图书馆室内外空间

图书馆带来的改变不仅反映在经济上的增长，更反映在乡村生活方式的变化和传统民俗的回归。一个新名词“民宿”给这个空心村第二次生命。前后4年间戴家山村民人均年收入涨了3 000余元，村集体年收入从0提升至30余万元。在这里，设计要表达的是“时间性”的思考和“当代乡土”的观念。将衰败的农宅还原到健康的状态，新旧关系强化了设计理念的“时间性”，土坯墙、瓦屋顶、老屋架这些时间和记忆的载体成为空间的主导，连同功能再生的公共性营造文脉延续的当代乡土美学。设计师所精心构造的“空间”设计，向“没有建筑师的建筑”学习，向生活学习，“反设计”的设计，去延续地域的时间性和有关生活的文脉场所。在这个过程中，设计师个人的设计经验与生活经历更多的只是乡土实践的起点，而终点则是个人和群体、专业技能与乡土生活的融合。如张雷团队所说，“就莪山实践而言，建筑师来到乡下，同时带来了热衷乡土文化的艺术家、经营者和媒体工作者。这个群体首先以其专业的身份改变了政府和民众对乡土物质环境、人文环境的认知。简单来说就是立足‘乡土’特色而非‘城市’标准，重新看待脚下的土地和身边的生活。在这个逐步发酵的过程中，政府、资本、知识分子、村民达成乡村价值的共识，乡土文脉保护是第一位的”（王铠，赵茜，张雷，2016）。而乡土文脉的延续基础是物质环境的更新，也是设计工作的主要内容，设计作为一种技术资本可以整合乡建场域中各个主体之间的关系，包括政府、社会资本商、乡村精英、村民，也可以通过微观的小范围可操作的实践模式带动更广泛的乡村实践，延续乡村的乡土文脉。

（3）云上平田项目

在云上平田项目中，除了徐甜甜设计的公共性建筑之外，松阳县的整体规划是清华大学建筑学院罗德胤负责，平田村一期中的乡村民宿的改造或新建都开始专业设计师的介入。“爷爷家”青旅由清华大学何葳设计、山家清供由香港大学王维仁设计，用轻钢结构和玻璃改造为四合院式餐厅、木香草堂的精品民宿是由许懋彦设计。不同的设计思路和手法从不同角度诠释并赋予了乡村空间的价值体现。

“爷爷家”青旅是由村中心区的一栋 270 m^2 的夯土房改造而成，改造后一楼是公共空间，二楼有 14 个床位，夯土老宅从封闭的居住空间改造为开放的社交公共空间，设计一方面完全保留了建筑的夯土墙和梁柱结构，保留乡村历史；另一方面在内部要获得有感染力的空间趣味，房中新植入阳光板材料的居住盒子，以轻薄的非物质状态与原有厚重的墙体和木构架形成对比，一方面轻质板材可固定在木质框架上，构造简单，易于施工和更换。另一方面也象征着年轻活力般的家具式趣味，一种调和新旧的以柔克刚之法。盒子与盒子之间是开放的交流休憩空间，设置各种坐具。设计中把民宿中主体的客房变成居住盒子单元，双坡顶轻质可移动的特点使房间与建筑的关系变得模糊，是对江浙传统雕花大床的房中房的映射，也创造出体验的居住新鲜感，这是设计面对村民主体投资有限成本的回应，也是与乡村青年旅馆对象的共鸣。视线的设计中在面向山谷的一侧，增加水平带窗，光线增加了人工照明的层次，把彩色的冷光源潜入轻质框架中，半透明的阳光板投射下形成光影（图 7. 19）。设计在老建筑保护和改造上的手法和分寸有着独立的见解，强调建筑学上的理念，这也反射出乡建的多样性。

图 7. 19　空间改造后的“爷爷家”青旅

高校建筑师介入乡村营建的案例还有很多，例如浙江安吉县鄣吴镇的鄣吴村村头车站站台、景坞村社区中心、鄣吴书画馆、鄣吴村垃圾处理站、无蚊村月亮湾小卖部等乡建作品是浙江大学贺勇在以乡村为主体参与建筑进程的不同结果，乡建作为一个过程不断改变着乡村的生活，并通过这个过程的多变剧情展现了当下乡建的类型和策略的多样性。而作为互联网众筹平台“开始众筹”的第一个建筑项目，苏州阳澄湖清水村的“村上湖舍”也是通过设计提供多样的与当地民居视觉上的“陌生化”公共和私密空间来激活乡村生活的活力。设计的多样性为当前新乡村时期乡村复兴的营建热潮提供了更为宽广的视角（图 7. 20）。

图 7. 20　村上湖舍

5. 新兴的设计机构

新时期的政策改革不仅给乡村带来了新机遇，也孕育了面向乡村营建服务的陪伴式专业设计机构。其中最具代表性的是中国乡建院以及逐渐在各地区内形成的服务地方的各类乡建设计机构。乡建院的形成得益于郝堂村实践的成功。乡建院的成立源自两个公益性组织“绿十字”和“乡村协作者中心”。乡建院同时也是一个综合性专为乡村服务的民营机构，致力于乡村营建与落地实施，找到符合中国国情的乡村发展道路，以组织和金融来解决乡村问题。乡建核心是内置金融与社区综合发展，即组织和金融；二是乡村的规划和设计，提供“一揽子系统性和落地性规划和设计”，注重全过程服务，避免分项规划；三是环保工作，包括垃圾分类、污水处理、改良土壤、有机农业等，改变乡村环境面貌；四是生态养老，建设生态养老村，将村民的土地等优势转变为服务养老的产业优势，推动农业服务业化的实现。五是乡建培训，以郝堂村委基地，定期举办“乡村复兴论坛”和乡建培训的课程。可见陪伴式乡建的目标是一个系统乡建的概念。

6. **艺术家及 NGO**

除了上一节说到的许村计划用艺术修复乡村的实践外，还有以欧宁、左靖以第三方展开的“碧山计划”，也是以艺术下乡的形式参与到乡村营建中，之后还带来了企业、艺术家群体以及地方的返乡精英创建“碧山共同体”，展开在乡村共同生活的实验，融入当地乡村。一方面在计划中策划民俗活动，举办“碧山丰年庆”，启动了“黟县百工”项目，用拍照和纪录片的方式记录当地传统手工艺、历史遗迹、乡土建筑等，建立数据库，并吸引各地设计师、建筑师与手工匠人合作，激活并再生设计，把其设计成果转化为生产力带动乡村复兴，于 2014 年出版了《黟县百工》；另一方面，涉及乡建的实践与研究，改造老祠堂和农宅，建设碧山书局和理农馆等建筑，举办乡村建设的学术研讨会。由于碧山计划的推进，越来越多的商业资本进驻，开设了乡村客栈、工作室等。2015 年黟县碧山休闲村项目落户碧山村，带来了 6 亿元的资本开发旅游的建设。市场化的资本运作将成为碧山村的主要力量，可见艺术家的介入成为碧山村的触媒，返乡的乡村精英也加入其中，多主体合作的乡建模式将成为发展趋势。对于乡建，欧宁认为一是要复活乡土建筑，必须赋予其新功能，二是“可复制的模式”因其标准化和工业化的出发点是不适合乡村的，而乡建是“中国建筑学寻找自我方向的一种努力”①。

---

① 欧宁. 要复活老建筑，必须赋予其新的功能：非专业. 云夕深澳里［J］. 城市 · 环境 · 设计，2015（10）：42-51.

此外，以任卫中为代表的民间环保及跨界人士也在微观技术层面进行乡村实践，以其自身的实践诠释要用经济实用环保的方式抵御乡村建房对自然环境的破坏。他采用乡土材料进行建造研究，通过乡土材料的改进和施工方法上的革新来创新，通过 5 栋房子在做法和功能上区别，努力创造一种乡村建造体系，以应对各地区之间的差异。5 栋房子分别为木结构承重夯土墙维护和夯土墙承重两种，2 号屋还利用农户拆除的旧屋架作为房屋的承重结构，3 号屋实现了泥土屋的现代化，4 号屋通过开挖地下室获得泥土夯筑墙体。5 号屋的建造是基于互联网合作的新设计模式，与不在场的设计师交流提供指导。作为乡建协作者实施的安吉生态农宅实验丰富了建造材料和施工技术的可能性。

目前越来越多的 NGO 组织参与到乡建中，例如 2007 年在香港成立的"无止桥基金会"（Bridge to China Charitable Foundation），已发动超过 3 200 名大学生和专业人士在中国偏远乡村完成近 60 个项目，包括了 44 座无止桥、3 个村民活动中心及示范项目和人居环境改善项目（图 7. 21），还包括"晏阳初乡村建设学院"和"梁漱溟乡村建设研究中心"等组织，建立非营利组织与乡村的关联也是当下乡建的一种新尝试。

图 7. 21 甘肃省武山县子年村颜家门无止桥项目方案征集宣传（2017 年）

7.2.3 第四次“设计下乡”行为的影响及意义

下乡建热潮中的设计师群体，无疑是新乡村时期乡村营建的重要主体力量，其设计成果也体现着乡村多方面社会力量的共同作用：政府对传统农业文明现代转型的预期与制度建设；资本投入对乡村经济发展的推动；乡村精英对乡土文化的认知与思考以及农村广大人民对乡土生活改善的内在需求。

新乡村建设时期的设计对乡村客体及其设计主体的影响体现在以下两方面。

（1）新时期的乡村营建进入了新的阶段，引起了学界业界前所未有的关注和媒介高度。乡村营建成为当下最炙手可热的时尚行为，这在当代中国乡村发展的历史上是第一次出现。而营建模式和主体日益多元化，国家权力有意识回收，市场和资本的力量对于设计的影响日益加强。设计与资本和市场的结合日益紧密，对社会性问题的关注也开始增加，从而丰富了乡村设计的内涵，将传统的物质空间环境设计推向更为宽广的社会领域。

（2）专业自主性进一步提高，设计介入深度加深，力度进一步加大。设计在乡建中实际发挥的作用日益凸显，也在很大程度上激发了下乡设计师的热情。规划界开始反思新农村建设时期规划体系建立的问题，探索适应乡村的规划方法和策略。建筑师的介入则给乡村营建带来了新的可能性，从不同的视角审视问题，从不同的角度提出解决对策。新时期职业的规划师、建筑师遇见了乡村传统营建中的技术精英工匠，这是产生于不同背景的两套建造体系，通过相互协同形成最佳的乡建策略。

这一时期，设计主体开始对乡村的实践工作进行思考和总结，关注的核心集中在自我角色定位和设计方法的改良上。从带有优越感的单向介入，“告诉村民什么是好的，怎样是对的”，到如今转变为双向的教育与协同关系，在实践过程中，专业技术人员的身份是“教育者”和“被教育者”的合一，从外来者的介入到主动参与乡村社会组织，成为“新乡村精英”的一分子。立场的变化、角色的转变，以及多元设计方法和组织方式给新乡村时期的乡村发展带来了更多可能。

下　篇

社会科学的真正对象并非个体，场域才是基本性的，必须作为研究操作的焦点。

——皮埃尔·布迪厄

(Pierre Bourdieu)

第 8 章
场域解释
——设计介入乡村营建的行为逻辑与动力机制

前文从精英变迁的视角分析乡村治理的历史演变，梳理当代乡村营建的历史阶段及发展脉络，剖析不同时期规划与建筑设计介入乡村营建的模式，从学科视角客观评析各阶段设计介入乡建的工作内容，以及其对乡村客体和设计主体产生的影响。然而，设计介入乡村营建，并不是简单的技术扶贫或输出，而应在历史演进中透过现象看本质，将设计介入乡村营建的行为看作社会实践的具体形式。从社会学的立场审视设计在乡建中的立场、位置以及影响，将有助于专业设计人员从一个新视角重新思考新形势下在乡村开展规划及建筑设计工作的思路、方法与策略。本章将借助布迪厄的场域理论，解释不同时期设计介入乡村营建的社会实践行为的内在逻辑与动力机制。

8.1 “场域-资本”的分析框架

“场域”（field）是布迪厄从事社会研究的基本分析单位。布迪厄在社会学研究中提出“场域”概念既受物理学中的磁场论的启发，也与现代社会高度分化的客观事实有关。他认为“在高度分化的社会里，社会世界是由大量具有相对自主性的社会小世界构成的，这些社会小世界就是具有自身逻辑和必然性的客观关系的空间，而这些小世界自身特有的逻辑和必然性也不可化约成支配其他场域运作的那些逻辑和必然性”。而这些“社会小世界”就是各种不同的“场域”。社会作为一个“大场域”就是由这些既相互独立又相互联系的“小场域”构成。在如何认识和把握既高度分化又连为一体的社会大场域时，他既反对整体主义方法论，也反对个体主义方法论，而主张中间的“场域”策略。布迪厄认为场域是基本性的，作为研究操作的焦点，围绕场域从含义、结构、作用等方面展开相关表述。一个场域可被定义为“在各种位置之间存在的客观关系网络，或一个构型”。社会科学的真正对象并不是研究单纯的个体，而是研究无数个体所构筑的一种“场域”，以及无数场域构筑的一种更大的场域综合性结构。“正是这些位置的存在和它们强加于占据特殊位置的行动者或机构上的决定因素之中，这些位置得到客观的界定，其根据是这些位置在不同类型的权力（或资本）——占有这些权力就意味着把持了在这一场域中利害攸关的专门利润的受益权——的分配结构中实际的和潜在的处境，以及它们与其他位置之间的客观关系（支配关系、屈从关系、结构上的对应关系，等等）。”因此场域是社会科学研究的中心，而个体则是作为场域中最活跃的、为社会建构的、不断更新自己的一些要素。从场域的角度，即要从社会总体关系角度进行思考，要对社会世界的整个日常见解进行转换。场域是一个相对独立的社会空间和一个客观关系构成的系统。围绕场域理论的思想及场域、资本、惯习三个基本概念建立起分析框架，对各类社会空间进行透视，已成为社会学领域分析社会实践行为的常用方法。本章将借助社会学领域的方法，通过建立“场域-资本”分析框架，分析设计介入乡村营建的社会实践行为的内在逻辑。

“场域-资本”是布迪厄常讨论的一组关系。场域的重要特征是其为各种资本提供相互竞争和兑换的场所，而场域自身的存在，也是凭借各种资本的运作而得以维持。布迪厄曾指出资本是一种积累性的劳动，这种劳动在私人性，即排他性的基础上被行动者或行动者小团体所占有，使他们能以具体化或活的劳动形式占有社会资源。资本有三种基本类型：经济资本、文化资本、社会资本，布迪厄后来又补充了“符号资本”[①]。

首先，资本是场域变化的原动力，“场域是各种资本竞争的结果，也是这种竞争状态的生动表现形式——从各个场域的斗争结构及斗争走向来看，对于各个行动者来说，重要的问题，不只是在于这些行动者手中掌握多少已有的资本，而是在于如何面对场域所呈现的行动者之间的相互关系网络，如何把握在这些网络中的不同社会地位的行动者的资本走向，如何调动行动者手中所掌握的资本”，并认为“政治权力就是这种资本再分配的仲裁者和控制者而存在的，其中心任务便是把各种资本再转换成象征性资本（或符号资本），以便使其自身接受某种看不见的和隐蔽的隶属关系，所以，所谓权力，就是通过使某种资本向象征性资本的转换而获得的那种剩余价值的总和”。资本不仅仅是资源，更重要的是权力，是行动者借以在场域中发挥作用的权力，也是行动者借以占据某种位置并因而可以支配场域的权力。也就是说，权力的大小是由个人资本的数量以及在关系网络中对资本的把握能力决定的，权力的最终目的是追逐“符号资本”和“追求利益”。由于资本的差异导致地位的差异，从而导致了各种力量之间的争斗，场域因此而发生改变。其次，场域是各种力量发挥作用的客观前提，社会资本也不能离开特定的场域关系发挥作用，“只有在与一个场域的关系中，一种资本才得以存在并发挥作用”（布迪厄，2015）。

上述分析可以发现，场域和资本相互关联，场域为资本竞争提供空间，资本是场域演化的内生动力。在分析当代乡村营建中的设计介入时，从“场域-资本”的角度分析，将乡村营建这一社会空间视为一种场域，通过分析场域内各种资本间的关系构型来解释设计介入乡村营建的各种现象，能够有效避免唯技术论和唯方法论的局限。

---

① 皮埃尔·布迪厄，华康德. 反思社会学导引［M］. 李猛，李康，译. 北京：商务印书馆，2015：124.

8.2 三个基本场域

传统乡村社会的发展演变中，治理场域和营建场域就已存在，随着近代民族国家的解体以及乡村的凋敝，乡村精英转型，同时在城市中兴起了职业建筑师的群体，并逐渐形成了由职业建筑师构成的设计场域。上述三个基本场域的构型与解说将构成分析当代中国乡村营建演变机制的基础。三个场域由宏观至微观，形成一组嵌套的场域关系（图 8.1）。

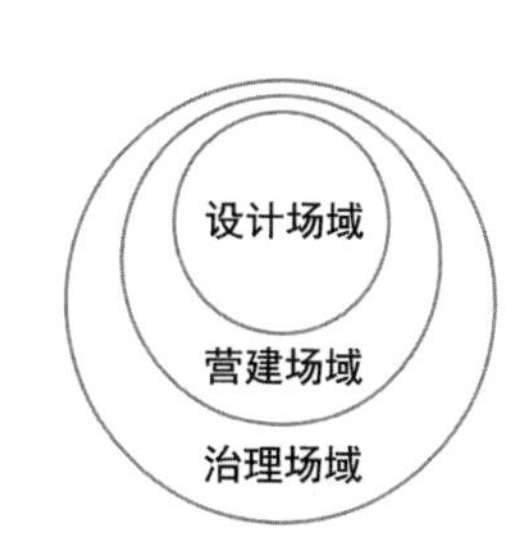

图 8.1 三个基本场域的关系

8.2.1 精英治理场域

根据第 3 章的研究，历史上我国乡村社会组织与治理的基本框架可表述为“国家-乡村精英-村民”的三元结构。不同时期乡村精英的组成不一样，但都在乡村组织治理中起到关键作用。传统乡村社会治理场域遵循着精英治理规则。国家希望通过治理稳定人口，控制流动，并获得应有的赋税；乡民希望通过乡村组织得到社会保护，维护自身利益；乡村精英则在组织治理中扮演中介者和调和者的角色，在竞争中维护着乡村治理权，以在国家和乡民两个阶层群体中获得双向的利益与威望。

传统封建时期的乡村治理场域由各种类型的精英组成了复杂的关系构型，因此乡村治理场域也可以表述为“精英治理场域”。传统乡村社会的精英群体主要由宗族精英、士绅群体、乡里组织精英和乡村技能精英等组成。宗族精英主要是乡村宗族势力盛行地区的各种乡村精英，如辈高年长者是宗族精英的典型代表。宗族精英拥有社会资本和符号资本，扮演着乡村社会领导者的角色，对乡村社会秩序产生决定性影响，成为乡村治理的支配者。士绅精英是指乡村社会中在野并享有一定政治和经济特权的群体，士绅能够利用政治资本，对乡村社会产生一种无形且强大的影响力，从而对乡村社会组织治理产生影响。乡里组织精英表现为在夹缝中生存，应付和敷衍，荣耀感和骄横作风，强烈的自卑和畏惮心理以及投机心理。这些特征反映出乡里组织精英处于官与民之间的枢纽地位，自身又没有宗族精英的社会资本和士绅精英的强大的政治资本，而只是拥有一定的符号资本及政治资本。因此，组织精英在精英治理场域中处于从属和被支配地位。乡村技能之士是乡村社会中另一个稳定而具有数量优势的精英群体，拥有一定的文化资本，如私塾先生、乡村医生、工匠等。虽然他们也是影响乡村社会治理的一个重要群体，但这种影响并不具备决定性作用。乡村技能之士在传统乡村社会只是一种乡村社会服务者的角色。虽然具有一定的影响力，但乡村技能精英往往需要与乡村社会中的其他精英群体相结合，对乡村社会秩序的维护和发展起到一定的辅助作用（表 8. 1）。

表 8. 1　精英与资本类型

精英类型	资本类型
宗族精英	社会资本、符号资本
士绅精英	政治资本、经济资本
组织精英	政治资本、符号资本
技能精英	文化资本

传统封建时期的乡村治理场域中，宗族精英和士绅精英大多拥有社会资本、政治资本、经济资本和符号资本，成为乡村治理的支配者，组织精英拥有符号资本，是乡村社会治理的从属者和具体执行者，技能精英拥有一定的文化资本，在乡村生活的特定领域和事件上起着不可或缺的作用。在传统乡村社会的精英治理场域中，发挥主要作用的是社会资本及符号资本。在乡村社会治理的过程中，针对具体的社会实践，乡村精英根据自身掌控的资本类型进行兑换和生产，以在竞争中不断巩固自身的位置，并试图掌控和拥有更

多的社会资源及乡村社会生活的话语权。

上述分析表明，源于 20 世纪 60 年代西方资本主义社会的场域理论，同样可用于解释中国传统时期乡村社会的治理逻辑。精英治理场域的建构为乡村社会事件的解释提供了基本框架。

8.2.2 乡村营建场域

乡村营建的实践行为是乡村社会生活的一部分，同样可以用场域对这一社会空间进行表述。首先，营建的群体构成了一个关系集合；其次，营建虽表征为物理建造的过程，但处于乡村社会与治理场域中，具有社会空间性，也是乡村治理场域的子场域；最后，营建过程本身充满了各种关系的隐形竞争，所以营建的过程因场域内的独特性和所存在的社会空间的可转换性而被看作一个独立的系统，这些都是场域的基本特点。因此，乡村场域的空间下存在乡村营建子场域。相对于精英治理场域而言，乡村营建场域是一个中观的有着自身运作逻辑的关系网络，与乡村社会其他相关的一系列的关系网络（例如农业生产场域、民俗活动场域、宗教场域等等）相互作用，共同编织成乡村社会生活的网络。研究乡村营建场域，应与乡村治理场域的要素关联起来进行研究（图 8.2）。

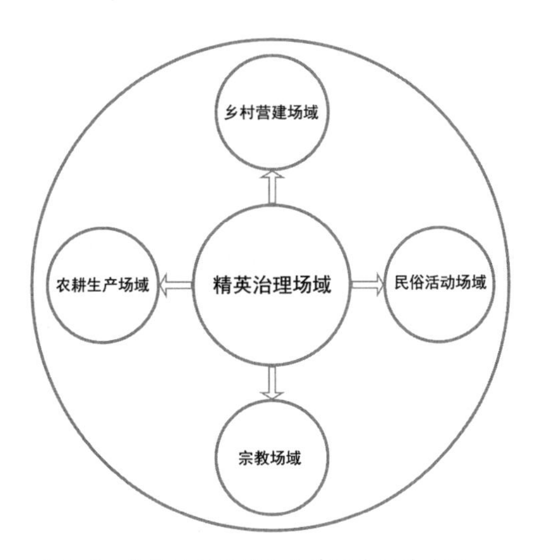

图 8.2　精英治理场域与营建场域的关系图

乡村营建场域是营建行为中不同类型的行动者不断发生各种社会关系的网络空间，在这个特定的社会空间中，乡村组织、决策方、出资方、设计方、建造方等若干行动者占据着不同的位置，依据各自的分工、进行不同资本的竞争与兑换，共同推动乡村营建场域的发展和演变，并逐步建立乡村的空间秩序（图 8.3）。

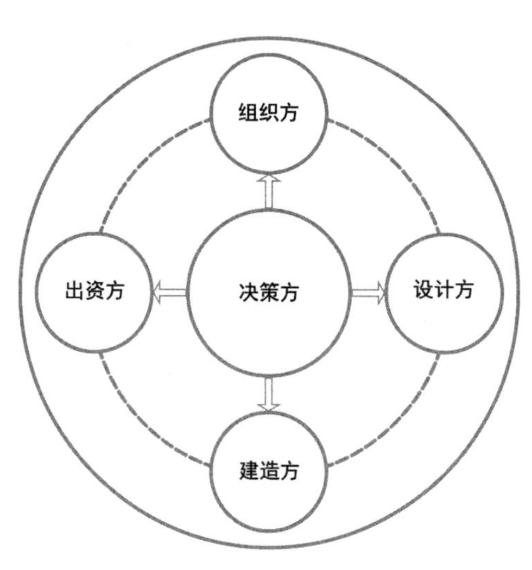

图 8.3 乡村营建主体构成

传统时期乡村营建也是乡村社会生活的一种，既是乡村治理场域下的子场域，又有其自身的场域逻辑。传统时期乡村营建遵循着“形而上者为之道，形而下者为之器”的古典哲学思想，“道”与“器”辩证共生中，演化出了一套适合耕读文化与乡土社会的营建法则。

乡村营建依靠乡绅老者及乡村工匠共同完成，营建者也是乡村社会内部的主体，借助自身拥有的经济资本、文化资本或社会资本，在营建过程中不断维持和巩固自身在乡村社会治理中的地位和话语权。在传统的营建模式中，从相地选址，到房屋布局，再到祠堂宗庙等公共建筑的建造，都体现着传统礼制和乡约民俗的作用，而这正是营建行为群体的社会实践行为。传统时期许多官宦退隐家乡，通过宅邸营造体现个人身份与地位，并主动介入乡村内部事务的治理，例如修建祠堂等，这些营建行为并非普通乡民能力之所及，因此营建主体通过此类行为在乡村社会巩固其声望和名誉，进一步将经济资本转化为社会资本。而工匠等技能精英则通过技能转换，将文化资本兑换成社会资本或经济资本，从而提升其在乡村社会生活中的地位。在营建过程中，每逢重要的建造节点，一般都会有仪式性行为，文化资本的拥有者借此时机继续扩大和巩固其资本积累，并不断通过文化资本再生产，转换成社会资本及符号资本，以维系其在营建场域中的位置。例如在传统房屋建造中，上梁便是一个重要的环节①，大木师傅届时亲自坐镇指挥，上梁成功后主家还要“抛梁”② 并举办宴席，分发红包(图 8.4)。这些看似民俗的行为背后，也隐藏了技能精英文化资本的生产与转化。而正是营建者自身拥有的资金、社会地位以及技术，也就是经济资本、社会资本和文化资本，使得其社会实践行为具有了边界和排他性，而不具备上述资本者只能被排斥在外。传统时期乡村营建的核心逻辑便是通过营建行为建立适应乡村社会秩序的空间秩序，进而展开乡村社会符号资本的争夺，并取得在乡村社会组织结构中的话语权。这里乡村技能精英所掌控的文化资本是其进入营建场域的门槛，乡村技能精英能够在一定程度上左右乡村营建的结果，因此营建场域排除了其他不具备此类技能或文化资本的技能精英的介入，例如乡村医生、私塾先生等在营建行为中是被排斥在场域之外的。

图 8.4　湘西保靖县碗米坡镇陡滩村“上梁”仪式

乡村营建场域的构型将为接下来分析设计在乡村营建中的位置和作用提

① 据我国史料记载，建房上梁举行仪式始于魏晋时期，到明清时期已普及全国各地。主要是指安装建筑物屋顶最高一根中梁的过程。而这里所谓的“中梁”除了建筑结构实用上的重要位置外，同时更有其无形的宗教层面的意义。

② 上梁仪式最热闹的程序是“抛梁”。当主人“接包”后，匠人便将糖果、花生、馒头、铜钱、“金元宝”等从梁上抛向四周，让前来看热闹的男女老幼争抢，人越多东家越高兴，此举称为“抛梁”，意为“财源滚滚来”。

供社会实践的空间边界。

8.2.3 建筑师场域

建筑师作为一种职业，是委托人、建造者之外的第三方，无论在欧洲还是在中国历史上，都有着悠长的历史，其源头可追溯至公元前 3000 年。建筑师作为对建筑物最具影响力的行为主体，其与其他人群的关系才是界定其是否可称为“建筑师”的根本原则。如将这种三角关系带入中国传统社会，则从先秦时期就开始出现，并延续至晚清的工官群体无疑和帝王、工匠之间具有类似三角关系。虽然工官附属于官僚机构并带有一定的管理职能，但仍然可以称之为中国古代建筑师的主流人群（图 8.5）。

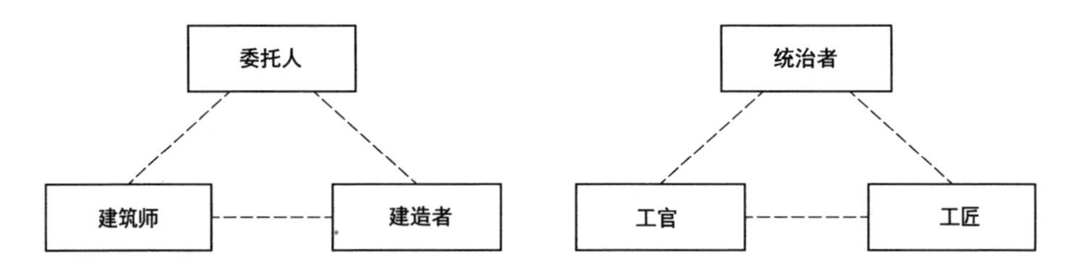

图 8.5　建筑师的职业关系

根据工官体系的两个重要的事件，可将中国工官的历史肇始至光绪三十二年（1906 年）清政府将工部并入商部，改为农工商部为止，划分成三个时期。第一个事件是，隋代始建三省六部制的中央官制，其中工部掌管营造事项，管理各项工程、工匠、屯田、水利等。从事设计和协调工作的工官开始集聚于工部。第二个事件是，明代工匠社会地位逐渐提高，匠籍制度逐渐瓦解。不少工匠成为工部重要官员，在匠籍的人户也能参加科举。以这两个事件将中国建筑传统分为三个阶段：首先，从黄帝始设世袭制工官，到隋代建立工部之前，是中国工官体系的起源和蒙昧阶段；其次，隋代至元，通过科举制选拔工部主要官员，实践工匠虽然掌握技术，却主要进行配合工作，这个阶段是发展和潜流的阶段：最后，明清至近代工官体系完全消失之前，是繁荣和自由的阶段。

近代中国城市逐渐脱离乡村成为经济和文化的中心。而乡村经济和文化受到严重打击，城市和乡村逐渐形成二元结构。城市的崛起催化了乡村的衰败，而乡村营建在社会衰败的背景下归于停滞。另一方面，西方建筑业的进入和城市的繁荣促使了中国传统建筑行业的现代转型。在这一背景下，也促使了中国职业建筑师群体的出现，该群体的教育背景和工作模式从根本上不同于传统时期乡村的内生型设计模式。传统工匠向现代建筑师转变，朴素的设计观向现代设计观转变，引发了专业介入型设计模式的出现，职业建筑师场域在民国后期逐渐形成。

民国时期的建筑师职业制度的确立，使建筑师在商业模式和文化中找到其职业地位，由此来区分开业建筑师和政府专业技术人员①，也与营造业、材料业等完全脱离而独立。建筑师以图纸参加竞赛的方式超越了建筑师与工程委托人的私人关系，以固定比例的设计费用保证了经济收入。南京国民政府在 1929 年公布《技师登记法》，其中规定的结构性制度对职业化过程有决定性作用。类似资格协会的成立，通过对行业地位的追求和稳固，对从业者活动的协调、对新技术应用的促进等方式确保职业拥有共同职业标准以及符合职业理想的社会评价。其职业的特点对中国建筑的现代转型起到了重要的作用，在建筑领域逐渐形成了区别于行业的“职业自主性”（Professional autonomy）②。因此不同于传统时期，民国时期的建筑行业的发展是一部有职业建筑师的历史。

---

① 政府专业技术人员受到近代政治和宗教的双重控制而失去很大程度的自由度。到近代后期，越来越多的机关建筑师脱离了政府而成为开业建筑师。

② 将职业与其他行业区分开来的唯一标准在于“自主性的事实”，即对工作具有合法性控制的状态。一个职业只有获得对于决定从事其职业工作的正确内容和有效方法的排他性权力的时候，才具有稳固的地位。即决定一个人是否有资格从事一项职业工作的首要标准来自职业团体本身，而非任何外部主体。

中国建筑师群体在 1927 年建立了职业建筑师学会，不仅创立了行业刊物《中国建筑》，还举办交流学术经验的活动以及建筑展览，仲裁建筑纠纷，推动现代建筑设计行业发展，奠定了建筑师群体的经济和社会地位①。由此民国时期的建筑师在社会话语体系中也逐渐形成了职业建筑师的场域。尽管建筑师场域无法像艺术场域那样试图摆脱经济场域的规则，但同样追寻场域的“自主性”。建筑师凭借文化资本与政治资本、经济资本进行角力和转化，努力争取划定建筑师场域的边界，并争取在设计界的话语权，以维持设计场域的“相对自主性”。通过注册、职业资格限定等合法化的形式，建筑师场域逐渐划定了边界，并形成了场域的排他性。对于没有相关职业技能，或未拥有相应文化资本的人，对于营建行为将不具备话语权。

中华人民共和国成立后，公有制的建立将民国时期职业化的建筑师群体转化成为国家事业单位中的技术人员，尽管权属的主体发生了变更，但是建筑师场域仍然存在，建筑师仍然通过建立学会联盟、设定设计资质等各种形式把持着行业门槛，因而建筑师场域仍有其自身的运作逻辑，场域内同样充满着竞争以及资本的交换与再生产。国有制度一直延续到 20 世纪 90 年代末，中国开始了建筑设计院的体制改革，建筑师群体再次走向完全的市场化，但延续多年的资质制、注册制等行业门槛依然存在，为建筑师场域界定着行为边线（图 8.6）。在乡村营建场域中，建筑师场域也是营建场域下的子场域，

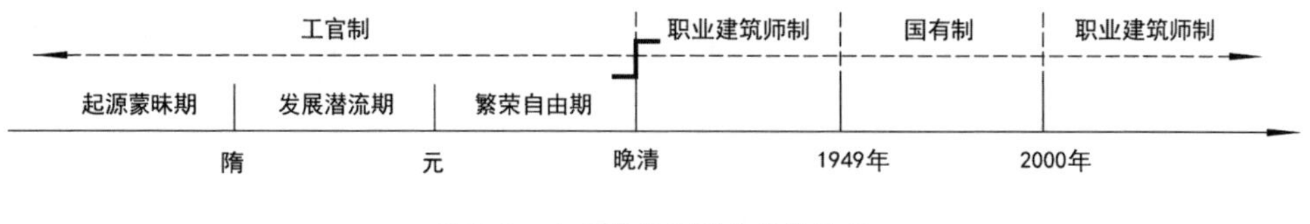

图 8.6　中国建筑师群体演化阶段

① 在民国时期，建筑师的月平均收入位于社会中间阶层的第四位，仅次于医师、律师和大学教授。参见资料：路中康. 民国时期建筑师群体收入水平初探［C］. 北京：中国近代建筑史国际研讨会，2010：594-601.

建筑师场域的建构，为设计介入乡村营建的实践行为中建筑师群体的行为分析提供了基础。

8.3 当代乡村营建的场域逻辑

从设计介入的视角看，当代乡村营建大致可分为四个阶段，分别是人民公社化运动时期、改革开放初期、新农村建设时期和新乡村建设时期。每个时期由于社会政治经济文化背景的不同，其营建场域的实践逻辑既有相互关联性，也存在差异性。不同时期乡村营建场域的核心都是建立乡村空间和社会秩序，从而实现乡村社会的良治与善治。

8.3.1 政治主导——集体化时期的乡村营建场域

1. 场域构型

场域当中发生的斗争，无疑都是针对合法性而展开的。“尽管各种场域都努力通过证书之类的手段来实现规范化和同质化，但都改变不了这样一个事实，对合法定义的争夺，是所有场域里的普遍共性：而争夺的焦点就是界限，就是边线，就是进入权、参与权，有时也体现为数量限制。”（布迪厄，1998）

区别于传统封建时期，人民公社时期规划建设的主体已不再是传统意义上的乡村精英，社会主义国家初期的人民公社化运动，其本质目的是打破原有乡村散落的宗族治理模式，对乡村社会实行自上而下的统一管制，在社会治理上加强对乡村基层的控制，通过国家权力在乡村地区实行合法的自我剥削，以完成新政权建立后必要的工业化原始积累（张泉等，2006）。人民公社建设正是实现这一社会治理目标的空间手段，也是修建集体化的公社及大队新村的根本目的。

人民公社建设从根本上要体现与传统封建时期自然村落完全不同的营建

立场与态度，而以“大跃进”为时代背景的政治运动催生出了当时特殊的以权力主导的乡村营建场域。这是以积累和换取符号资本为目的的隐性竞争，体现社会主义的制度优越性和国家意志成为营建场域的边界，而任何自发性的，带有传统封建时期烙印的营建行为是要被坚决排斥的。按照布迪厄的理论，在这一场域中，区别传统时期自组织演化的乡村营建模式成为场域中排他性的典型体现。而为了与传统乡村营建相区别，公社干部作为规划及建设的主导方，必须与传统时期的“匠人”划分边界，于是接受过正统城市规划与建筑学教育的职业建筑师和建筑高校的师生被国家权力卷入到这场营建的游戏中。

人民公社化运动时期由于经济条件所限，真正按照设计图纸落实的公社及大队新村建成实例并不多。这一时期的公社规划及新村建设更多是设计上的虚拟现实。然而公社规划的设计图纸真实地再现了当时乡村营建场域的实践逻辑：建立共产主义愿景下的新的乡村空间秩序。这一时期的营建场域的关系构型由两类行为主体构成：公社干部＋建筑师。由于职业不同，公社干部长期处在政治化的乡村治理场域中，而建筑师处在以城市建设为背景的建筑师场域中，由于公社建设的需要，两类人群在此叠加，公社干部借助建筑师的技术手段实现对乡村及村民的空间管控，在这一关系构型中，公社干部处于支配地位，建筑师处在从属地位，共同形成了这一时期乡村精英群体，通过空间营造对社员进行管理，这一关系构型形成了不同于传统封建时期的乡村营建场域（图 8.7）。

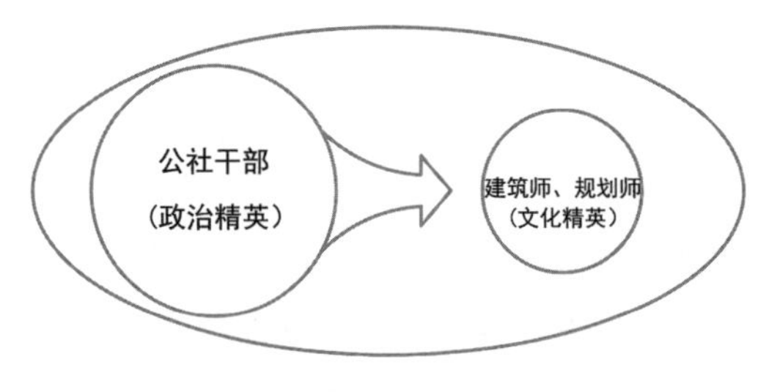

图 8.7　人民公社化运动时期营建场域构型

2. **资本生产与兑换**

人民公社化时期，营建场域中的资本类型包括政治资本、经济资本和文化资本。由于受到当时生产力条件的限制，国家层面对于公社的实际建造是没有直接经济投入的，因此人民公社的建设财源依靠公社集体经济。而在物质匮乏和政治主导的年代，少量的经济资本被政治精英所掌控，因此在营建场域中经济资本并不起决定性作用。而公社干部拥有强大的政治资本，在准军事化管理的制度支持下，政治资本以合法暴力的形式调集公社成员及各类社会资源参与营建行为。

人民公社化运动在国家基本完成社会主义改造后的时期，很多公社干部本身都出身贫下中农，由之前的被支配阶层转变为支配阶层，因此在获取一定的领导决策权之后，表现出强烈的对旧有乡村组织治理的批判和排斥。因此公社干部十分看重自身的权力，而人民公社建设的实践活动，为公社干部强化在乡村社会中的权力地位提供了路径。在大跃进的社会背景下，各地的人民公社都在试图通过最为恢弘的公社规划，建立新的乡村空间秩序的权威和典范，从而进一步扩大自身的政治资本。政治资本的生产与再生产也从社会学的视角解释了人民公社化运动时期，大量不科学的规划设计及指标体系产生的内在原因。

建筑师作为设计主体在营建场域中处于从属地位。建筑师作为一种职业身份，拥有文化资本，在这一时期的场域中，文化资本不仅表现为是国营设计机构或是高校院所的职业身份，而且表现为新时期的建筑师群体能够提供与传统时期完全不同的营建方法和营建技术，因此本书中设计主体所拥有的“文化资本”也可以表述为“技术资本”。在中华人民共和国成立之初，能通过建筑学的专业方法进行空间布局和设计的专业技术人员本身就非常稀缺，而且只存在于少数设计院所及大专院校当中，只有少部分人能够以拥有技术资本的合法身份，将公社规划的构想通过国家权力认同的技术手段呈现出来。因此建筑师和规划师凭借其拥有的文化资本和技术资本，获取了进入乡村营建场域的权限。

中华人民共和国成立初期，对当时的建筑师群体而言，行业内部的政治化倾向以及各种批判运动，大大削弱了建筑学科的专业自主性，建筑师群体在摇摆不定的舆论导向下只能被动跟随。因此在这一时期的营建场域中，设计主体受到场域的影响，通过技术手段实现对当时落后的乡村社会进行改造，在实践中进一步加强自身在建筑师场域中的文化资本，并试图将其转换成政治资本，以便在政治意识形态风云变幻的年代，积累更多“又红又专”的政治砝码①。而这一行为无意识地助长了人民公社化运动的乌托邦幻想。

“我们过去没有搞过农庄规划。当我们接受了当地县委的任务后，我们在思想上，首先政治挂帅，决心把科学技术为劳动者人民服务，鼓足干劲，破除迷信，在敢想敢做的号召下，花了一个星期的时间搞了这个农庄规划，我们工作方法是依靠当地党组织，从调查研究入手，走群众路线，边做边学，由于这是一个新的课题，我们水平有限，工作中有很多缺点和问题尚未得到解决。”②

“目前全国广大农民，在党的总路线的光辉照耀下，正在贯彻执行苦战三年改变面貌的艰巨而伟大的工作，而改造农村居住条件，是改变整个面貌

① 1942年，毛泽东在《延安文艺座谈会上的讲话》中提出“政治和艺术要统一”，从此文化和艺术创作便笼罩着浓重的政治色彩。此次讲话还提出了“内容决定形式”的社会主义现实主义教条，其后的文艺创作一直都遵循这一原则。正因如此，50年代的建筑讨论也主要集中在非物质层面。建筑的物质性功能和技术不再作为建筑创作关注的核心问题，而更多地关注建筑的精神性。1953年10月14日的《人民日报》发表题为“为确立正确的设计思想而奋斗”的社论，强调弘扬社会主义设计思想，向苏联专家学习。10天后中国建筑工程学会第一次代表大会在北京召开，在苏联社会主义现实主义创作方法的影响下，梁思成提出了阶级斗争、意识形态同建筑的民族性相结合的观点，由此开始了中国建筑形式民族化的探索，“大屋顶建筑”开始大行其道。然而随着赫鲁晓夫执政，苏联国内迅速开启了对斯大林的全面否定和清算。1954年11月，苏联召开全苏建筑工作者会议，全面清算了斯大林时期“社会主义现实主义”风格的影响。很快国内的舆论发生了转向。1955年年初，我国建筑领域也以反浪费运动为由，开展了对民族主义的批判，纠正其“复古主义倾向”，1955年3月28日的《人民日报》又发表了“反对建筑中的浪费现象”的社论，把反浪费和批判大屋顶的运动推向了全社会。这是新中国成立后首次建筑创作问题被意识形态化，使正常的学术争论成为了政治斗争的一部分。国家意志导向的善变与矛盾也深刻影响了建筑师、规划师们的思想意识，更影响了设计者遵循设计自主性的思考与判断。

② 江苏省城市建设厅规划处．南京工学院建筑系．江苏省盐城县环城乡南片农庄规划介绍［J］．建筑学报，1958（8）：51.

的重要内容之一，这就要求我们应于最短期间，从农村当前实际情况出发，拟出又实用、又卫生、又安全、又经济、又美观的几种农村标准规划设计，然后分期分批推广①”。

“为了贯彻多、快、好、省的方针，使农村各种建设花费最少的投资，而取得最大的经济效果，必须鼓足干劲，力争上游，把公庄人民公社在短期内建设成为一个具有现代化的社会主义新农村，并朝向共产主义的道路迈进。”②

通过这些表述可以看出，当时的设计主体对于公社规划的立场及态度。建筑师希望通过设计实践，建立起设计的群众路线和群众基础，这样的出发点对乡村营建本身是有利的，但在特殊的时代背景下，要在极短的时间内完成大量的规划设计工作，真正地深入乡村是不现实的，而所谓“群众意见”更多的是由公社干部代言，这一时期营建场域中的实践逻辑可以表述为政治精英与文化精英之间的资本兑换。

8.3.2 经济主导——家庭联产承包制时期的乡村营建场域

1. 场域构型

改革开放初期的中国乡村，由于生产力的释放，乡村营建呈现出蓬勃生机。这一时期的家庭联产承包制，使得农民的家庭意识增强，而集体经济时期的意识形态逐渐弱化，集体化时期建立起来的乡村空间秩序遭到破坏，乡村营建场域发生了显著变化。

这一时期是当代历史上农民建房意愿最高涨的时期，由于建房量的喷发，滥用耕地现象严重，仅 1985 年一年，全国耕地减少就达到了 1 500 多万亩③，

---

① 郝力宁. 对农村规划和建筑的几点意见 [J]. 建筑学报，1958 (8)：61.

② 全军，崔伟，易启恩. 广东博罗县公庄人民公社规划介绍 [J]. 建筑学报，1958 (12)：9.

③ 徐红新，高国忠，王楚琛. 农村土地违法行为：现状、原因与对策 [J]. 河北大学学报（哲学社会科学版），2012，37 (4)：127-131.

这引起了中央的高度关注，这时农民个体的行为已经开始触及国家的整体利益，集体化时期建立在集体所有制基础上的乡村空间秩序被打破，政府开始干预乡村营建行为。这也是国家权力再次下探乡村的核心动因，其根本目的是要将农村人口锁定在有限的乡村土地上，并重新建立符合国家意志的乡村空间秩序。这一时期的乡村营建场域构型可以表述为：政府＋（建筑师、规划师）＋村民（图 8.8）。

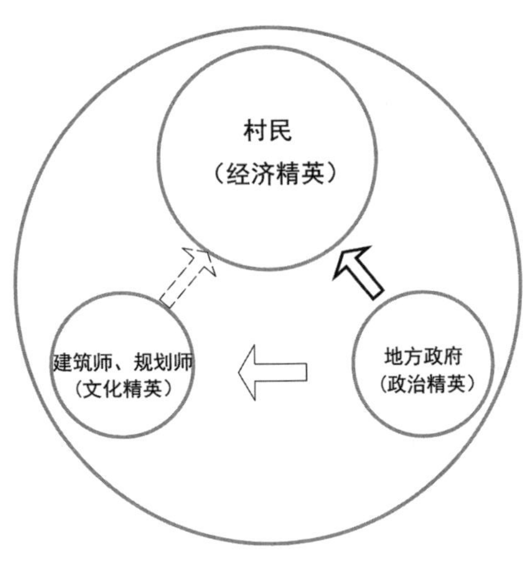

图 8.8 家庭联产承包制时期营建场域构型

在经历了近十年的经济停滞后，解放生产力成为改革开放初期的主流话语，我国经济发展开始逐步进入“斯密模式”①，国家对民间经济行为的干预和控制相对集体化时期温和，政策介入并不深入和强势。在国退民进的趋势下，国家权力下探到乡村事务的力度也不如集体化时期强烈，反应也相对滞后，这使得乡村建设的规划管理同样跟不上乡村实际建设的速度。为了改变被动的局面，政府借助权力职能，再一次将拥有文化和技术资本的专业设计人员组织起来，通过组织竞赛和编制图集的方式参与到乡村营建的社会实践中，希望通过竞赛的方式广泛征集建立乡村空间秩序，管控乡村营建的技术支撑，从而催生了第二次“设计下乡”。作为设计主体的建筑师和规划师则在职能部门面前处于从属地位，按照国家相关要求开展设

① 亚当·斯密在《国富论》中提出，个人在经济生活中只考虑自己利益，受“看不见的手”驱使，即通过分工和市场的作用，可以达到国家富裕的目的。后来，“看不见的手”便成为表示资本主义完全竞争模式的形象用语。这种模式的主要特征是私有制，人人为自己，都有获得市场信息的自由，自由竞争，无需政府干预经济活动。

计工作，设计主体在国家权力的支配下，试图通过技术扶贫，实现对乡村空间的控制，并进而通过技术输出，支配农民建房，实现对农民居住行为的空间管制。

而这一时期的村民由集体化时期的社员状态，转变成以家庭为单位的原子化状态。村民个体以家庭为单位，原有村集体的概念被淡化。在乡村营建场域中，村民本应处在被支配地位，但是由于村民掌握了经济权和土地的使用权，因此该时期村民成为生产生活和乡村营建的实际营建主体。在经历了长期集体化的压抑后，农村生产力在短期内得到了巨大释放，农民的生存心态发生了巨变，对于建房迸发出强烈的热情，对于以家庭为单位的社会组织产生了情感上的回归，村民群体相互之间也逐渐形成了建房的相互比拼，对于一个由乡土社会向现代社会逐渐转变的群体而言，面子和里子同等重要，这也可以解释改革开放以来，农民的人均住房面积不断增加，农民住宅过几年就翻新的现象。正是这种立场和位置关系，使得村民在乡村营建实践中自发形成了有悖于国家意志的空间秩序。

2. 资本生产与兑换

在这个乡村营建场域的关系构型中，政府职能部门同样拥有政治资本，可以在尽可能短的时间内编制乡村规划，通过设计介入乡村营建，对农民乱建乱占耕地的行为进行管控。由于改革开放初期也是乡村自发性建设的井喷期，因此，各地的建设情况具有相似性，政府通过政治资本与技术资本的兑换，实现政治资本的积累与扩张。

设计主体通过技术生产，将文化资本再次转化为政府的权力资本，以实现对乡村的空间管制。改革开放初期正好处在我国建筑及规划设计行业经历了“文革”后逐渐开始恢复专业自主性的时期，因此设计主体也积极参与乡村营建的社会实践，不断积累和扩充自身的文化和社会资本，以巩固其在设计场域中的地位，而参与竞赛、编制图集等方式就是技术资本再生产的形式之一。

这一时期和人民公社化运动时期的政治语境不同，已不能完全使用行政干预和政治动员的方式，而此时设计行业市场化也尚未完全开始，设计收费的时代尚未来临，无法使用经济刺激的方式，因此国家组织设计竞赛的方式十分符合设计场域的行为逻辑，将设计介入乡村营建的实践中。无论是乡村规划还是农民住宅，或是公共服务设施，大量的竞赛使得设计场域中的参与者得到鼓励，从而激发出强大的设计力量。而在 80 年代初期，由于刚结束"文革"，恢复了高考，国家开始了以解放和发展生产力为宗旨的改革开放，全社会上下万象更新，建筑师和规划师群体的思想也正在从"文革"中走出，而通过竞赛，在营建场域中争得属于自身的文化资本和社会资本，成为参与竞赛的行动者内在的心理动因。也正因为如此，这一时期的竞赛作品中，涌现出一批优秀的乡村规划及乡村建筑作品，与人民公社时期相比，更加务实，也更专业。但这一时期的设计最终并不是直接用于建设的，设计作品更多基于建筑师和规划师主观上对乡村的理解和认知，而正是这种围绕竞赛展开的技术扶贫式的设计介入，并未真正在乡村营建中体现出设计的力度，建筑师和规划师的工具属性依然存在，在营建场域中，设计真正发挥出来的作用仍显单薄。

与此对应的是生产力日渐解放后，经济实力逐渐增强的农民家庭单位。改革开放后，乡村社会形成以发挥自主性为特征的"乡政村治"结构，体现了行政权和自治权的分离。农民由封闭、半封闭、半自给性的传统农民逐步向开放性、经营性的新型村民转变。农民职业类别开始多样化，从业领域广泛化，自主性大大加强，农村开始形成不同的劳动者阶层，农民由此变成经济生活自主的、日常生活去政治化的个体，加上改革开放后农业生产率的提高和农村户籍人口"允许流动"的制度，实现了村民在城乡间的迁移，也使得乡村社会个体单元的自主性增加。由于掌握营建的经济资本，加之有宅基地、包产到户等政策依据，农民对土地空间资源的利用产生了"误读"，将制度的任意性误识为自然世界的自然性。而乡村建筑队是这一时期顺势出现的特殊职业类型，由于建筑队同样是农民出身，熟悉乡村实际情况，因此其不仅掌握一定的技术资本，而且具备一定的社会资本，更易获取农民的信任，因此许多农民自宅的营建使用的并不是建筑师绘制的图集，其背后的真实设计师是乡村建筑队的工匠们。由于营建场域中村民的经济资本力量与技术资本的控制力产生了错位，农民自发性建房的动力不断增加，而经济资本在营建行为中不断积累为新的社会资本，并进一步限制了设计作为空间管制工具的作用。资本的角力和变化从另一个角度解释了改革开放初期设计介入乡村营建失效的内在原因。

8.3.3 权力回归——新农村建设时期的乡村营建场域

1. 场域构型

新农村建设时期，由于国家战略的调整和经济发展、社会稳定等因素，国家权力强势回归，自上而下提出了新农村建设的基调和方向。乡村营建行为在经历了较长时期的自发性建设阶段后，再次受到政府的强力干预，并且使营建行为重新回归到乡村社会治理的范畴。这也是在经历了长期村民个体实践行为主导的自下而上乡村营建形成的乡村空间秩序后，政府希望再一次改变既有的乡村营建模式，重新建立新的空间法则。新农村建设时期的乡村营建场域的关系构型可表述为：政府（企业）+规划师+村委会（村民）。这一时期乡村营建场域的核心逻辑是重新建立符合国家意志的乡村空间秩序（图 8.9）。

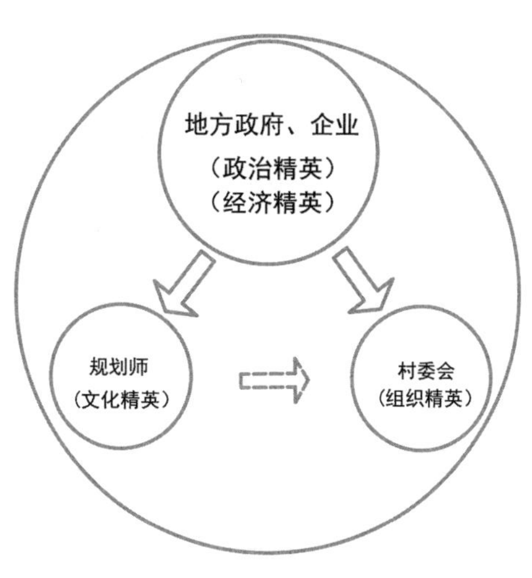

图 8.9 新农村建设时期营建场域构型

国家总体经济发展在2000年之后逐渐进入了“凯恩斯模式”[①]，国家机器在合法垄断大量社会性资源的前提下，实现了经济的持续高速增长[②]。到新农村建设时期，政府已积累了雄厚的经济资本，具备了直接介入乡村营建的条件。在吸取了改革开放初期由农民自发建设而造成失控的教训后，政府开始了实质性的经济投入，在“城市支持乡村”政策导向下，乡村营建首次成为有财政专款投入的国家行为。同时，不少地区的乡村营建都引入了具有空间生产诉求的企业，与地方政府共同构成乡村营建的建设主体，从而在新的营建场域中形成了主导力量。

与20世纪90年代高速发展的城市经济繁荣景象相对应的，便是同时期广大乡村地区的停滞和衰败。城市的吸力导致乡村“空废化”成为常态，村民参与乡村治理的能力和意愿已经薄弱，而村委会仅成为村民利益诉求的形式上的代言人。乡村营建成为独立于乡村主体之外而又发生在乡村界域空间内部的政府行为。因此这一时期的村委会（村民）作为乡村营建场域中的行为主体以及营建的受众，处于被支配地位。

对同样经历了城市化建设高速增长期的建筑师和规划师群体而言，新农村建设时期乡村营建的设计工作同样是被政府职能部门以动员号召的形式分派下去的。自1992年确立了社会主义市场经济体制以来，设计行业已逐步实现了成熟的市场化运作，在城市建设一派繁荣的黄金期，对于非市场化的乡村中的设计任务，建筑师和规划师群体都有权选择是否参与乡村营建的设

① 经济学家许小年将中国经济的发展模式分为两种，一种是通过提高资源利用效率来驱动经济增长，称为“亚当·斯密模式”。第二种是通过增加资源投入来驱动经济增长。把后一种模式叫作“凯恩斯模式”。在第二种模式中，靠的是（政府）投入资源来提供经济发展的动力。“凯恩斯模式”固有的不良特性也进入了中国经济的肌体，其负面影响日益显现。首先，以资源投入推动经济增长的做法具有不可持续性。再大再强势的政府，它的资源投入能力也是有极限的。其次，即便政府可以无限投入资源，也会碰到一堵无形之墙，即经济学上所说的“资本边际收益递减规律”。资本投入越多，收益率会逐渐降低，最终降至零。现在中国企业普遍遇到的问题是，之前投得太多，收益率已经低到再投资也很难驱动的境地。

② 数据来源：2000—2005年的国家统计局数据。

计工作。新农村时期乡村营建的本质是要重新自上而下地建立被破坏的乡村空间秩序，因此这一阶段实际介入乡村营建的设计主体也发生了分化，由于各种原因，规划设计本质上还是宏观上权力意志对空间管控的技术体现，而建筑设计则是微观层面针对具体项目的设计工作。因此新农村建设时期，设计主体真实的构成特征表现为规划师的在场与建筑师的缺位。在这一时期的营建场域中，规划师受政府机构委托，为政府职能部门提供技术服务，而建筑师在营建场域中处于从属位置。

2. 资本生产与兑换

新农村时期的乡村营建，各级政府拥有绝对的政治资本和经济资本，并以自上而下的方式介入乡村营建。地方政府通过对乡村的规划，在重新建立乡村地区空间法则的同时，将政治资本转化成经济资本。以新农村建设中最为普遍的集中居民点建设为例，在村庄布点规划的空间指引下，拆点并村将集约大量乡村土地，将改革开放初期农民及村集体占有的土地资源重新回入到政府手中，而这种变相征地的方式在 2008 年的土地指标增减挂钩机制建立后更加明显。地方政府利用政治资本，将集约的土地经流转，以市场化的方式转化为经济资本，从而实现资本的生产与转换。同时，集中居民点建设的实施将在一定程度上拉动地方经济，地方政府用少量的资金撬动巨大的乡村建设市场。按布迪厄的场域理论，“任何道义上的援助其背后都有深层次的动因”，而刺激经济增长，拉动内需，正是建设新农村的利好之一。而企业在新农村建设中的投资遵循经济场域的规则，必定需要讲求经济回报，因此企业通常在营建场域中，通过各种形式的经济资本再生产，累积更多经济资本，或者将经济资本转化成部分政治或社会资本。

村委会作为村民的代言人，拥有社会资本和符号资本，在营建场域中，村委会一方面要为本村争取更多的财政补助，提升本村的人居环境品质，以保持其在村民当中的社会地位，增加其社会资本，另一方面又要维系好与上级政府及基层政权的关系，获取更多的政治资本。尽管村委会在场域中处于被支配地位，但由于其掌控的社会资本和符号资本，村委会对于规划师提出的规划设计方案，仍然具有一定的评判和影响力，村委会也正是通过将自身的符号资本与设计主体的技术资本兑换，来获取更多的社会资本。

规划师在新农村建设时期已逐渐成为设计主体，凭借其拥有的文化及技术资本，通过为政府职能部门提供技术服务而获取在乡村规划领域的认可度和话语权。因此规划师在乡村营建场域中展开了自上而下的“争夺建立新的乡村规划体系及方法的合法性与权威性”的隐形竞争，这也解释了新农村建设时期涌现出大量乡村规划分类方法及规划体系建构的内在原因。规划师正是通过参与乡村规划实践，试图建立新的乡村空间法则，并试图得到广泛认可，从而将技术资本转化成文化或社会资本。同时反观建筑师群体，在新农村建设期间虽主要承担着集中居民点建筑设计的工作，但居民点的规划格局已经基本由规划师制定完成，因此建筑师拥有的技术资本和文化资本已很难再直接兑换成政治或社会资本，而低廉的设计酬劳更无法使技术资本转化为经济资本，因此建筑师在这一时期营建场域的资本生产过程中，基本处在缺席状态。

8.3.4 多元格局——新乡村建设时期的乡村营建场域

1. 场域构型

新农村建设引发了各种问题，引起国家的关注，于是在既有新农村建设的基础上，中央决策层对于乡村营建的立场和语境也有了转向。“留住乡愁”便可视作对新农村建设时期大规模拆并的运动式乡建的纠偏。乡村营建场域的构型也因此再次发生了转变，新农村建设时期形成的自上而下建立起来的乡村空间秩序再次被调整，乡村价值得到重新评估。2013 年以来，不同地域的乡村营建模式开始多元化，营建的主体类型也开始呈现多元化趋势，越来越多的开发主体参与乡村实践中。营建主体的多元化也造成了营建场域力量关系的构型发生变化，进而影响并改变了原有营建场域的格局，出现了新的营建模式，也催生出了新的场域构型。例如：政府＋规划师＋村委会、企业＋（规划师）建筑师＋村委会（村民）、村委会＋建筑师、村民＋建筑师，这种多元场域构型并存的格局是当代乡村营建发展历程中不曾出现过的（图 8.10）。

场域的多元构型表明，地方政府在新乡村建设时期，开始有意识地回收权力，将原本应该由市场机制解决的问题重新交还给市场，在乡村营建场域中，职能部门开始由主导向引导过渡。企业遵循经济场域的规则，在乡村营建中寻求利益价值最大化，因此企业投资的乡村营建必然会体现企业自身的诉求，在营建场域中企业将占据主导位置，拥有话语权。村委会及村民在不同的营建模式中，角色定位各不相同，在营建场域中也占据不同的位置。对于村委会与企业合并型，村委会作为乡村主体和建设主体的合体，将拥有绝对的支配权和话语权；对于村委会与企业合作型，村委会将更多代表村民利益，与企业谈判，以最终达成乡村空间使用与管控的规则；对于政府出资型，村委会的角色将回归到与新农村建设时期相似，处于被支配的地位。村民个体在多年与地方政府及基层政权博弈的过程中，也逐渐增强了维护自身权利的意识，因此某些地区出现了以村委会为代表的集体行为之外的建设主体，即村民个体作为出资方直接参与营建行为。随着农村户籍制度、宅基地制度、农村金融制度改革的不断深化推进，村民个体和村集体在乡村营建中的话语权将得到进一步强化，乡村主体的力量也将进一步显现，而多元化的社会资金介入更加激活并不断改变着乡村营建场域的构型关系。

规划师与建筑师群体在新乡村建设时期的营建场域构型中，也出现了变化。规划师基本延续着新农村建设时期与政府职能部门的技术服务关系，在设计的方法与策略上进行改进。建筑师在新农村建设时期主动参与乡村营建的并不多，但新乡村建设时期，建筑师群体介入乡村营建的力量开始迅速增强。一方面是由于乡村地区也在逐步迈向市场化的进程，另一方面则是当前乡村营建成为社会性的时尚话题，激发了大批建筑师介入乡建的热情。有些

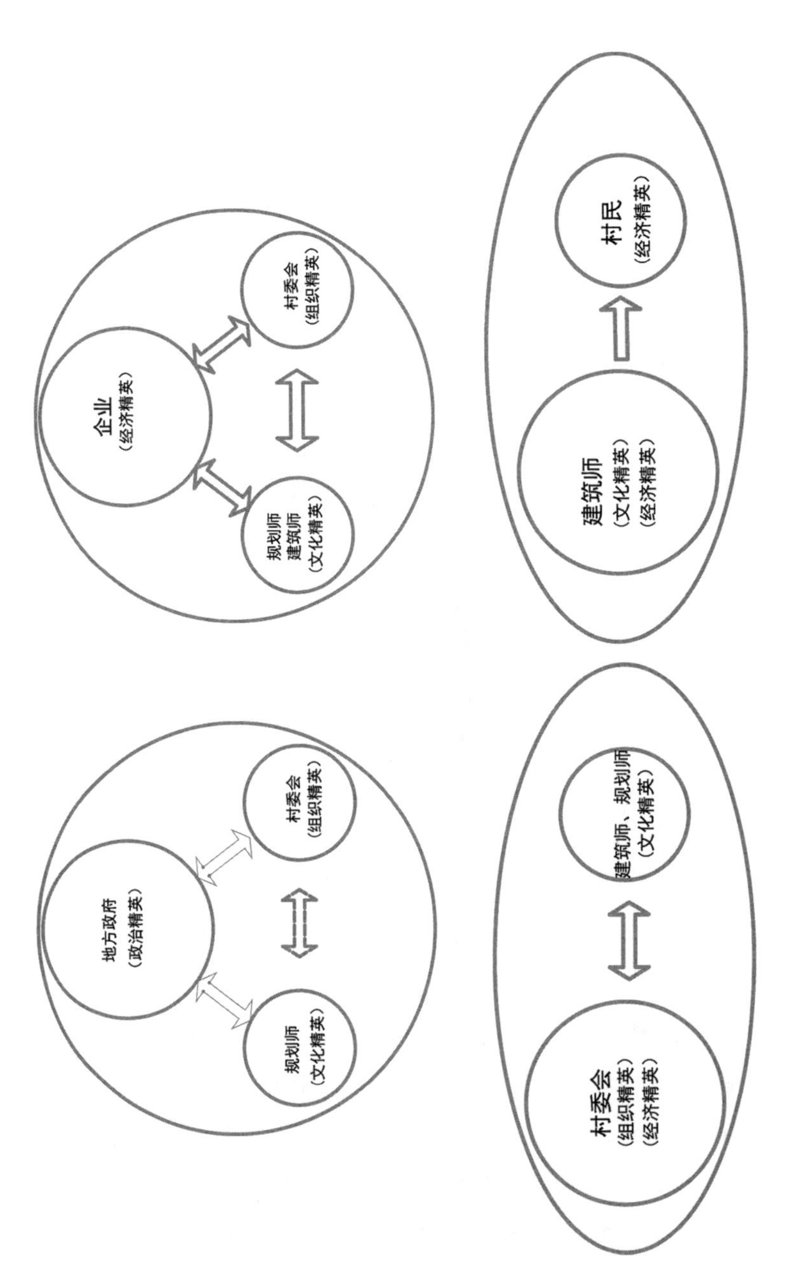

图 8.10　新乡村建设时期营建场域构型

地方还出现了建筑师自己投资，自己设计建造的案例。因此新乡村建设时期也是建筑师主观能动地介入乡村营建的时期，在有建筑师的场域中，建筑师需要直接面对具体的建设主体和使用方，不仅是建筑设计的技术输入者，也是乡村营建的具体参与者，其力量相比规划师面对政府职能部门时更具有主动性。

2. **资本生产与兑换**

由于场域类型出现多元格局，不同的场域构型中，行为主体争夺和兑换的资本类型也各不相同。地方政府在营建场域中通过政治资本与技术资本的交换，获取更多的政治资本；企业通过乡村空间生产，累积更多的经济资本；村委会借助社会资本和符号资本，通过乡村营建实践，兑换更多的社会资本和政治资本；村民个体通过经济资本在场域中赢得更多的经济资本，同时也获取在乡村的社会资本。不同类型的主体凭借掌握的资本类型，在不同的场域关系构型中进行资本的生产和交换，积累和获取更多的资本，本书不再赘述。

对于建筑师和规划师构成的设计主体而言，新乡村建设时期也出现了设计主体类型的多元化，使得设计主体拥有的资本类型也呈现多元化的趋势。拥有较多文化资本的设计主体在这一时期会不断巩固和界定自身在乡村设计领域的边界，增加在营建场域中的力量比重。例如：通过建立乡建设计联盟、举办各类学术会议、试行乡村规划师注册制等一系列的合法化的方式，划定了乡村营建的设计边界，进一步增加设计主体在营建中的行为主动性和话语权。拥有经济资本的设计主体会通过部分资金的注入，改变原有单纯作为技术输出的主体身份，在积累文化资本的同时，借助经济资本进一步增强在营建场域中的影响力。例如：松阳县平田村的以建筑师群体为代表的设计主体在营建场域中，通过符号资本和社会资本的积累、经济资本的注入等方式，努力保持设计的自主性。当下的乡村营建已经成为建筑师关注的焦点。建筑师的主观能动性会将建筑师场域中的法则作用到乡村营建场域中。“场域-资本”的分析框架从社会学的角度解释了当前乡建热潮持续升温和新一轮“设计下乡”形成的内在动因。

8.4 设计介入当代乡村营建的动力机制

“一个场域的动力学原则，就在于它的结构形式，同时还特别源于场域中相互面对的各种特殊力量之间的距离、鸿沟和不对称关系”（布迪厄，2015）。场域作为存在结构和行为之间的一种社会状态，能够在国家权力（元场域）的支配下，将社会结构的制度性通过场域内关系的型构和资本的竞争，作用于参与其中的行动者身上。随着行动者所拥有的资本类型和数量在社会实践过程中发生变化，场域的关系构型和内在逻辑也会发生变化，进而反作用于场域，最终改变原有的社会结构和制度。当代乡村营建中设计介入的行为逻辑及演变历程，同样可用“场域-资本”予以解释。

在当代乡村营建场域中，国家政策的制度并不直接作用到行为个体，而是通过营建场域作用到行动者。人民公社化运动时期，国家权力的元场域直接介入乡村，政府职能的号召促使作为当时政治精英的公社干部和拥有专业技术的设计人员进入了营建场域。这一时期营建场域的核心问题是如何快速建立起区别于传统时期，并能够体现国家意志的乡村空间管控秩序。这一场域中占据绝对主导地位的是政治资本，国家行政体系内的乡村政治精英获得了对乡村社会各种社会资源配置的绝对话语权，从而形成了一元化的政治精英结构。建筑师所拥有的文化资本在乡村营建中，无法与公社的政治精英们所拥有的政治资本竞争，并建筑师也尚无在乡村开展设计工作的经验，因此设计主体只能处在从属位置。在“大跃进”的年代，政治资本的再生产是依靠突破常规科学规律的鼓吹实现的，所以设计只能屈从于当时的政治精英，以并不符合专业自主性的设计迎合了不甚合理的诉求。正是这种缺乏抵抗的非自主行为，进一步加剧了当时营建场域中政治资本的积累，最终导致营建场域走向失衡的病态，这也解释了“大跃进”时期出现大量乌托邦式公社规划的内在原因。

改革开放以后，家庭联产承包责任制很快颠覆了政治精英一元结构的合理性基础。由于生产力的释放，勤劳苦干、拥有一技之长的农民很快解决了温饱问题，随着乡镇企业的蓬勃发展，新一代经济精英阶层开始形成，经济资本的积累在不断弱化原有政治资本在营建场域中的力量。集体化时期建立的乡村集体生活规则因此遭到挑战。经济精英首先开始自行改善居住条件，先行建房的示范效应不断累积和扩大，激发更多村民加入建房行为中，大量自发性建造彻底打破了原有的乡村空间秩序。这时国家意志再次干预乡村营建行为，希望借助设计的技术资本的力量改变无序蔓延的自发性建房现状，重新建立新的乡村空间秩序，并通过政治精英的监管实现乡村空间的秩序化。然而经济资本决定了营建场域中经济精英成为主导，而设计主体借助大量乡村设计竞赛来争夺并维持其在设计场域中的位置，并逐步恢复了设计的专业自主性。然而技术资本在营建场域的角力中却无法转换成经济或政治资本，这也解释了为何这一时期以竞赛和图集为形式的设计介入收效甚微。一元化政治精英结构的瓦解恰好说明了政治资本无法继续制约经济资本，因此政治精英难以实现乡村有效治理。

在乡村长期自组织建设的进程中，国家实现了工业化的原始积累。到新农村建设时期，国家权力强势下探，地方政府不仅拥有政治资本，更将经济资本直接注入乡村中，从而扭转了改革开放初期由农民自发性建造而客观形成的空间秩序。新农村建设作为国家战略，乡村营建的核心逻辑就是要重塑乡村空间及公共资源配置的规则。当政府同时拥有政治和经济资本，在乡村营建场域中占据绝对主导地位时，规划师群体作为政府职能部门的技术服务者，其拥有的文化资本和技术将不断地与政治及经济资本进行转换，并通过建立新的乡村空间秩序主导营建的走向，进而增加其在规划场域中的地位和话语权，这也解释了新农村建设时期会出现大量的由不同群体编制的不同名称、不同内容、不同形式的乡村规划的原因。然而规划介入看似建立了新的体系和乡村空间法则，却未真正解决乡村营建中需直面的现实问题，在专业设计人员的介入下，形式上的技术合理性掩盖了内在价值的不合理。这也正是新农村建设不断开展，专业技术人员不断介入，各地的乡村营建却仍饱受质疑的原因。随着新乡村建设时期营建场域格局的多元化，营建场域内的关系构型及资本力量再次发生改变，这也催生了新一轮多元化的、具有地区差异的乡村空间秩序的建立。营建场域不再单一，不同设计主体类型在不同场域中，凭借其拥有的资本类型及数量，进行空间与技术的生产与再生产。场域关系构型的演变是当前设计下乡热潮的内在动因。营建场域的边界由此变得模糊，营建不再是自上而下的法定程序的体现，建筑师群体开始大量介入乡村营建，并改变着场域的关系构型，以王澍等知名建筑师为代表的符号资本开始在乡村营建中占据重要力量，大批优秀的乡村建筑产生了良好的经济和社会效益，在很大程度上促进了乡村营建场域自主性的形成。通过分析可以发现，在“场域-资本”的框架下，经过不断建立和不断破除，乡村营建呈现出螺旋演进的发展。当前国家权力适度回收，乡村精英开始回归和再生，重构乡贤乡绅的行动已在一些地区开展，农村金融制度和宅基地制度的改革都在不断激发场域的动力，乡村营建也迎来了更加成熟的机遇。

通过对设计介入的动力机制的分析可以发现，场域中的位置关系以及不同类型资本的角力与兑换形成了设计介入乡村营建的原动力。建筑师和规划师群体在乡村营建的历程中，不同时期处在营建场域的不同位置，拥有不同的资本类型。从当代乡村营建的整体发展态势看，设计介入乡村营建的深度和力度在不断加强，而政府职能部门在其中的权力介入呈现出波动的态势(图 8. 11—图 8. 12)。只有当设计主体真正掌控营建场域中占据主导地位的资本类型，或者能将拥有的资本与占据主导地位的资本进行转化时，设计主体在乡村营建中才真正具备话语权，设计介入乡村才能真正产生影响。而从另一个辩证的角度，正是由于设计主体对乡村及营建场域的认知不足，才导致

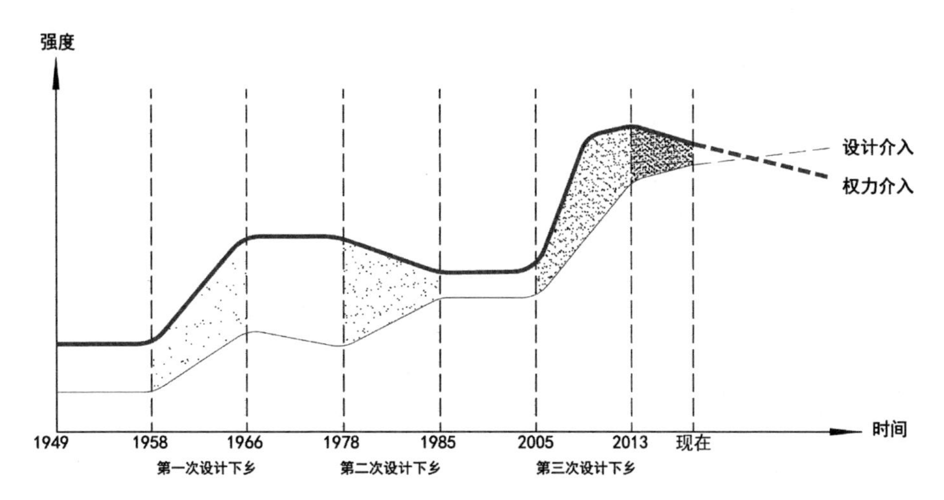

图 8.11 国家权力与设计介入强度演变规律

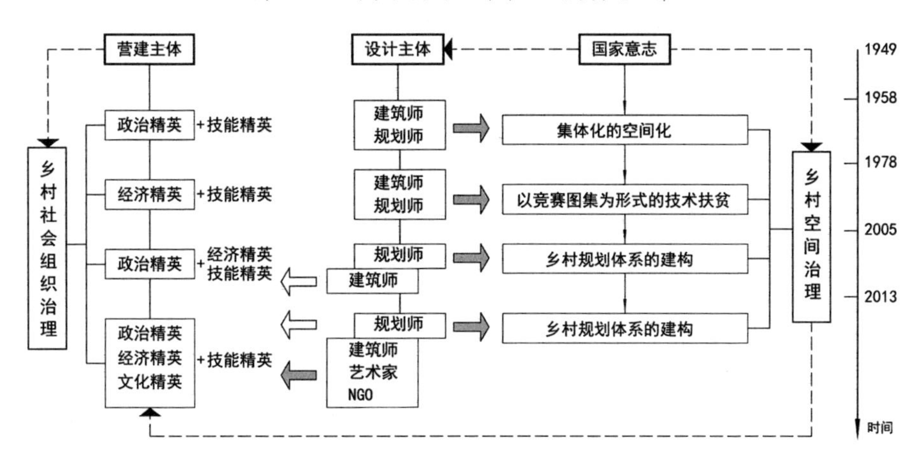

图 8.12 设计主体在营建场域中的位置关系演变

其设计成果并不能很好地转化成相应的资本，并不能在营建行为中拥有话语权。因此本书认为，当代乡村营建中出现的各类有关设计的问题，并不完全是技术层面的问题，如果设计主体能够认清乡村营建的场域逻辑，未来乡村营建将会走向更加科学合理的路径。

当代乡村营建的过程是国家权力不断探索和建立乡村空间秩序的过程，也是营建实践不断打破和调整原有乡村空间秩序的过程，这一过程呈现出螺旋演进的特征。场域中的位置关系以及不同类型资本的角力与兑换形成了设计介入乡村营建的原动力。人民公社化运动时期、改革开放初期以及新农村建设时期，建筑师和规划师群体作为设计主体，始终在乡村营建场域中处于从属或被支配的位置，设计主体被动介入乡村营建。新乡村建设时期，乡村空间秩序的多元化新格局正在建立，乡村营建进入了新的历史阶段。设计主体在营建场域中的位置发生改变，开始逐步摆脱与职能权力的单一从属关系，并通过在场域中拥有的资本类型及数量的改变，由被动介入转向主动介入，试图通过建立新的乡村空间秩序，进而逐渐形成乡村设计场域。

第9章 结论与展望

9.1 结论

封建时期的城乡关系具有一致性和一元性特征。乡村社会依靠地缘和血缘关系，形成乡里制度和宗法制度并行的治理体系，乡村精英是乡村组织治理的核心，把国家权力和乡村社会结合起来。乡村营建并非简单的技术建造，而是从属于乡村治理范畴下的社会生活的组成部分，因此对封建时期物质营建的分析必须置于社会治理的整体视阈下。近代国家权力受外部力量干预，乡土社会结构和自然演进的规律遭到破坏，乡村发展处于停滞。城市走向现代化，而乡村则在近代进程中走向凋敝。

乡村社会始终遵循“国家-乡村精英-乡民”的三元治理结构。以时间为序，可以把当代乡村组织治理分为集体化、家庭联产承包制、社会主义市场经济体制、社会主义新农村建设以及新型城镇化建设5个时期。每个阶段中，国家及基层政权介入乡村社会的方式和力度不同且呈现出波动式变化，并影响乡村治理的结构和模式。当代乡村治理经历了“乡政村治—乡政乡治—后乡政村治—合作共治”的演变历程。乡村精英作为国家维护乡村稳定的“代理人”行使着国家赋予的权力，对乡村社会进行实质性治理，并在社会变迁中不断完成自身的循环与再生。传统乡土社会精英代表乡村的利益，是乡村社会发展的内生力量，乡村则是乡村精英存在的社会基础。当代乡村精英经历了由传统时期精英的解体到政治精英的一元，再到经济精英的崛起、缺位以及回归与复兴的曲折历程，精英结构也从单一走向多元。乡村精英在“国家-乡村精英-村民”三元结构中的地位和作用不断发生变化，并同时作用于乡村治理结构，对乡村社会产生了深远影响（表 9. 1）。

表 9.1 当代乡村组织治理结构的变迁

阶段	治理模式	国家	乡村精英	村民	构型图
1949—1978 年	政社合一	国家权力下沉	政治精英一元结构 传统精英解体	政治集体化 经济集体化 生活集体化	村民 乡村精英 国家
1978—1992 年	乡政村治	国家权力回退	经济精英崛起 政治精英式微	家庭化 原子化	乡村精英 国家 村民
1992—2005 年	乡政乡治	内卷化 压力型 政府	精英流出 精英缺位	经济退化 与基层政权 矛盾凸显	乡村精英 国家 村民

（续表）

阶段	治理模式	国家	乡村精英	村民	构型图
2005—2013	后乡政村治	税费改革 工业反哺	精英多元 精英俘获	边缘化 阶层化	乡村精英 国家 村民
2013—	合作共治	制度改革 统筹城乡	乡村精英 复兴	身份多元化 价值认同	乡村精英 国家 村民

人类社会劳动的两次大分工形成了乡村聚落与城市聚落，在我国当代的城乡关系中，乡村一直是与城市相对立的概念，乡村营建也呈现出不同于城市营建的特征和演化规律。对于乡村营建，中华人民共和国成立至今经历了 4 个重要的时间节点：1949 年后的集体化运动、1978 年的家庭联产承包制改革、2005 年的社会主义新农村建设和 2013 年新型城镇化。由此把乡村营建的历史发展分为：集体化时期（1949—1978 年）；家庭联产承包制时期（1978—2005 年）；新农村建设时期（2005—2013 年）以及当下所处的新型城镇化背景下的新乡村时期（2013 年至今）。以时间维度为线索，以乡村营建为对象，梳理不同时期乡村营建的社会动因、营建历程、营建内容、营建特征以及其结果对乡村客体和营建主体的影响，从而整理出当代乡村营建的演化脉络（表 9. 2）。

表 9.2 当代乡村营建的演化阶段及其特征

阶段	乡村营建主导方	营建内容	制度与体系	影响
1949—1978 年	公社干部	公社新村 大队新村	探索期	实施数量少，意识形态影响大
1978—2005 年	农户 村集体	农民自住房 公共服务设施	雏形期	乡村空间的无序外延与扩张， 整体风貌发生改变
2005—2013 年	地方政府 基层政府	集中居民点、村庄整治、市政公共服务设施、危房改造	建构期	大量自然村落消亡，集中居民点呈现城市性，地区发展不均衡
2013 年—	地方政府 基层政府 企业 个人	村庄整治、市政公共服务设施、危房改造、经营性建设	完善期	大规模多元化的乡村营建实践，乡村价值再认识和再评估

（1）集体化时期的乡村营建受当时政治环境的影响，呈现出管控性特征。这一时期的乡村营建由公社政治精英主导，以公社和大队新村建设为主要内容，体现了政社合一的乡村治理特征。受当时生产力和物质条件的限制，集体时期的乡村营建实现的比例并不大，对乡村物理环境未产生实质性影响，而更多影响的是在意识形态层面。

（2）家庭联产承包责任制时期，经济体制和生产关系的变革使乡村经济精英和村民个体主导乡村营建，营建内容包括村民自住房及公共服务设施。由于政府权力的回退以及建设管理体系尚未健全，这一时期的营建表现出明显的自发性和无序性，并且对乡村的物理环境和乡村风貌造成了破坏。

（3）新农村建设时期，以地方政府和基层政府为代表的政治精英重新主导了乡村营建，也在一定程度上体现了乡政村治的治理特点。营建的内容包括集中居民点建设、村庄整治以及危房改造计划等。作为自上而下规划先导式的政府行为也导致了这一时期大量自然村落的消亡，乡村风貌以及乡村肌理城市化现象开始显现。

（4）新乡村建设时期，多元主体形成的精英群体介入乡村营建，与多元主体治理下重新建构的乡村新格局相契合。经营性营建在乡村地区盛行，乡村价值被重新评估和认知，大规模的乡村营建实践正在开展，单点嵌入模式产生了广泛而深远的影响，乡村营建进入新的多元化历史新阶段。

营建脉络的梳理还说明，当代乡村营建和新中国成立后乡村社会的组织治理模式以及乡村精英的发展演化存在内在联系。当政府权力适当回退时，乡村营建呈现出明显的“自发性”和行为主义特征，乡村精英将对营建行为及营建的结果产生较大影响，也引发了乡村空间环境的无序。地方政府权力越是下沉，乡村精英越偏离村民阶层，乡村营建越呈现出自上而下的结构主义特征，乡村空间环境的城市化特征越明显。从新中国成立至今的整体时间区段看，乡村营建的制度化和法治化体系正在不断探索中建立和完善。

“设计下乡”作为一种乡村社会的实践行为，借助权力及资本的力量，组织城市中受过专门职业教育的专业设计人员进行乡村营建的规划及建筑设计的行为，也是近年来随着乡村价值的再认识和乡村建设的升温而在规划与建筑界频繁出现的热词。然而回顾历史可以发现，“设计下乡”并不是近几年才出现的群体行为，而是一直贯穿于当代中国的乡村发展历程。中华人民共和国成立后，乡村营建进程中已经历过四次专业设计人员大规模介入乡建的经历，本书将其归纳为当代乡村营建中的四次“设计下乡”。可见“设计下乡”行为一直间续地持续作用于当代乡村营建，对乡村物质空间与社会空间均产生不同程度影响，而且在不同发展阶段具有不同的内涵（图 9.1）。

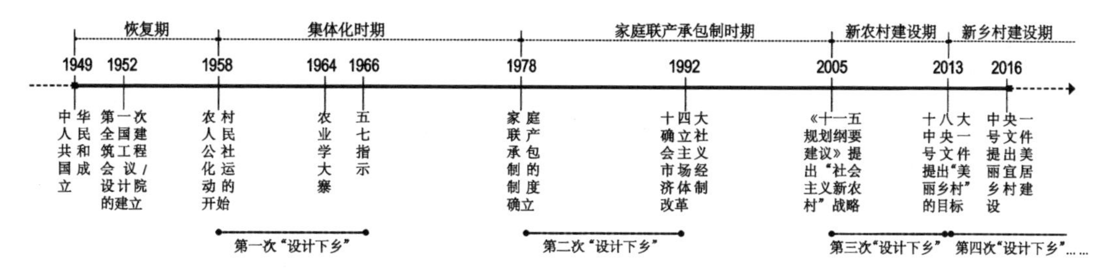

图 9.1　当代乡村发展进程中的四次“设计下乡”

首次“设计下乡”始于1958年“大跃进”，在这一过程中建筑学的学科自主性走向弱化，未能在实践中形成完备的专业知识体系与方法来有效指导乡村设计。第二次“设计下乡”仍是国家权力组织的自上而下的技术扶贫，此次设计介入由浮夸转向务实，由工具属性转向学科自主，表现出“技术扶助”的特征。然而从实效性考察，“设计下乡”同样未能对乡村营建起到预期的实践指导作用。第三次“设计下乡”是在社会主义新农村建设的背景下由政府发起的自上而下的规划先导的介入行为。由于财政资金的注入，此次设计介入乡建涉及面的广度和深度较前两次更大，转化为现实成果的比例更高，影响更深远。但专业设计人员在乡村的工作方法和对乡村认知的缺乏遭到了广泛质疑。

2013年以来，乡村设计进入新的多元化阶段，乡村营建成为炙手可热，甚至是时尚的行为，这在历史上是首次出现。营建模式和主体日益多元化，国家权力有意识回收，市场和资本的力量对于设计的影响日益加强。设计与资本和市场的结合日益紧密，对社会性问题的关注也开始增加，从而丰富了乡村设计内涵，将传统的物质空间环境设计推向更为宽广的社会领域（表9.3）。

表9.3　当代乡村营建中的设计内容及其对主客体影响

阶段	组织模式	设计主体	设计内容	主客体影响
第一次设计下乡1958—1966年	自上而下，“设计大跃进”	国有设计院所、高校师生	新村规划、住宅设计、公共服务设施	未对乡村物理环境产生重大影响、设计自主性受政治运动影响明显、城市英雄主义理想影响至今
第二次设计下乡1978—1992年	自上而下，组织竞赛、编制图集，开办培训	国有设计院所、高校师生	村镇规划、住宅设计、公共服务设施、生产性建筑	专业自主性增强，但设计介入的实际效果不佳，未能有效指导乡村营建

（续表）

阶段	组织模式	设计主体	设计内容	主客体影响
第三次设计下乡 2005—2013 年	自上而下，任务分配，对口技术帮扶	规划设计院所、建筑设计院所	村镇体系规划、村庄规划、村庄整治规划、集中居民点规划、公共服务设施、农村危房改造	设计成果转化为现实的比例明显增加，大量拆并造成了自然村落的消亡以及村落空间肌理的突变；城市模板简单复制；规划师与建筑师的立场及态度差异化
第四次设计下乡 2013 年—	自上而下与自下而上相结合，多元化	高校教师、个人事务所、艺术家、NGO、规划设计院所、建筑设计院所	村镇体系规划、村庄规划、村庄整治规划、集中居民点规划、公共服务设施、农村危房改造、乡村旅游规划、乡村文旅设施、经营性农宅	设计类型、主体、模式均多元化；设计介入影响广泛深远，关注度极高；设计主体开始反思和探索设计介入乡村营建的科学方法

本书从乡村营建的社会性和技术性两方面，建立“治理-营建-设计”层级分析结构，借助精英和场域理论，梳理当代乡村营建的演化脉络及设计介入机制，得出如下结论。

1. 从“物质建造”到“社会营造”

乡村营建不仅是原发性的物质建造活动，更是系统性的社会实践行为，不同阶段乡村营建的实践也是这一时期乡村社会组织治理结构逻辑的映射。

通过对 1949 年以前乡村社会变迁与乡村营建的关联性研究发现，乡村营建并不是简单的物质空间营造，而是乡村社会生活不可分割的组成部分，与乡村社会治理密切关联，不同的组织模式对应不同的营建特征。乡村营建主体（包括设计主体）的演化与乡村社会治理的变迁存在关联，而不同阶段的组织模式对应了不同特征的营建行为。封建时期乡村营建遵从乡村社会治理的内在逻辑与法则，以“国家-乡村精英-村民”三元结构为基础，以乡村精英为主体，实现乡村的社会空间生产。封建时期营建主体来自乡村内部，朴素的设计行为属于内生型，而非介入型。近代中国乡土社会结构和组织治理秩序遭到破坏，乡村营建也随之停滞。民国时期的“乡村建设运动”本质是乡村社会改良，未能从根本上改变乡村组织治理模式，也并非乡村营建实践。这一时期还产生了现代意义的建筑设计行业和职业建筑师，但设计实践集中在城市而与乡村营建的关联度不高。

2. 从“乡政村治”到“合作共治”

当代乡村营建的演化是国家权力不断触探和建立乡村空间秩序的过程，也是营建实践不断打破和修正原有乡村空间秩序的过程。在“立”与“破”的循环演进中，乡村精英始终作为营建的核心力量，不断完成自身的分异、循环和再生。

当代乡村营建的各阶段实践均表现出结构主义和行为主义并存的双重属性，而国家权力介入的力度与乡村精英角色的转换共同决定并影响了营建的模式及演变规律。当代乡村营建历程受国家权力和精英变迁的影响，呈现出螺旋演进的特征。乡村发展历程中，国家权力的介入力度呈现波动式变化，乡村治理模式由“村社合一”走向“合作共治”，乡村精英由政治一元转向多元化，政策和制度诱导下的治理模式演化与乡村精英变迁均对当代乡村营建的演变产生深刻影响。1949 年后，乡村营建经历了由政治精英主导的“自上而下”的管控型阶段、经济精英主导的“自下而上”的自发型阶段、政治精英和经济精英共同主导的“自上而下”的反哺型阶段，以及多元主体共同主导的“自上而下与自下而上相结合”的多元型阶段，呈现出螺旋演进的规律。

3. 从“工具属性”到“专业自主”

设计介入乡村营建的本质是通过乡村空间治理实现乡村社会治理，因此当代乡村的营建历程始终伴随设计的干预，且已发生四次大规模“设计下乡”。不同时期设计介入乡村营建的立场与模式受意识形态、制度、资本的影响，表现出差异化，但设计的专业自主性以及其对乡村客体产生的实质性影响程度在营建历程中不断增强。

当代乡村营建在“立”与“破”的循环演进中始终有设计的介入，且呈现出阶段性特征，与乡村营建高潮期存在耦合。当代乡村营建共经历四次大规模的“设计下乡”。第一次“设计下乡”是国家支配专业技术人员介入乡村营建的“设计大跃进”，也是权力意志实现空间生产的工具。第二次“设计下乡”延续了自上而下的设计模式，但其扶助性本质及其行为的滞后使其并未对营建起到实质性的指导和控制，也并未建立起有效的乡村空间法则。第三次“设计下乡”在试图建立和完善乡村规划体系的同时，也造成大量自然村落的快速消亡以及乡村城市化景象的出现。第四次“设计下乡”发生在 2013 年后的新乡村建设时期，国家权力有意识回收，营建模式和主体的多元化，设计与资本、市场的结合日益紧密，对乡村社会问题的关注度增加，设计介入乡村营建的力量不断增强，乡村设计的边界得到延伸和拓展。

4. 从“关系社会”到“场域世界”

中国乡村社会的本质既是东方传统农耕文明中的关系社会，又是西方现代社会学中的场域世界。乡村营建场域的关系构型与资本类型及数量是场域运作的原动力，关系构型的变化以及各类资本的角力与兑换形成了设计介入乡村营建的动力机制。

乡村营建的内在逻辑以及设计介入乡村营建的实践行为都可用场域理论解释，乡村营建场域中，关系构型与资本类型及数量是决定因素，资本是场域运作的原动力，关系构型的变化以及各类资本的角力与兑换形成了设计介入的动力机制。不同的营建场域构型和资本类型决定了设计主体不同的介入立场和态度。在前三次“设计下乡”中，设计主体均处于从属地位，被动介入营建，表现为国家意志的工具属性。新乡村时期乡村空间秩序多元化的格局正在形成，设计主体在营建场域中开始逐步摆脱与职能权力的单一从属关系，由被动逐渐转为主动介入，而通过在场域中拥有的资本类型及数量的改变，试图建立新的乡村空间法则，逐步形成乡村设计场域。

9.2 乡村的未来

1. 从“留住乡愁”到“乡村振兴”

党的十八大后，中央提出要“留住乡愁”，党的十九大则将“乡村振兴”作为国家战略提出，这期间本文也正好经历了从选题到收笔的过程。随着国家宏观政策的转向，对于乡村营建的研究也将从脉络梳理和机制研究延展到更加广阔的领域。当代乡村营建演化脉络的研究为新时代乡村的建设和发展提供了清晰的历史之镜，而基于场域理论的设计介入机制的研究，将为专业设计人员如何应对新时代的乡村营建，践行乡村振兴战略，提供了一种跨越技术局限的审视角度和思维逻辑。而“乡村营建学”的提出以及后续的深入研究，将为设计师更加智慧和友好地介入乡村营建提供切实可行的操作路径。

2. 从“田园乡村”到“特色小镇”

中华人民共和国成立初期，土地改革的成功解放了农村生产力，乡村手工业随之获得恢复和发展，进而带动集镇的恢复和繁荣。30 年后的家庭联产承包制再次释放出巨大的生产力，乡村经济在短期内快速发展，随后迎来了 80 年代中期小城镇建设的热潮。历史总是在一定的演化规律中轮回和前行，30 年后，中央再次提出大力发展特色小镇，历史重演的规律佐证了近几年中国乡村确实经历了良好的发展。可以预见中国即将在乡村建设发展和产业升级的双重驱动下，迎来小城镇发展的新机遇。在新型城镇化背景下，特色小镇将成为乡村的升级版，也是未来中国城镇化发展建设的重要方向。未来的村镇设计任重道远，本书通过对当代乡村营建的脉络梳理及设计介入机制的研究，提出建构“乡村营建学”的开放性研究框架，可以兼容更多的乡村改良计划融入其中，而做好广义的乡村设计，也将为未来的小城镇建设奠定良好的基础。

3. 从“耕读文明”到“人工智能”

乡村的发展本源来自传统的农耕文化，然而随着现代社会的发展和科技的日益进步，当耕读文明遇见人工智能，乡村究竟应该何去何从？雷姆·库哈斯（Rem Koolhaas）在研究城市的过程中发现，过去一百年间越来越多的人移入城市居住，而乡村面临衰退。未来的城市将是智能的人居环境，但城市仅占全球面积的 2%，还有 98%的面积一直被忽视。库哈斯发现，乡村与城市一样正在发生着巨大的转变，其变化速度甚至更快。乡村的变化是由于资源全球化的剧烈转变，这成为乡村现代化的驱动力。库哈斯研究了世界各地许多地区的乡村情况，其中也包括苏联时期斯大林主导的“21 世纪乡村改造计划”以及中国的人民公社。独立的案例纷繁迥异，但将其整合起来便可勾画出整个世界的变化及乡村未来的面貌。今天美国硅谷的乡村模式充满了新科技与智能化设备，但几乎没有人类活动的身影，库哈斯称其为“后人类建筑”，这些建筑甚至比城市建筑更城市化。那些少数人住进了更亲近自然，回归人文的环境中去，这里出现了乡村极度城市化的现象。

库哈斯的研究引发了另一个深邃的命题：科技进化下未来的乡村究竟会呈现怎样的幻象？未来的乡村究竟属于人类还是回归自然？如果从更加久远和科幻的想象出发，今天探讨的乡村营建，或许只是历史长河中一个转瞬即逝的片段。智能时代的乡村究竟应该如何设计，也只能留给未来更智慧的人们去思考和解答。

后 记

写到这部分终于到了最轻松的环节，从当初选题确定到最后收笔经历了数年间的多个起伏阶段。起初在博士论文答辩顺利完成后，一直决心要好好完善，但由于各种原因始终在思考和纠结中难以前行。常说建筑学就是一门杂学，因此本书一直在尝试跨越设计建造的技术范畴，将乡村营建这一社会实践形态置于乡村组织治理的整体视阈下，提出并建立起“治理-营建-设计”的三级圈层分析框架。从治理演变的社会视角和设计介入的技术视角，梳理当代乡村营建的演化脉络，寻求乡村营建演化的内在规律。圈层框架的建立及双重视角的选择为乡村营建的研究提供了新思路。其次将布迪厄的场域理论引入对乡村营建事件及主体的研究中，以“场域-资本”为解释框架，用关系主义范式揭示营建场域的内在逻辑与设计主体介入乡村营建的动力机制，为设计主体重新认知和评估乡村设计工作的价值和意义提供了新的方法和路径。场域理论的引入也是希望丰富城乡规划及建筑学在社会学领域的理论研究成果。

整个分析以历史文献资料为基础，研究当代乡村营建的演化脉络，然而由于历史原因，“文革”时期以公社大寨新村为营建原型的资料不足，对于农业学大寨时期新村建设的设计究竟是如何组织的，本书并没有收集到足够确凿的资料，但从现存的总平面规划图、居民点建筑设计图等分析，新村设计均由具备一定技术能力的专业设计人员完成。本来一直期望能完成一部分的口述史整理，但经历过这一特殊年代的设计主体大多已不在人世，健在者有的并未参与当年的乡村营建，有的则不愿回忆这段历史，因此最终仍未完成预期计划。由于固态历史和活态历史双重来源的欠缺，在研究这一时期的营建实例时，难以对设计图纸及设计实现后的状况进行对比分析，希望后续研究中能有机会进一步完善。

其次，大部分新乡村时期的营建案例剖析均是在近年完成，设计的介入对乡村物质空间会产生极大的影响已成为不争的事实，但设计介入对乡村社会空间究竟会产生怎样的影响？乡村社会的组织治理乃至乡村社会的复兴究竟和专业设计的介入存在怎样的关联，目前还需要时间的沉淀才能得出相对客观的评判。

通过场域逻辑解释乡村设计实践可以发现，乡村设计场域已经超越当下建筑学科本体的技术范畴，乡村设计并非简单的技术行为。作为高校教师，期待能有机会改进专业教育体系，拓展学科边界，基于多元协同的“乡村营建学”的建构将是西方建筑学在中国本土化的一次蜕变与升华。从目前建筑学的学科范畴看，建筑学教育对设计实践行为的社会属性认知不足，对建筑师创造力的培养远大于协同力，然而设计主体需要具备沟通技能以及强烈的社会责任感，乡村设计的社会属性与技术属性同等重要。因此，对建筑师的教育应该跨越狭义的技术范畴，并拓展至社会学的场域范畴，从场域的角度思考营建行为中建筑师的角色和定位，进而制定相应的工作策略：建立物态认知和社会认知差异化的城乡认知方法，为设计主体充分认知乡村空间属性和社会属性提供路径；建立多元主体的协同模式；在城乡规划与建筑学学科之间建立适用于乡村营建的中观层面的设计协同平台等。而建构多学科交融的“乡村营建学”框架将是丰富和拓展学科边界的起始。

图表目录

居民点 [J]. 建筑学报，1959（1）：7-8.

图 4.7　公社新村规划意象宣传画，图片来源：chineseposters. net.

图 4.8　华西大队规划前现状图，图 4.9　华西大队新村总平面图，图 4.10　村西荷塘旁新建住宅，图 4.11　社员住宅内景，图 4.12　社员住宅平面图，图片来源：江苏省江阴县革命委员会调查组. 华西大队新村的规划建设 [J]. 建筑学报，1975（3）：13-17.

图 4.13　《人民公社好》(1958 年芮光庭作)，图片来源：chineseposters. net.

图 4.14　山西昔阳县大寨新村，图片来源：国家建委建筑科学研究院，建筑情报研究所. 建筑实录：大寨新村 [R]. 北京：1975：2.

图 4.15　山西昔阳县学大寨的新村建设

图 4.16　乌拉街公社阿拉底大队学校，图片来源：国家基本建设委员会农村房屋建设调查组. 农村房屋建设 [R]. 北京：1975：98.

图 4.17　五星公社前进大队新村总平面图，图片来源：袁镜身. 当代中国的乡村建设 [M]. 北京：中国社会科学出版社，1987：115.

图 4.18　前进大队新村住宅庭院，图片来源：国家基本建设委员会农村房屋建设调查组. 农村房屋建设 [R]. 北京：1975：28.

图 4.19　浦庄人民公社中心区规划，图片来源：南京工学院建筑系建筑史教研组. 东山与浦庄人民公社自然村调查与居民点规划 [J]. 建筑学报，1958（11）：29.

图 4.20　青浦县红旗人民公社总体规划方案一（10 个工区）和方案二（12 个工区），图片来源：李德华，董鉴泓，臧庆生，等. 青浦县及红旗人民公社规划 [J]. 建筑学报，1958（10）：3-4.

图 4.21　贤德大队住宅设计图，图 4.22　陕西省礼泉县烽火公社烽火大队新村规划鸟瞰图，图片来源：国家基本建设委员会农村房屋建设调查组. 农村房屋建设 [R]. 北京：1975：42.

图 4.23　山区并屯定点规划方法，图片来源：王硕克，程敬琪. 居民点分布规划的研究 [J]，建筑学报，1959（1）：14.

图 4.24　卫星人民公社社中心居民点规划，图 4.25　卫星人民公社社中心居民点

[J]. 建筑学报，1958（10）：34-35.

图 4.43　成都西村大院（刘家琨设计，2015 年建成），图片来源：朱涛. 新集体：论刘家琨的成都西村大院［J］. 时代建筑，2016（2）：86.

图 4.44　成都市龙潭人民公社礼堂及俱乐部的正立面和平面图，图片来源：徐尚志，吴德富，张汉星，等. 成都市龙潭人民公社总体规划及居民点设计介绍［J］. 建筑学报，1958（11）：20.

图 4.45　广东博罗县公庄人民公社托儿所的正立面和平面图，图片来源：全军，崔伟，易启恩. 广东博罗县公庄人民公社规划介绍［J］. 建筑学报，1958（12）：6.

图 4.46　青浦县红旗人民公社食堂平立面图，图片来源：李德华，董鉴泓，臧庆生，等. 青浦县及红旗人民公社规划［J］. 建筑学报，1958（10）：4.

图 4.47　广东南海县大沥公社李潘公共食堂改扩建，图片来源：袁镜身. 当代中国的乡村建设［M］. 北京：中国社会科学出版社，1987：97.

图 4.48　广东省博罗县公庄人民公社粮仓牛栏猪圈设计图，根据图片资料整理：全军，崔伟，易启恩. 广东博罗县公庄人民公社规划介绍［J］. 建筑学报，1958（12）：7-9.

图 4.49　西城乡友谊农业社猪舍平立剖面（1958 年），图片来源：龙芳崇，唐璞. 成都西城乡友谊农业社新建居住点的介绍［J］. 建筑学报，1958（8）：50.

图 4.50　临安太阳公社猪舍平立剖（2015 年），图片来源：陈浩如. 太阳公社竹构系列［J］. 世界建筑，2015（3）：91.

表 4.1　卫星人民公社政治经济文化中心建筑面积定额表，图表来源：华南工学院建筑系人民公社规划建设调查研究工作队. 河南省遂平县卫星人民公社第一基层规划设计［J］. 建筑学报，1958（11）：11.

表 4.2　龙潭人民公社规划定额标准，根据相关资料数据绘制：徐尚志，吴德富，张汉星等. 成都市龙潭人民公社总体规划及居民点设计介绍［J］. 建筑学报，1958（11）：19-21.

表 4.3　皂甲屯居民点规划主要经济指标，图片来源：沛旋，刘据茂，沈蘭茜. 人民公社的规划问题［J］. 建筑学报，1958（9）：12.

第 5 章

图片来源：袁镜身. 当代中国的乡村建设［M］. 北京：中国社会科学出版社，1987：174.

图 5.18　80 年代出版的农村住宅方案图集，图片来源：叶露，黄一如. 设计再下乡——改革开放初期乡建考察（1978—1994）［J］. 建筑学报，2016（11）：12.

图 5.19　1981 年全国农村住宅竞赛一等奖天津三号方案，图 5.20　一等奖方案（四川 1 号），图 5.21　二等奖新疆 2 号方案平立剖面，图片来源：全国农村住宅设计方案竞赛作品选登［J］. 建筑学报，1981（10）：3-4，18，13.

图 5.22　云南 1 号方案一层平面和透视图，图片来源：袁镜身. 当代中国的乡村建设［M］. 北京：中国社会科学出版社，1987：166.

图 5.23　北京市农宅竞赛一等奖（104 号：唐永亮、齐京华设计）成套体系化的农宅工业化方案，图片来源：张开济，陈登鳌，陆仓贤，等. 写在北京市农村住宅设计竞赛评选之后［J］. 建筑学报，1981（5）：20.

图 5.24　改革开放时期与集体化时期的住宅设计比较

图 5.25　改革开放时期住宅空间分析

图 5.26　1983 年全国村镇规划竞赛优良奖方案-天津官庄镇现状图与规划图，图片来源：全国村镇规划竞赛部分优秀方案简介［J］. 1984（6）：8-9.

图 5.27　84 号集镇剧场设计方案，图片来源：袁镜身. 当代中国的乡村建设［M］. 北京：中国社会科学出版社，1987：171.

图 5.28　全国集镇文化中心竞赛-安徽 1 号（1984 年），图 5.29　全国集镇文化中心竞赛-天津 2 号（1984 年）

表 5.1　乡村人口和户数增长情况，根据国家统计局数据整理绘制。

表 5.2　部分地区关于宅基地用地标准的规定，图表来源：袁镜身. 当代中国的乡村建设［M］. 北京：中国社会科学出版社，1987：281.

表 5.3　村镇住宅建设情况（1984—1994 年），表 5.4 全国村镇建设管理机构及人员配备情况（1984 年），根据资料整理绘制：袁镜身. 当代中国的乡村建设［M］. 北京：中国社会科学出版社，1987：279-280.

表 5.5　改革开放初期全国及省市乡村建筑设计竞赛

第 6 章

国村镇建设统计年报》数据资料绘制。

图 6. 12　江苏省镇村布局规划技术路线（分类实施整治），图片来源：周岚. 乡村规划建设的国际经验和江苏实践的专业思考//中国城市科学研究会，住房和城乡建设部村镇建设司，中国·城镇规划设计研究院. 中国小城镇和村庄建设发展报告 2014—2015 [M]. 北京：中国城市出版社，2016：177.

图 6. 13　高邮市镇村布局规划图，图 6. 14　高邮市卸甲镇村庄布局规划图，图片来源：闾海，许珊珊，张飞. 新型城镇化背景下江苏省镇村布局规划的实践探索与思考—以高邮市为例 [J]. 小城镇建设，2015（2）：38.

图 6. 15　城乡规划范畴与行政范畴的村庄体系等级结构，图片来源：葛丹东. 空间至机制：基于乡村视角的村庄规划建设研究 [D]. 杭州：浙江大学，2008：127.

图 6. 16　常州溧阳市天目湖镇桂林村村庄现状图；图 6. 17　常州溧阳市天目湖镇桂林村村庄规划图（一般规划发展村庄），图片来源：周岚. 乡村规划建设的国际经验和江苏实践的专业思考 [M] //中国城市科学研究会，住房和城乡建设部村镇建设司，中国·城镇规划设计研究院. 中国小城镇和村庄建设发展报告 2014—2015. 北京：中国城市出版社，2016：178.

图 6. 18　朱村整治规划管理责任书样表，图片来源：翁一峰，鲁晓军. “村民环境自治”导向的村庄整治规划实践—以无锡市阳山镇朱村为例 [J]. 城市规划，2012，36（10）：67.

图 6. 19　北京金海湖镇将军关村新村居民点规划图，图 6. 20　北京大华山镇挂甲峪新居民点规划设计图，图片来源：董艳芳，陈敏，单彦名. 新农村规划设计实例 [M]. 北京：中国社会出版社，2006：2，10-11.

图 6. 21　莫干山裸心谷总平面，图 6. 22　裸心谷场地剖面，图片来源：陈佳希. 裸心·谷 [J]. 建筑学报，2013（5）：53-54.

图 6. 23　树顶别墅，图片来源：裸心·谷网站：http：//www. nakedretreats. cn/naked-stables/zh-CN/

图 6. 24　树顶别墅平面和剖面，图片来源：李琳. 回归迷失的自然—浙江莫干山裸心·谷度假村 [J]. 动感：生态城市与绿色建筑，2014（2）：95.

第7章

图7.1 临安双庙村太阳公社猪舍，图7.2 临安双庙村太阳公社鸡舍，图片来源：陈浩如，吕恒中，Mike Lin. 临安太阳公社竹构系列 [J]. 城市·环境·设计，2015，93（Z2）：214，218.

图7.3 村口双螺旋桥（葛千涛设计），图7.4 龙泉宝溪村接待中心（武重义设计），图片来源：策展人葛千涛的竹话人生 [EB/OL]. [2016-07-20]. http：//www.citiais. com/jlmjld/16335. jhtml.

图7.5 拾房村保留及改造建筑，图片来源：钱强. 浪漫田园—无锡阳山田园生活示范区设计 [J]. 建筑学报，2015（1）：73.

图7.6 东梓关村安置农居设计构思与院落空间分析，图片来源：孟凡浩. 活力乡村 写意江南—杭州富阳东梓关回迁安置农居 [J]. 室内设计与装修，2016（11）：75，76，78.

图7.7 春晓村库宅，图7.8 春晓砖宅客厅空间，图片来源：王灏. 库宅—四个“小屋”[J]. 城市·环境·设计，2014（5）：87-88.

图7.9 柯宅室内空间与光，图7.10 柯宅建成实景，图片来源：王灏. 自由结构：柯宅 [J]. 时代建筑，2014（5）：76，83.

图7.11 莫干山西岑坞村开业的“山水谈”改造前与改造后，图片来源：云上美宿. 民宿故事：不谈情怀，只谈山水 [EB/OL]. [2016-07-15]. https：//sanwen8. cn/p/26f6vqF. html.

图7.12 阳朔县白沙镇的旧县村老宅改造前与改造后，图片来源：一个瑞士建筑师，是怎么在阳朔乡村修复老房子的 [N]. 桂林日报，2016-08-16（3）.

图7.13 平田农耕馆和手工作坊，图片来源：徐甜甜. 平田农耕馆和手工作坊 [J]. 时代建筑，2016（2）：116-122.

图7.14 改造完后富阳洞桥镇文村肌理（2016年）.

图7.15 改造更新后的文村，根据图片资料整理：富阳洞桥镇文村美丽宜居示范村 [EB/OL]. [2016-06-10]. http：//sanwen. net/a/jdjypbo. html.

图7.16 云夕深澳里书局，图片来源：张雷. 云夕深澳里书局 [J]. 城市·环境·

第 8 章

第 9 章

参考文献

[1] Andrea Oppenheimer Dean，Timothy Hursley. Rural Studio：Samuel Mockbee and an Architecture of Decency [M]. New York：Princeton Architectural Press，2002.

[2] Andrew Freear，Elena Barthel，Andrea Oppenheimer Dean. Rural Studio at Twenty：Designing and Building in Hale County，Alabama [M]. New York：Princeton Architectural Press，2013.

[3] Appleyard Donald. Styles and Methods of Structuring a City [J]. Environment and Behavior，1970 (2)：100-107.

[4] Brunskill. Illustrated Handbook of Vernacular Architecture [M]. 4th. London：Faber and Faber，1971.

[5] David Ellison，David W Miller. Beyond ADR：Working toward Synergistic Strategic Partnership [J]. Journal of Management in Engineering. 1995，11 (6)：44-54.

[6] Demangeon A. La Geographie de I'habitat Rurale，Report of the Comission on Types of Rural Settlement [M]. Newtown，Montgomeryshire：Montgomeryshire Express，Limited，1928.

[7] Demangeon A. Types de Villages en France [J]. Annales de Geographie，1939，48 (271)：1-21.

[8] Forester J. Reflections on the Future Understanding of Planning Practice [J]. International Planning Studies，1999，4 (2)：175-194.

[9] Golledge R G. Learning about Urban Environment [M] //Carlstein T, Parkes D, Thrift N (eds). Making Sense of Time. New York: Halsted, 1978: 76-98.

[10] Hamilton L C, Leslie R H, Cynthia M D, et al. Place Matters: Challenges and Opportunities in Four Rural Americas [J]. Reports on Rural America, 2008, 1 (4): 1-32.

[11] Hillier B, Penn A, Hanson J, et al. Natural Movement: Configuration and Attraction in Urban Pedestrian Movement [J]. Environment and Planning, 1993, 20 (1): 29-66.

[12] Mandal R B. Systems of Rural Settlements in Developing Countries [M]. India: Concept Publishing Company, 1989.

[13] Paul Oliver. Encyclopedia of Vernacular Architecture of the World [M]. Oxford: Cambridge University Press, 1998.

[14] PlanAfric. Rural Planning in Zimbabwe: A Case Study [C]. A Report Prepared by PlanAfric, Bulawayo, Environment and Development, London, 2000.

[15] Robin Jacques, James A Powell. Design: Science: Method [M]. Guildford: Westbury House , 1981.

[16] Vivienne Shue. The Reach of the State: Sketches of the Chinese Body Politic [M]. Palo Alto, CA: Stanford University Press, 1998.

[17] 阿摩斯·拉普卜特. 宅形与文化 [M]. 常青，等，译. 北京：中国建筑工业出版社，2007.

[18] 埃弗里特·M. 罗吉斯，拉伯尔·J. 伯德格. 乡村社会变迁 [M]. 王晓毅，王地宁，译. 杭州：浙江人民出版社，1988.

[19] 安国辉，张二东，安蕴梅. 村庄建设规划设计 [M]. 北京：中国农业出版社，2009.

[20] 伯纳德·鲁道夫斯基. 没有建筑师的建筑：简明非正统建筑导论 [M]. 高军，译. 天津：天津大学出版社，2011.

[21] 布迪厄，汉斯·哈克. 自由交流 [M]. 桂裕芳，译. 北京：三联书店，

1996：178.

[22] 查家德，倪天增，张开济，等. 全国村镇建设学术研讨会发言 [J]. 建筑学报，1983（1）：1-5.

[23] 查家德. 全国村镇建设学术讨论会发言 [J]. 建筑学报，1983（10）：1-5.

[24] 陈光金. 中国农村社区精英与中国农村变迁 [D]. 北京：中国社会科学院，1997.

[25] 陈佳希. 裸心·谷 [J]. 建筑学报，2013（5）：52-57.

[26] 陈家骅. 楼出院到现场去设计 [J]. 建筑设计，1965（1）：7.

[27] 陈劼. 古村落保护政策制度研究 [D]. 厦门：厦门大学，2012.

[28] 陈锡文，赵阳，陈剑波，等. 中国农村制度变迁 60 年 [M]. 北京：人民出版社，2009.

[29] 陈有川，尹宏玲，张军民. 村庄体系重构规划研究 [M]. 北京：中国建筑工业出版社，2010.

[30] 陈志华，李秋香. 乡土建筑遗产保护 [M]. 合肥：黄山书社，2008.

[31] 仇保兴. 生态文明时代的村镇规划与建设. 中国小城镇和村庄建设发展报告 2014—2015 [M]. 北京：中国城市出版社，2016：1.

[32] 崔引安. 当前农业建筑中值得重视的几个问题 [J]. 建筑学报，1983（10）：23-26.

[33] 佚名. 村镇建设统计数据知多少. 小城镇建设 [J]. 1991（5）：32.

[34] 丹尼尔·哈里森·葛学溥. 华南的农村生活：广东凤凰村的家族主义社会学研究 [M]. 周大鸣，译. 北京：知识产权出版社，2012.

[35] 单德启. 从传统民居到地区建筑 [M]. 北京：中国建材工业出版社，2004.

[36] 单德启. 中国民居 [M]. 北京：五洲传播出版社，2004.

[37] 邓习议. 广松涉对胡塞尔现象学的批判及其克服 [J]. 世界哲学，2007（1）：97-99.

[38] 窦瑞琪. 三个阶段，三种策略——乡村自建房与协力造屋的案例比较与经验借鉴 [J]. 西部人居环境学刊，2016（4）：49-57.

[39] 杜赞奇. 文化、权力与国家——1900—1942 年的华北农村 [M]. 南京：江苏人民出版社，2003.
[40] 段进，季松，王海宁. 城镇空间解析：太湖流域古镇空间结构与形态 [M]. 北京：中国建筑工业出版社，2002.
[41] 段进，揭明浩. 世界文化遗产宏村古村落空间解析 [M]. 南京：东南大学出版社，2009.
[42] 范凌云，雷诚. 论我国乡村规划的合法实施策略——基于《城乡规划法》的探讨 [J]. 规划师，2010 (1)：5-9.
[43] 范少言，陈宗兴. 试论乡村聚落空间结构的研究内容 [J]. 经济地理，1995 (2)：44-47.
[44] 费孝通. 乡土中国；生育制度 [M]. 北京：北京大学出版社，1998.
[45] 费孝通. 江村经济 [M]. 南京：江苏人民出版社，1986.
[46] 费孝通. 乡土中国 [M]. 北京：人民出版社，2008.
[47] 费正清. 费正清论中国 [M]. 台北：正中书局，1995.
[48] 冯华. 建设现代化的、高度文明的社会主义新村镇 [J]. 建筑学报，1982 (4)：1-7.
[49] 冯梦龙，蔡元放. 东周列国志 [M]. 北京：人民文学出版社，2007.
[50] 弗里德曼. 中国东南的宗族组织 [M]. 刘晓春，译. 上海：上海人民出版社，2000.
[51] 傅熹年. 社会人文因素对中国古代建筑形成和发展的影响 [M]. 北京：中国建筑工业出版社. 2015.
[52] 高承增. 新命题 新起点——全国村镇规划竞赛评议活动综述 [J]. 建筑学报，1984 (6)：3-7.
[53] 高宣扬. 布迪厄的社会理论 [M]. 上海：同济大学出版社，2004.
[54] 葛丹东，华晨. 适应农村发展诉求的村庄规划新体系与模式建构 [J]. 城市规划学刊，2009 (6)：16-21.
[55] 葛丹东. 中国村庄规划的体系与模式 [M]. 南京：东南大学出版社，2010.

[56] 耿健，张兵，王宏远. 村镇公共服务设施的“协同配置”——探索规划方法的改进 [J]. 城市规划学刊，2013（4）：

[57] 顾朝林. 县镇乡村域规划编制手册 [M]. 北京：清华大学出版社，2016.

[58] 韩俊. 论我国农村工业发展面临的抉择 [J]. 中国工业经济，1989（6）：.

[59] 郝力宁. 对农村规划和建筑的几点意见 [J]. 建筑学报，1958（8）：61.

[60] 郝琳，张圣琳，冲阳子，等. 在希望的田野上 [J]. 世界建筑，2015（2）：4.

[61] 何怀宏. 选举社会及其终结——秦汉至晚清历史的一种社会学阐释 [M]. 北京：生活读书新知三联书店，1998.

[62] 何明俊. 城市规划协同机制中的公共协商 [J]. 规划师，2013（12）：17-21.

[63] 河北省深县革委会调查组. 后屯大队新村规划与建设 [J]. 建筑学报，1975（4）：10-13.

[64] 贺雪峰. 缺乏分层与缺失记忆型村庄的权力结构——关于村庄性质的一项内部考察 [J]. 社会学研究，2001（2）：68-73.

[65] 贺勇，孙炜玮，马灵燕. 乡村建造，作为一种观念与方法 [J]. 建筑学报，2011（4）：19-22.

[66] 赫伯特·A. 西蒙. 人工科学 [M]. 武夷山，译. 北京：商务印书馆，1987：113.

[67] 黑曼，桑切兹，图勒加. 新战略营销 [M]. 仲里，姚晓冬，王富滨，译. 北京：中央编译出版社，2008.

[68] 胡明. 影响有文物价值的古村落保护的问题研究 [D]. 北京：清华大学，2001.

[69] 胡杨. 精英与资本：转型期中国乡村精英结构变迁的实证研究 [M]. 北京：中国社会科学出版社，2009

[70] 华南工学院建筑系人民公社规划建设调查研究工作队. 河南省遂平县卫星人民公社第一级层规划设计 [J]. 建筑学报，1958（11）：9-13.

[71] 黄杰等. 集镇规划 [M]. 武汉：湖北科技出版社，1984.

[72] 黄立. 中国现代城市规划研究 [D]. 武汉：武汉理工大学，2006：180.

[73] 黄丽坤. 基于文化人类学视角的乡村营建策略与方法研究 [D]. 杭州：浙江大学，2015.

[74] 黄晓芳，张晓达. 城乡统筹发展背景下的新农村规划体系建构初探——以武汉为例 [J]. 规划师，2010（7）：76-79.

[75] 黄亚平. 走进乡村，向乡村学习：2015 年城乡规划专业三校联合毕业设计 [M]. 武汉：华中科技大学出版社，2015.

[76] 黄一如，陆娴颖. 德国农村更新中的村落风貌保护策略——以巴伐利亚州农村为例 [J]. 建筑学报，2011. 4：42-46.

[77] 黄正骊，王灏. 自由结构：关于宁波春晓砖宅的对话 [J]. 时代建筑，2013（5）：96-105.

[78] 黄宗智. 长江三角洲小农家庭与乡村发展 [M]. 北京：中华书局，1992.

[79] 黄宗智. 中国乡村研究（第一辑）. 北京：商务印馆，2003.

[80] 吉尔伯特・罗兹曼. 中国的现代化 [M]. 南京：江苏人民出版社，2003.

[81] 季秋. 中国早期现代建筑师群体：职业建筑师的出现和现代性的表现 1842—1949——以南京为例 [D]. 南京：东南大学，2014.

[82] 建设部乡村建设局. 全国农村住宅设计竞赛优秀方案图集 [M]. 北京：中国建筑工业出版社，1986.

[83] 建筑工程部建筑科学研究院人民公社规划山东工作组. 居民点规划布局问题 [J]. 建筑学报，1959（1）：15-18.

[84] 江苏省城市建设厅规划处，南京工学院建筑系. 江苏省盐城县环城乡南片农庄规划介绍 [J]. 建筑学报，1958（8）：51.

[85] 江苏省地方志编纂委员会. 江苏省志-城乡建设志（中）[M]. 南京：江苏人民出版社，2008.

[86] 江苏省江阴县革命委员会调查组. 华西大队新村的规划建设 [J]. 建筑学报，1975（3）：13-17.

[87] 江一麟. 农村住宅降低造价和帮助农民自建问题的探讨 [J]. 建筑学报，1964（3）：21-23.

[88] 金瓯卜. 对当前农村住宅设计中几个问题的探讨 [J]. 建筑学报，1962（9）：4-8.

[89] 金其铭，董听，张小林. 乡村地理学 [M]. 南京：江苏教育出版社，1990.

[90] 金兆森，张晖，等. 村镇规划 [M]. 2版. 南京：东南大学出版社，2005.

[91] [美] 凯文·林奇. 城市的印象 [M]. 项秉仁，译. 北京：中国建筑工业出版社，1990.

[92] 郄艳丽，刘海燕. 我国村镇规划编制现状、存在问题及完善措施探讨 [J]. 规划师，2010 (6)：69-74.

[93] 赖德霖. 近代中国建筑师开办事务所始于何时 [J]. 华中建筑，1992，10 (3)：61-62.

[94] 雷诚，赵民. “乡规划”体系建构及运作的若干探讨——如何落实《城乡规划法》中的“乡规划” [J]. 城市规划，2009，33 (2)：9-14.

[95] 雷蒙·阿隆. 社会学主要思潮 [M]. 葛智强，胡秉诚，王沪宁，译. 北京：华夏出版社，2000：99.

[96] 雷振东. 整合与重构——关中乡村聚落转型研究 [D]. 西安：西安建筑科技大学，2005.

[97] 李兵第. 部分国家和地区村镇（乡村）建设法律制度比较研究 [M]. 北京：中国建筑工业出版社，2010.

[98] 李昌平. 回首乡建一百年，有待我辈新建设 [J]. 建筑师，2016 (5)：25-29.

[99] 李德华，董鉴泓，臧庆生，等. 青浦县及红旗人民公社规划 [J]. 建筑学报，1958 (10)：1-6.

[100] 李建桥. 我国社会主义新农村建设模式研究 [D]. 北京：中国农业科学院. 2009：11-12.

[101] 李捷. 社会结构因素影响下乡村聚落形态初探——以改革开放后的苏南地区为例 [D]. 天津：天津大学，2008.

[102] 李立. 乡村聚落：形态、类型与演变——以江南地区为例 [M]. 南京：东南大学出版社，2007.

[103] 李硕. 村庄整治规划研究——以浙江省为例 [D]. 杭州：浙江农林大学，2012.

[104] 李松玉，张宗鑫. 中国乡村治理的制度化转型研究 [M]. 济南：山东人民出版社，2014.

[105] 李晓峰. 多维视野中的中国乡土建筑研究——当代乡土建筑跨学科研究理论与方法 [D]. 南京：东南大学，2004.
[106] 李振宇，周静敏. 不同地域特色的农村住宅规划设计与建设标准研究 [M]. 北京：中国建筑工业出版社，2013.
[107] 梁史，施铸. 上海地区农村医院 [J]. 建筑学报，1975（3）：18-20.
[108] 梁漱溟. 乡村建设理论 [M]. 上海：上海人民出版社，2006.
[109] 廖启鹏，等. 村庄布局规划理论与实践 [M]. 武汉：中国地质大学出版社，2012.
[110] 林青松，威廉·伯德. 中国农村工业：结构·发展与改革 [M]. 北京：经济科学出版社，1989.
[111] 林涛. 浙北乡村集聚化及其聚落空间演进模式研究 [D]. 杭州：浙江大学，2012.
[112] 林志明，张瑞霞，汤品森，等. 全域视角下的镇域村镇布局规划编制探讨 [J]. 规划师，2014（9）：94-99.
[113] 林志群. 我国住宅建设存在的主要问题及其改革的建议 [J]. 建筑学报，1982（1）：40-44.
[114] 刘路军，樊志民. 中国乡村精英转换对乡村社会秩序的影响 [J]. 甘肃社会科学，2015（2）：109-113.
[115] 刘沛林. 中国传统聚落景观基因图谱的建构与应用研究 [D]. 北京：北京大学，2011.
[116] 刘思达. 职业自主性与国家干预——西方职业社会学研究述评 [J]. 社会学研究，2006（1）：197-221.
[117] 刘拥华. 布迪厄的终生问题 [M]. 上海：上海三联书店，2009.
[118] 刘致平. 中国居住建筑简史 [M]. 北京：中国建筑工业出版社，1990.
[119] 刘赚. 浙江乡村民俗建筑研究 [D]. 杭州：浙江农林大学，2013.
[120] 龙芳崇，唐璞. 成都西城乡友谊农业社新建居住点的介绍 [J]. 建筑学报，1958（8）：48-50.

[121] 龙元. 交往型规划与公众参与 [J]. 城市规划，2004（1）：73-77.

[122] 卢嘉瑞等. 中国农民消费结构研究 [M]. 石家庄：河北教育出版社，1999.

[123] 卢健松. 自发性建造视野下建筑的地域性 [J]. 建筑学报，2009（z2）：52.

[124] 卢锐，朱喜钢，马国强. 参与式发展理念在村庄规划中的应用——以浙江省海盐县沈荡镇五圣村为例 [J]. 华中建筑，2008，26（4）：14-17.

[125] 陆学艺，土春光，张其仔. 中国农村现代化道路研究 [M]. 南宁：广西人民出版社，1998.

[126] 陆元鼎，楚剑. 深化民居研究 推动我国民居建筑文化的传承与发展 [J]. 华中建筑，1993（4）：1-4.

[127] 路中康. 民国时期建筑师群体收入水平初探 [C]. 北京：中国近代建筑史国际研讨会，2010：594-601.

[128] 吕斌，杜姗姗，黄小兵. 公众参与架构下的新农村规划决策——以北京市房山区石楼镇夏村村庄规划为例 [J]. 城市发展研究，2006（3）：34-42.

[129] 吕大钧. 吕氏乡约 [M] //牛铭实. 中国历代乡约. 北京：中国社会出版社，2005.

[130] 吕红医. 中国村落形态的可持续性模式及实验性规划研究 [D]. 西安：西安建筑科技大学. 2005.

[131] 栾峰. 从教育的角度谈乡村规划 [J]. 小城镇建设，2013（4）：36.

[132] 罗荣渠. 现代化新论—世界与中国的现代化进程（增订本）[M]. 北京：商务印书馆，2004.

[133] 马国馨. 关于建筑设计竞赛 [J]. 建筑学报，1985（5）：46-49.

[134] 马克思·韦伯. 儒教与道教 [M]. 王容芬，译. 北京：商务印书馆，2003.

[135] 马清运. 我想要守护那个唯一的故乡 [J]. 设计家，2016，81（2）：120-122.

[136] 孟凡浩. 抽象与重构——杭州东梓关农居设计策略探索 [J]. 建筑师，2016（5）：57-64.

[137] 苗长虹. 中国农村工业化对经济发展的贡献 [J]. 经济地理，1997，17（2）：60-64.

[138] 南京工学院建筑系建筑史教研组. 东山与浦庄人民公社自然村调查与居民点规划 [J]. 建筑学报，1958（11）：25-29.

[139] 南京工学院建筑系建筑史教研组. 因陋就简，由土到洋，在原有基础上建设新居民点 [J]. 建筑学报，1959（1）：7-9.

[140] 尼克·盖伦特，梅丽·云蒂，苏·基德，等. 乡村规划导论 [M]. 闫琳，译. 北京：中国建筑工业出版社，2015.

[141] 欧宁. 要复活老建筑，必须赋予其新的功能：非专业. 云夕深澳里 [J]. 城市·环境·设计，2015（10）：42-51.

[142] 帕累托. 精英的兴衰 [M]. 台湾：桂冠图书公司，1993.

[143] 潘志恒. 主体与存在 [M]. 厦门：厦门大学出版社，2015.

[144] 沛旋，刘据茂，沈蘭茜. 人民公社的规划问题 [J]. 建筑学报，1958（9）：9-13.

[145] 彭礼孝，张雷. 对话张雷 [J]. 城市·环境·设计，2015，96（10）：3.

[146] 彭曌. 王澍：建筑师必须是思想家 [J]. 小康，2012（8）：40-42.

[147] 皮埃尔. 布尔迪厄. 艺术的法则——文学场的生成和结构（新修订本）[M]. 北京：中央编译出版社，2011：104.

[148] 皮埃尔·布迪厄，华康德. 反思社会学导引 [M]. 李猛，李康，译. 北京：商务印书馆，2015.

[149] 皮埃尔·布迪厄，华康德. 实践与反思——反思社会学导引 [M]. 李猛，李康，译. 北京：中央编译出版社，1998.

[150] 朴永吉. 村庄整治规划编制 [M]. 北京：中国建筑工业出版社，2010.

[151] 齐康. 中国土木建筑百科辞典：建筑 [M]. 北京：中国建筑工业出版社，1999.

[152] 钱锋. 现代建筑教育在中国（1920s—1980s）[D]. 上海：同济大学，2005.

[153] 秦晖. 传统中国帝国的乡村基层控制：汉唐间的乡村组织 [M] //黄宗智. 中国乡村研究（第一辑）. 北京：商务印馆，2003：27.

[154] 邱家洪. 中国乡村建设的历史变迁与新农村建设的前景展望 [J]. 农业经济，2006（12）：3.

[155] 渠岩. 艺术乡建：许村重塑启示录 [M]. 南京：东南大学出版社，2015.
[156] 全国农村住宅设计方案竞赛作品选登 [J]. 建筑学报，1981（10）：12.
[157] 全军，崔伟，易启恩. 广东博罗县公庄人民公社规划介绍 [J]. 建筑学报，1958（12）：3-9.
[158] 任庆国. 我国社会主义新农村建设政策框架研究 [D]. 保定：河北农业大学，2007：26-31.
[159] 山东省建设厅. 山东省村庄建设规划编制技术导则（试行）[Z]. 2006.
[160] 申明锐，张京祥. 新型城镇化背景下的中国乡村转型与复兴 [J]. 城市规划，2015（1）：30-34.
[161] 孙君. 郝堂村一号院改造 [J]. 世界建筑，2015（2）：94-99.
[162] 孙君. 农道：没有捷径可走的新农村之路 [M]. 北京：中国轻工出版社，2013.
[163] 孙立平. 中国传统社会中贵族与士绅力量的消长及其对社会结构的影响 [J]. 天津社会科学，1992（4）：59.
[164] 汤国安. 基于 GIS 的乡村聚落空间分布规律研究——以陕北榆林地区为例 [J]. 经济地理，2000，20（5）：1-4.
[165] 陶孟和，梁宇皋. 中国城镇与乡村生活 [M]. 北京：商务印书馆，2015.
[166] 天津市小站人民公社的初步规划设计 [J]. 建筑学报，1958（10）：14-18.
[167] 仝志辉. 精英动员与竞争性选举 [J]. 开放时代，2001（9）：23-27.
[168] 王弼. 老子道德经注 [M]. 北京：中华书局，2011.
[169] 王冬. 乡村聚落的共同建造与建筑师的融入 [J]. 时代建筑，2007（4）：16-21.
[170] 王冬. 乡村社区营造与当下中国建筑学的改良 [J]. 建筑学报，2012，11：98-101.
[171] 王芳，易峥. 城乡统筹理念下的我国城乡规划编制体系改革探索 [J]. 规划师，2012（3）：64-68.
[172] 王海卉，张倩. 苏南乡村空间集约化政策分析 [M]. 南京：东南大学出版社，2015.
[173] 王汉生. 改革以来中国农村的工业化与农村精英构成的变化 [J]. 中国社会科学

季刊（香港），1994（3）：38-43.

[174] 王灏. 库宅——四个“小屋”[J]. 城市·环境·设计，2014（5）：86-89.

[175] 王灏. 自由结构：柯宅 [J]. 时代建筑，2014（5）：76-83.

[176] 王�. 91 国际村镇建设学术讨论会 [J]. 小城镇建设，1991（2）：5.

[177] 王铠，张雷. 时间性桐庐莪山畲族乡先锋云夕图书馆的实践思考 [J]. 时代建筑，2016（1）：64-73.

[178] 王铠，赵茜，张雷. 原生秩序——乡土聚落渐进复兴中的莪山实践 [J]. 建筑师，2016（5）：47-56.

[179] 王珂. 浦江产业空间的变迁——形态分析与场域解释 [D]. 上海：同济大学，2009.

[180] 王立，刘明华，王义民. 城乡空间互动—整合演进中的新型农村社区规划体系设计 [J]. 人文地理，2011，120（4）：64-69.

[181] 王莲君. 全国村镇住宅设计大奖赛简评 [J]. 建筑学报，1994（1）：36-43.

[182] 王绍增. 园林、景观与中国风景园林的未来 [J]. 中国园林，2005（3）：24-27.

[183] 王硕克，程敬琪. 居民点分布规划的研究 [J]，建筑学报，1959（1）：10-14.

[184] 王韬. 村民主体认知视角下乡村聚落营建的策略与方法研究 [D]. 杭州：浙江大学，2014.

[185] 王伟强，丁国胜. 中国乡村建设实践的历史演进 [J]. 时代建筑，2015（3）：30.

[186] 王伟强. 从乡村建设走向生态文明——与温铁军教授的对话 [J]. 时代建筑，2015（3）：10-15.

[187] 王文卿，陈烨. 中国传统民居的人文背景区划探讨 [J]. 建筑学报，1994（7）：42-47.

[188] 王跃生. 制度与人口——以中国历史和现实为基础的分析（下卷）[M]. 北京：中国社会科学出版社，2015.

[189] 王昀. 传统聚落结构中的空间概念 [M]. 北京：中国建筑工业出版社，2009.

[190] 王竹，钱振澜. 乡村人居环境有机更新理念与策略 [J]. 西部人居环境学刊，

2015，30（2）：15-19.

［191］温铁军，等. 中国大陆的乡村建设［J］. 开放时代，2003（2）：29-38.

［192］温铁军. 中国新农村建设报告［M］. 福州：福建人民出版社，2010.

［193］吴必虎. 五问住建部乡村规划全覆盖［EB/OL］.（2015-02-12）. https：//www.zgxcfx. com/sannonglunjian/77879. html.

［194］吴毅. 村治变迁中的权威与秩序［M］. 北京：中国社会科学出版社，2002.

［195］项继权. 集体经济背景下的乡村治理［M］. 武汉：华中师范大学出版社，2002.

［196］熊凤水. 流变的乡土性移植·消解·重构：一个外出务工型村庄的调查［D］. 武汉：华中师范大学，2011.

［197］徐尚志，吴德富，张汉星，等. 成都市龙潭人民公社总体规划及居民点设计介绍［J］. 建筑学报，1958（11）：19-21.

［198］徐天祥，晏雄. 关于发展农村第三产业的思考［J］. 经济问题探索，2004（7）：107-109.

［199］徐友岳，余延芳，胡国理. 农村建筑图集［M］. 南昌：江西人民出版社，1982.

［200］许剑峰. 空间与政策的规划协同研究［D］. 重庆：重庆大学，2010.

［201］薛力. 城市化进程中乡村聚落发展探讨——以江苏省为例［D］. 南京：东南大学，2001.

［202］杨开道. 中国乡约制度［M］. 北京：商务印书馆，2015.

［203］杨砾，徐立. 人类理性与设计科学——人类设计技能探索［M］. 沈阳：辽宁人民出版社，1988：12-13.

［204］杨善华，苏红. “代理性政权经营者”到“谋利型政权经营者”——向市场经济转型背景下的乡镇政权［J］. 社会学研究，2002（1）：17-24.

［205］杨寿堪. 实体主体和现象主义［J］. 中国人民大学学报，2001（5）：67-73.

［206］叶红. 珠三角村庄规划编制体系研究［D］. 广州：华南理工大学，2015.

［207］叶露，黄一如. 设计再下乡——改革开放初期乡建考察（1978—1994）［J］. 建筑学报，2016（11）：10-15.

［208］叶露，黄一如. 资本动力视角下当代乡村营建中的设计介入研究［J］. 新建筑，

2016（4）：7-10.

［209］叶耀先. 91 国际村镇建设学术讨论会［J］. 小城镇建设. 1991（2）：2.

［210］易洪海. 财政分权视角下的新农村建设公共财政投入研究［D］. 长沙：中南大学，2009.

［211］于建嵘. 岳村政治：转型期中国乡村政治结构的变迁［M］. 北京：商务印书馆，2001.

［212］俞孔坚，李迪华，韩西丽. 论“反规划”［J］. 城市规划，2005（9）：73-78.

［213］袁镜身. 当代中国的乡村建设［M］. 北京：中国社会科学出版社，1987.

［214］张长立，刘胜国. 试论我国乡村精英研究的范式转换［J］. 中国矿业大学学报（社会科学版），2010（3）：10-14.

［215］张健. 中国社会历史变迁中的乡村治理研究［D］. 杨凌：西北农林科技大学，2008.

［216］张开济，陈登鳌，陆仓贤，等. 写在北京市农村住宅设计竞赛评选之后［J］. 建筑学报，1981（5）：19-21.

［217］张乐天. 人民公社制度研究［M］. 上海：上海人民出版社，2006.

［218］张立. 共性与差异：东亚乡村发展和规划之借鉴——访同济大学建筑与城市规划学院教授李京生［J］. 国际城市规划，2016（6）：49-51.

［219］张鸣. 20 世纪开初 30 年的中国农村社会结构与意识变迁［J］. 浙江社会科学，1999（4）：124-132.

［220］张乾. 聚落空间特征与气候适应性的关联研究——以鄂东南地区为例［D］. 武汉：华中科技大学，2012.

［221］张泉，王晖，陈浩东，等. 城乡统筹下的乡村重构［M］. 北京：中国建筑工业出版社，2006.

［222］张泉，王晖，梅耀林，等. 村庄规划［M］. 2 版. 北京：中国建筑工业出版社，2011.

［223］张彤，陈浩如，焦键. 竹构鸭寮：稻鸭共养的建构诠释——东南大学研究生 2015“实验设计”教学记录［J］. 建筑学报，2015（8）：90-98.

[224] 张小林. 乡村空间系统及其演变研究：以苏南为例 [M]. 南京：南京师范大学出版社，1999.

[225] 张修志，钮薇娜，赵柏年. 全国农村住宅设计竞赛方案述评 [J]. 建筑学报，1981（10）：20-28.

[226] 张勇强. 城市空间发展自组织研究——深圳为例 [D]. 南京：东南大学，2003.

[227] 张兆曙，蔡志海. 结构范式和行动范式的对立与贯通——对经典社会学理论的回顾与再思考 [J]. 学术论坛，2004（5）：61-65.

[228] 张仲礼. 中国绅士：关于其在 19 世纪中国社会中的作用的研究 [M]. 上海：上海社会科学院出版社，1991.

[229] 张仲礼. 中国绅士的收入 [M]. 上海：上海社会科学院出版社，2001.

[230] 赵辰. 对当下中国乡村复兴的认知与原则 [J]. 建筑师，2016，183（5）：8-18.

[231] 赵纪军，刘方馨. 新中国宣传画中的乡村园林（1949—1978）[C] //中国风景园林学会历史与理论专业委员会，苏州大学金螳螂建筑学院. “乡建·乡境：历史与理论研究”研讨会暨 2016 中国风景园林学会历史与理论专委会年会论文集：17-26.

[232] 赵民. 在市场经济下进一步推进我国城市规划学科的发展 [J]. 城市规划汇刊，2004，153（5）：29-30.

[233] 赵秀玲. 中国乡里制度 [M]. 北京：社会科学文献出版社，1998.

[234] 郑大华. 民国乡村建设运动 [M]. 北京：社会科学文献出版社，2000：71.

[235] 中国城市科学研究会，住房和城乡建设部村镇建设司，中国·城镇规划设计研究院. 中国小城镇和村庄建设发展报告 2010 [M]. 北京：中国城市出版社，2012.

[236] 中国城市科学研究会，住房和城乡建设部村镇建设司，中国·城镇规划设计研究院. 中国小城镇和村庄建设发展报告 2011 [M]. 北京：中国城市出版社，2013.

[237] 中国城市科学研究会，住房和城乡建设部村镇建设司，中国·城镇规划设计研究院. 中国小城镇和村庄建设发展报告 2012 [M]. 北京：中国城市出版

社，2013.

［238］中国城市科学研究会，住房和城乡建设部村镇建设司，中国·城镇规划设计研究院．中国小城镇和村庄建设发展报告 2013［M］．北京：中国城市出版社，2014.

［239］中国城市科学研究会，住房和城乡建设部村镇建设司．中国小城镇和村庄建设发展报告 2008［M］．北京：中国城市出版社，2009.

［240］中国城市科学研究会，住房和城乡建设部村镇建设司．中国小城镇和村庄建设发展报告 2009［M］．北京：中国城市出版社，2011.

［241］中国建筑科学研究院．农村建筑与规划实例［R］．1980.

［242］中国建筑科学研究院农村建筑研究所．1981 年全国农村住宅设计竞赛优秀方案选编［R］．1981.

［243］钟剑．大寨公社厚庄新村［J］．建筑学报，1975（4）：2-5.

［244］周岚，刘大威．2012 江苏乡村调查［M］．北京：商务印书馆，2015：6.

［245］周榕．乡建“三”题［J］．世界建筑，2015，296（2）：22-23.

［246］周锐波，甄永平，李郇．广东省村庄规划编制实施机制研究——基于公共治理的分析视角［J］．规划师，2011（10）：76-80.

［247］周士锷．农村建筑的传统与革新［J］．建筑学报，1981（4）：55-60.

［248］周晓虹．西方社会学历史与体系［M］．上海：上海人民出版社，2002.

［249］周游，魏开，周剑云，等．我国乡村规划编制体系研究综述［J］．南方建筑，2014（2）：24-29.

［250］朱涛．新集体：论刘家琨的成都西村大院［J］．时代建筑，2016（2）：86-97.

［251］朱文一．中国营建理念 VS“零识别城市/建筑”［J］．建筑学报，2003（1）：30-32.

［252］邹德侬，王明贤，张向炜．中国建筑 60 年（1949—2009）：历史纵览［M］．北京：中国建筑工业出版社，2009.

［253］左高山．论拉斯韦尔的精英理论［J］．中南大学学报（社会科学版），2004，10（5）：559-563.